铋系光催化剂的结构设计与性能调控

董丽敏 单连伟 著

科学出版社

北京

内 容 简 介

新能源是 21 世纪世界经济最具发展潜力的技术领域之一。光催化技术可以将太阳能转化为电能与化学能。本书涉及光催化过程的基本原理、光催化动力学、光催化过程的典型活性基团、典型半导体光催化剂及最新研究热点，以及钒酸铋、氧化铋、卤氧化铋及异质结光催化剂设计与机理研究等方面。广义的光催化技术属于光合作用范畴，可以理解为模仿自然界中的光合作用，实质上是利用太阳能中蕴藏的巨大能量，因此极具发展潜力，也是未来人类解决能源问题不得不面对的基本问题之一。

本书既可作为材料科学、化学工程等专业科研人员的参考书，也可作为高等院校相关专业师生的参考书。

图书在版编目（CIP）数据

铋系光催化剂的结构设计与性能调控 / 董丽敏，单连伟著. —北京：科学出版社，2023.11

ISBN 978-7-03-075764-7

Ⅰ．①铋… Ⅱ．①董… ②单… Ⅲ．①铋—光催化剂—研究 Ⅳ．①O643.36

中国国家版本馆 CIP 数据核字（2023）第 103595 号

责任编辑：王喜军　陈　琼 / 责任校对：崔向琳
责任印制：赵　博 / 封面设计：无极书装

科学出版社 出版

北京东黄城根北街 16 号
邮政编码：100717
http://www.sciencep.com

北京市金木堂数码科技有限公司印刷
科学出版社发行　各地新华书店经销

*

2023 年 11 月第 一 版　开本：720 × 1000　1/16
2024 年 8 月第二次印刷　印张：13 1/4
字数：267 000

定价：128.00 元

（如有印装质量问题，我社负责调换）

前　言

　　光催化剂的性能已受到科学界极为广泛的关注及研究，光催化剂的应用潜力巨大是不争的事实，然而现实中光催化剂的应用遇到颇多难点，以半导体光催化技术为例，涉及光吸收能力、载流子分离效率、氧化还原电位和光催化剂寿命等。合理地利用太阳能足以替代传统的化石燃料，为人类未来的能源问题找到出路。据统计，二十国集团（Group of 20，G20）的平均化石燃料发电成本为0.05～0.17美元/(kW·h)。以风电和太阳能发电为代表的能源技术成本正快速接近化石燃料发电成本。但是光催化技术的实际应用仍然受到成本等诸多因素制约，进而导致高效利用太阳能分解水、还原二氧化碳（CO_2）和降解有机污染物等受到颇多限制。本书介绍的研究工作及基本原理旨在为太阳能转换应用中存在的一系列问题提供可能的解决方法或思路。

　　1972年，藤岛昭（Fujishima）和本多健一（Honda）首次发现单晶二氧化钛（TiO_2）电极上能够实现光催化分解水制氢，成为电解水制氢的替代方法之一。1976年，Carey等成功地将TiO_2用于光催化降解水中有机污染物，拉开了以TiO_2为代表的光催化剂利用开发太阳能达半个世纪的序幕，科学界的持续努力也使太阳能高效转变为电能与化学能成为可能。以异质结效应、晶面工程、掺杂及单原子催化为代表的光催化剂调控手段为光生载流子分离及光催化效率提高提供了强有力的支撑，因此得到了科研工作者的广泛重视。本书主要涉及光催化反应中的氧化还原电位、热动力学机理、光吸收、能带工程、异质结工程、量子效应、晶面工程化等基础知识，较为全面地概括光催化动力学模型，通过若干典型光催化剂介绍光催化剂研究现状，结合钒酸铋（$BiVO_4$）、氧化铋（Bi_2O_3）及卤氧化铋（BiOX）等阐述光催化剂的设计及光催化活性研究。

　　哈尔滨理工大学材料科学与化学工程学院董丽敏和单连伟共同完成了第1章、第2章和第3章的撰写，董丽敏完成了第6章和第7章的撰写，单连伟完成了第4章、第5章和第8章的撰写，韩志东参加了部分章节的审校。

　　本书的出版得到了黑龙江省自然科学基金项目（ZD2022E005、LH2023E081）与黑龙江省生态环境保护科研项目（HST2022S010）的支持。

　　本书是作者根据多年的科研工作结果并参考诸多已报道的经典工作完成的一

部光催化剂领域书籍，系统总结了国内外铋基光催化材料的研究进展，既具有较高的理论参考价值，又有较为广泛的应用价值。在内容结构体系上，本书以铋系光催化剂为主线，融合传统的 TiO_2、含硫化合物及金属有机骨架（metal-organic frameworks，MOFs）等材料，从理论到应用，从结构设计到宏观化学性能分析，深入浅出地介绍了光催化原理及光催化活性成分、光催化动力学及反应路径等。

限于作者水平，书中难免存在不足或疏漏之处，敬请读者谅解并提出宝贵修改意见。

作　者

2023 年 6 月

目 录

第1章 光催化基础

1.1 光电催化现象的发现

早在 20 世纪 30 年代，人们已经观察到在 O_2 存在及紫外线照射下半导体 TiO_2 对有机纤维和有机染料具有降解作用的现象，同时证实反应前后 TiO_2 保持稳定（这符合催化剂的部分特征）。受半导体理论及分析表征手段的制约，人们认为这种降解现象是由紫外线促使 O_2 在 TiO_2 表面上产生了高活性的氧物种导致的。与当今人类过度开采化石能源、砍伐森林树木和随意排放工业污水及废气造成了全球的能源枯竭和环境的持续恶化相比，当时社会对能源和环境问题的认识不够，因此这种降解现象的发现并没有引起人们足够的重视[1, 2]。

巴黎大学 Honda 发现了将银加入酸性溶液并用紫外线照射能够提供电动势［光贝可勒尔（Becquerel）效应］的现象，他认为其中包含更多的科学内涵，因此鼓励 Fujishima 对其开展相关的研究。以此为主题，Fujishima 展开了对氧化锌（ZnO）、硫化镉（CdS）等半导体的研究，并发现 ZnO 和 CdS 晶体表面受到光的照射后会发生明显变化，因此获取化学性质稳定的基体是进一步研究的关键。1967 年，Fujishima 发现在紫外线照射下 TiO_2 电极的化学性质比较稳定（在 Honda 指导下开始实验），并可以将水分解为 H_2 和 O_2，即本多-藤岛效应（Honda-Fujishima effect）。1972 年，这一研究结果见诸 *Nature*[3]，从此开启了多相光催化的新时代。截至 2022 年 8 月，该研究结果被引次数已经超过 24000 次，半导体光催化正式登上历史舞台且得到各国研究者的广泛关注，并催生了达数十年的研究热点[4-8]。

伴随着人类对所生存空间的质量及可持续发展的思考，人类开始利用有效的手段去解决废气排放、生态环境恶化和能源危机问题，上述问题同时成为当今社会所要面临的巨大挑战[9-11]。1976 年，Carey 等[12]发现 TiO_2 在紫外线照射下能有效分解多氯联苯，使有机污染物降解为无毒或毒性较小的小分子化合物，被认为是光催化技术在消除环境污染物方面的开创性工作，继而推动了光催化研究热潮，并开启了半导体在环境污染治理领域的应用研究。1983 年，Pruden 和 Ollis[13]发现烷烃、烯烃和芳香烃的氯化物等一系列污染物都能被光催化降解，扩大了光催化在环境领域的应用。太阳能的开发利用成为解决一些全球性问题的关键，特别是半导体光催化技术有望成为解决环境和能源问题的有效方式[14-19]。TiO_2 光分解水中的有机污染物与半导体催化剂在可见光或紫外线作用下产生电子–空穴对，产生了一系列的氧化还原反应，这些反应具有能耗低、反应条件温和、可减少二次污染等突出特点。此外，还可通过光分解水技术将太阳能转化为洁净的氢能，以缓解温室效应和能源枯竭等危机。

1.2　太阳光谱

从更广阔的角度来看，光催化属于光合作用。从这个角度出发，考虑太阳光的能量分布范围与光催化剂光吸收阈值的对应性显得十分重要。太阳光包含可见光和不可见光。可见光的波长为 400～760nm，散射后分为红、橙、黄、绿、青、蓝、紫七色，集中起来则为白光。不可见光分为两种：位于红光外区的称为红外线，波长大于 760nm，最长达 5300nm；位于紫光外区的称为紫外线，波长为290～400nm。太阳光的重要性不言而喻，它是人类赖以生存的能源宝库，其总辐射功率为 3.8×10^{26}W，其中被地球接收的部分约为 1.7×10^{17}W，太阳电磁辐射中99.9%的能量集中在红外区、可见光区和紫外区。如此高的辐射能量会催生一个世界性问题——如何开发利用太阳光的丰富能源储量。因此，利用 TiO_2 等光催化材料光催化降解有机污染物、分解水是一直以来光催化领域的研究热点[20, 21]，是研究利用太阳能的典型案例。多年广泛且深入的研究表明，光催化技术目前仍难以实现高效廉价的转化和利用太阳能。光催化技术存在着一定的局限性：第一，太阳能的利用率低，以 TiO_2 为主的催化剂只能吸收利用太阳光中的紫外线部分，波长在 400nm 以下的紫外线部分不足太阳光总辐射能量的 5%，而可见光部分则占到太阳光总辐射能量的 43%（图 1.1），尽管通过制造晶格缺陷等手段已经使其光吸收能力明显改善，但是催化剂使用过程中会逐渐释放晶格缺陷导致的高能量；第二，光生电子和空穴的复合导致量子产率低[22]，且很难处理量大、浓度高的工业废气和废水。如图 1.1 所示，具有 2.0eV 带隙的半导体材料在最大光电流密度为 $14.5mA/cm^2$、AM 1.5G（太阳总辐射度为 $100mW/cm^2$）辐射下理论上可以实现的太阳能转换为氢（solar-to-hydrogen，STH）效率为 17.9%，满足商业化潜在需求（STH 效率阈值为 10%）。

为提高太阳能利用率，最终实现光催化技术产业化应用，研制具有可见光响应甚至近红外响应、稳定性高且转换效率较高的光催化剂势在必行[23]。在 TiO_2 的制备及改性方面，研究者取得了优异的成绩，许多在机制方面的研究工作对提高催化性能、提高可见光吸收能力及进一步优化设计等提供了很好的借鉴，此外，相对于其他半导体材料，TiO_2 的稳定性具有相当大的优势。例如，Asahi 等[24]制备了氮（N）掺杂的 TiO_2，可见光活性范围延伸到 500nm，涵盖了大部分太阳辐射能量；Chen 等[25]通过氢化处理获得了黑色 TiO$_2$，实现了强的可见光响应和循环光催化降解能力。这些研究明显改善了光催化剂的光吸收范围，同时使人们逐步认识了光催化活性明显改善的机制，如 Z 型机制[26]。目前利用光催化剂实现对太阳能的良好吸收问题已经得到了较好的处理，光催化剂的稳定性及光催化效率仍值得深入探索[27]。

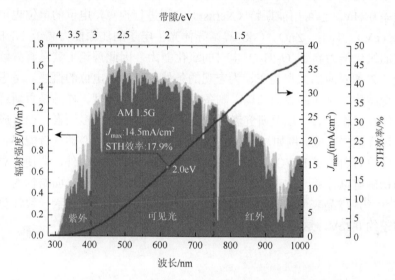

图 1.1　太阳光辐射能量与对应的 STH 效率[28]

1.3　氧化还原电位

氧化还原电位用来反映水溶液中所有物质表现出来的宏观氧化还原性。氧化还原电位越高，氧化性越强；氧化还原电位越低，还原性越强。电位为正表示溶液显示出一定的氧化性；电位为负表示溶液显示出一定的还原性[29]。

价带（valence band，VB）或称价电带，通常是指半导体或绝缘体在 0K 下能被电子占满的最高能带。导带（conduction band，CB）是指半导体能量高的能带，是由许多准连续的能级组成的，它是半导体中自由电子（简称电子）所处的能量范围。导带中往往只有少量的电子，大多数状态（能级）是空着的，在外加作用下能够发生状态的改变，故导带中的电子能够导电，即载流子。作为载流子的电子和空穴分别处于导带和价带中。电子多分布在导带底（conduction band minimum，CBM）附近（CBM 相当于电子的势能），空穴多分布在价带顶（valence band maximum，VBM）附近（VBM 相当于空穴的势能）。高于 CBM 的能量就是电子的动能，低于 VBM 的能量就是空穴的动能。典型半导体在 pH = 7 的水溶液电解质中的能带位置如图 1.2 所示。所示数据用 pH = 7 时的标准氢电极（normal hydrogen electrode，NHE）电位作为参考，导带（上部）底和价带（下部）顶的差值是该半导体的带隙，电子−空穴对的能量对应带隙能量。图中 vs.为 versus 的简写，意为与某电极电位、计量单位等相比（下同）。Li 等[30]总结了以 pH = 7 的溶液环境作为参考的典型半导体能带位置图，实际上半导体与半导体溶液接触时电位相差 0.41V，也可用能斯特（Nernst）方程进行换算，电位的单位也可采用电子伏特（eV）。TiO_2、ZnO、CdS 等半导体光生电子的还原能力高于 NHE，而光生空穴的氧化能力高于 O_2/H_2O 电对的氧化能力，因此理论上其具有分解水的能力。图 1.2 所对应的数据为在较为宏观的条件下对材料电位的概述，考虑具体材料的晶型结构、晶体的表面结构、制备条件、材料的纯度、样品是否新鲜、测试设备、测试操作状态，以及研究者对数据的处理方法等诸多因素，读者应结合实际情况进行数据对应。例如，$BiVO_4$ 的带隙约为 2.5eV，细心的读者能够合理地推测其对应单斜白钨矿 $BiVO_4$，而 $BiVO_4$ 有多种晶型结构。另外，即使有对应表面结构的精确电位计算，如对 $BiVO_4$ 和碘氧化铋（BiOI）进行表面结构的价带及导带研究[31, 32]，样品表面的吸附质、仪器分辨率及误差校正等因素导致计算值与真实值相差约 0.2eV，这是完全能够理解的。

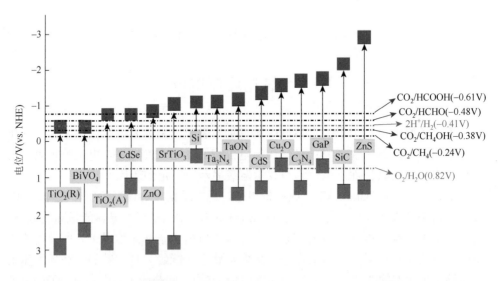

图 1.2　在 pH = 7 的水溶液电解质中半导体的能带位置[30]

1.4　基于能带的热动力学

光催化反应的重要性在大量发表的文章和出版的著作中已有清晰的阐释[33-40]，特别是在光催化基础和应用研究方面。众所周知，钛（+4）氧化物（TiO_2）可以作为白色涂料。这种白色涂料与油漆混合后，受到光照时会发生降解作用，导致粉化（chalking）现象[41]。从辩证的角度看，粉化现象为表象，对粉化现象的本质认识是于 1972 年提出的光催化机理：TiO_2 半导体吸收足够能量的光后激发出光生载流子，导致涂料中有机物分解。这一认识对生产实际具有指导作用。例如，TiO_2 存在多种晶型，其中锐钛矿型 TiO_2 较金红石型 TiO_2 的光催化能力更强，为防止粉化现象，可用金红石型 TiO_2 取代锐钛矿型 TiO_2。这里提及的一个关键问题是光催化反应的热力学变化关系。这个关系决定了光催化反应发生的可能性。固体材料的光催化原理中重要的一步是固体物质吸收光与对应的吉布斯自由能变化（ΔG）之间的关系，可用图 1.3 来解释。

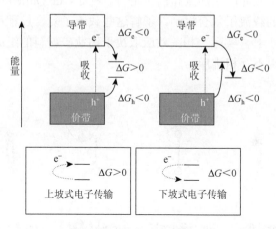

图 1.3　光催化反应中的 ΔG

半导体光催化剂区别于金属或绝缘体的主要特征是能带结构，即在价带和导带之间存在一个禁带（forbidden band）。半导体的光吸收阈值（λ）与带隙满足 $\lambda = 1240/E_g$ 的关系，因此常用的宽带隙半导体的光吸收阈值大多在紫外区域。当光子能量高于半导体光吸收阈值的光照射半导体时，半导体的价带电子发生带间跃迁，即从价带跃迁到导带，从而产生光生电子（e^-）和空穴（h^+）。此时吸附在纳米颗粒表面的溶解氧俘获电子形成超氧负离子（$\cdot O_2^{2-}$），而空穴将吸附在催化剂表面的氢氧根离子（OH^-）和水氧化成氢氧自由基（$\cdot OH$）。超氧负离子和氢氧自由基具有很强的氧化性，能将绝大多数有机物氧化至最终产物 CO_2 和 H_2O，甚至能彻底分解一些无机物。图 1.3 反映了光催化反应过程的 ΔG。已知热力学基本原理如下：如果 ΔG 为负，反应可以自发进行（$\Delta G<0$，如有机物的氧化分解）；如果 ΔG 为正，反应可以逆方向自发进行（$\Delta G>0$，如水分解成 H_2 和 O_2）。很容易理解光催化剂驱动了 ΔG 为负的反应，即这个反应是自发进行的。为什么光催化剂能驱动 ΔG 为正的水解反应呢？难道是热力学机理有问题吗？答案当然不是这样的。这里的还原和氧化反应从空间或化学反应角度是独立的，因此对应的每一个氧化或还原反应在热力学上是自发的，即光生电子或空穴发生反应时对应的反应 $\Delta G<0$。这种情况下，CBM 和 VBM 必须分别高于（更负）和低于（更正）目标物质的电子受体和空穴受体的电极电位，使两个半反应的 ΔG 为负，这是光催化反应的一个必要条件。基于这一认识，我们可清楚地分辨具有潜在光催化活性的材料（暂不考虑反应速率）。这也是热力学反应能够自发进行的一个必要条件，不满足这个条件的材料的光催化活性几乎可以忽略[39]，因此光催化材料的选择要基于热力学和电化学条件。要进一步提高材料的反应速率，应该考虑光催化剂材料的动力学机理。这些光生电子和空穴分别可以诱导还原和氧化反应，当然它们也可以发生复合反应并产生热量和辐射光[42]。例如，de Quilettes 等[43]讨论了金属卤化物钙钛矿中的载流子复合机制，了解这些载流子复合过程可以为半导体的设计提供指导（图 1.4）。实际上相关效应取决于钙钛矿材料的组成和结构，这些效应既相互关联，也不互相排斥。

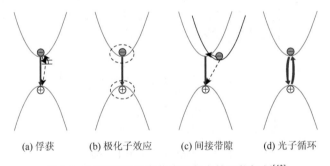

(a) 俘获　　　(b) 极化子效应　　　(c) 间接带隙　　　(d) 光子循环

图 1.4　影响钙钛矿中载流子复合的可能机制[43]

另外，若带隙较窄，过多的载流子动力学能会以热能等形式释放出来，实际应用中无法实现从光能到化学能或电能的转变。

1.5　半导体光吸收

前面介绍了半导体材料的光吸收阈值与太阳光谱之间对应的重要性，下一步就是理解半导体中的光吸收特征。半导体中的光吸收主要包括本征吸收、激子吸收、晶格振动吸收、杂质吸收及自由载流子吸收。爱因斯坦和普朗克的理论使人们认识到光既具有波动性也具有粒子性，即波粒二象性。光由光子组成，一束光就是光子流。光子很好地描述了紫外和红外波段的电磁辐射特性。表 1.1 列出了各种光的波长和光量子能的对应关系。

表 1.1　各种光的波长和光量子能的对应关系

类型	波长/nm	频率/Hz	波数/cm⁻¹	能量/（kJ/mol）	能量/eV
紫外线	200	1.50×10^{15}	50000	597.9	6.2
	300	1.00×10^{15}	33333	398.7	4.1
可见光	420	7.14×10^{14}	23810	284.9	3.0
	470	6.38×10^{14}	21277	254.4	2.6
	530	5.66×10^{14}	18868	225.5	2.3
	580	5.17×10^{14}	17241	206.3	2.1
	620	4.84×10^{14}	16129	192.9	2.0
	700	4.28×10^{14}	14286	170.9	1.8
红外线	1000	3.00×10^{14}	10000	119.7	1.2
	10000	3.00×10^{13}	1000	12.0	0.1

介质中光子速度为

$$c = \frac{c_0}{\overline{n}} \tag{1.1}$$

式中，c_0 为光在真空中速度；$\overline{n}$ 为介质折射率。光子可以由它的频率和波长来描述：

$$\lambda = \frac{c}{v} \tag{1.2}$$

式中，v 为光子频率。光子频率在真空和介质中是相同的，然而光子速度会随介质折射率的变化而变化，因此光在不同介质中的波长是不同的。光子也可以用能量来描述：

$$E = hv = \frac{hc}{\lambda} = \frac{h_0}{\lambda_0} \tag{1.3}$$

式中，h 为普朗克常量。通过式（1.3）能获得半导体材料的光谱吸收极限，例如，硅的带隙是 1.12eV，因此其光谱吸收极限可由式（1.4）计算得到：

$$\lambda_0 = \frac{hc_0}{E_g} = 1110 \text{ nm} \tag{1.4}$$

也就是说，硅的光谱吸收极限是 1110nm，只有波长小于该极限的入射光才能被硅吸收。将普朗克常量及光在真空中速度代入式（1.4）中可以得到光谱吸收极限简单的表达式：

$$\lambda_0 = \frac{hc_0}{E_g} = \frac{1240}{E_g} \tag{1.5}$$

式中，E_g 为半导体材料带隙（eV），相应的波长单位为 nm。当入射光波长小于吸收边即对应入射光子能量大于半导体材料带隙时，光子被吸收而产生电子-空穴对。式（1.5）即许多文献中直接使用的光学带隙计算公式。

光化学研究中，光子入射强度是一个重要的参数，因此可以从能量角度引入光子参数来定义 E'：

$$E' = \frac{N_A hc}{\lambda} \tag{1.6}$$

式中，N_A 为阿伏伽德罗常数。半导体吸收系数与散射系数存在以下关系：

$$\frac{\alpha}{S} = \frac{(1-R)^2}{2R} \tag{1.7}$$

式中，α 为半导体吸收系数；S 为半导体散射系数；R 为一定波长下的反射率。式（1.7）在实验过程中参考库贝尔卡-蒙克（Kubelka-Munk）公式[44]计算得到，故此函数为半导体反射函数。因此，吸收系数与光学带隙之间的关系可通过托克（Tauc）公式[45, 46]表达为

$$\alpha h\nu \propto (h\nu - E_g)^n \tag{1.8}$$

式中，n 为常数，n 的取值与半导体带隙转变类型有关。

图 1.5 对比了直接带隙和间接带隙半导体。如图 1.5 所示，直接带隙半导体在跃迁过程中电子波矢是不变的；间接带隙半导体在吸收光子的同时伴随着吸收或发射一个声子，以遵循能量守恒定律，即

$$h\boldsymbol{k'} - h\boldsymbol{k} = \pm h\boldsymbol{q} \tag{1.9}$$

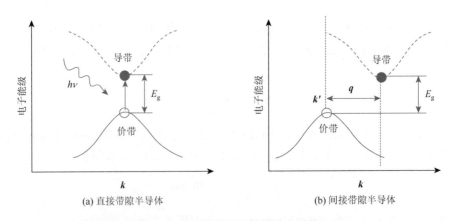

(a) 直接带隙半导体　　　　　　　　　(b) 间接带隙半导体

图 1.5　直接带隙与间接带隙半导体

　　间接带隙半导体的电子跃迁需要动量变化，需要额外声子参与这个过程。直接带隙半导体发生跃迁时电子波矢不变，在能带图上竖直地跃迁。如果导带电子回落到价带与空穴复合，也保持动量不变，即电子与空穴复合不需要声子参与，使得直接带隙半导体中载流子寿命很短，发光效率高。间接带隙半导体发生跃迁时由于 k 发生变化，其跃迁前后电子在 k 空间的位置发生变化，因此有较大的可能性转化为声子，将能量释放给晶格[47]。此外，对于间接带隙半导体，应考虑平均声子数 $F(E_p)$。若吸收一个声子，则平均声子数为

$$F_a(E_p) = \frac{1}{\exp\left(\dfrac{E_p}{k_B T}\right) - 1} \tag{1.10}$$

若发射一个声子，则平均声子数为

$$F_e(E_p) = \frac{1}{1 - \exp\left(\dfrac{-E_p}{k_B T}\right)} \tag{1.11}$$

1.6　能带及异质结工程

　　带隙是指价带中最高能级和导带中最低能级之间的能量差值。根据带隙，固体可以分为半导体、导体和绝缘体三大类型。被束缚的电子要成为自由电子，就必须获得足够能量从价带跃迁到导带，这个能量的最小值就是带隙。半导体价带中的大量电子都是价键上的电子（称为价电子），不能够导电，即不是载流子。当半导体吸收波长 λ 等于或小于 $1240/E_g$ 的光时，半导体价带上的电子被激发跃迁至其导带上，在价带上留下空穴。也就是只有当价电子跃迁到导带（即本征激发）而产生自由电子和空穴后，才能够导电。带隙是半导体的一个重要特征参量，其大小主要取决于半导体的能带结构，即与晶体结构和原子结合性质等有关。

　　通常光生载流子（电子-空穴对）存在较强的再复合特性，这制约了光催化剂的整体催化效率，当半导体耦合之后，不同半导体之间存在的价带差和导带差可以促进光生载流子的分离，被认为是一种有效提高光催化效率的手段而受到广泛关注[31, 48-52]。

　　能带排列对于半导体光催化效率起着决定性作用，其中价带和导带位置控制了半导体带隙，也决定了光生载流子的氧化及还原能力。根据之前的报道，较宽的价带有助于光生载流子的运动[53]，较高的导带位置有助于调节光生电子的电负性，提高光生电子的还原性[54]，所以确定价带和导带位置对半导体研究有着重要意义。如图 1.6（a）所示，由 X 射线光电子能谱（X-ray photoelectron spectroscopy，XPS）确定了 BiOI、氯氧化铋（BiOCl）及 BiOI/BiOCl 的 VBM 分别为 0.13eV、

1.09eV 和 0.30eV。BiOI 的 VBM 比 BiOCl 的 VBM 高，同时其价带更宽，证明其光生载流子运动较快[55]。根据 BiOI 和 BiOCl 的价带位置及带隙，排列异质结内部能带结构及其在各种光源照射下的光生载流子转移情况如图 1.6（b）和（c）所示。

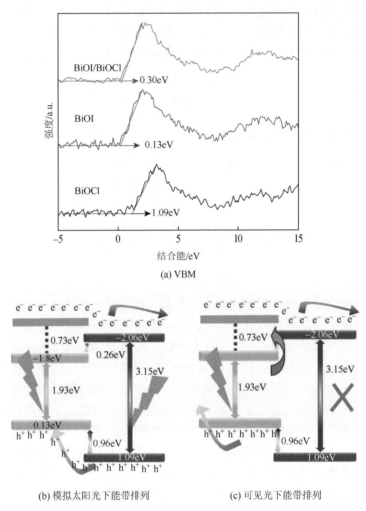

(a) VBM

(b) 模拟太阳光下能带排列 (c) 可见光下能带排列

图 1.6 VBM 及不同光源下能带结构与光生载流子转移示意图

  在模拟太阳光下，BiOI(010)的导带电子转移到 BiOCl(001)的导带上[图 1.6（b）]。电子会与周围介质中的氧分子反应生成·O_2^{2-}，·O_2^{2-}进一步氧化吸附 BiOCl 上的甲基橙（methyl orange，MO）分子。与此同时，空穴流入 BiOI(010)，降解 MO 分子。但是，在可见光照射下，BiOI(010)/BiOCl(001)复合物光催化效率明显提高，证明其光生电子和空穴同样得到了有效分离[图 1.6（c）]。BiOCl(001)的内电场

（internal electric field，IEF）可能发挥主要作用，有效分离了光生载流子[56]。

图 1.7 为 β-Bi$_2$O$_3$ 和 CM1（α-Bi$_2$O$_3$/β-Bi$_2$O$_3$ 异质结）的显微结构特征，热处理 β-Bi$_2$O$_3$ 粉末（热处理条件是 356℃ 保温 4h）后形成 CM1 纳米结构，对于图中原位组装的 α-Bi$_2$O$_3$ 颗粒，电子束入射沿着[421]方向。统计 100 个组装的 α-Bi$_2$O$_3$ 颗粒后，发现其粒径分布均匀。光生电子的转移受到半导体界面处电位差的作用，导带电子倾向于向更正的位置传导，价带空穴则倾向于向更负的位置转移。因此光催化反应过程中，本征能带排列总是起到重要的作用。

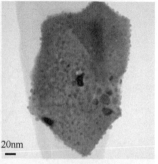

(a) 典型β-Bi$_2$O$_3$纳米片的透射电子显微镜（transmission electron microscope，TEM）图像

(b) 选区电子衍射（selected area electron diffraction，SAED）模式，沿(110)带轴

(c) CM1纳米结构的TEM图像

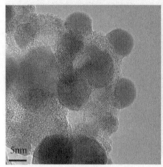
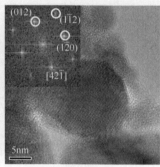
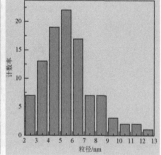

(d) CM1的高分辨率透射电子显微镜（high resolution transmission electron microscope，HRTEM）图像

(e) 通过原位反应得到的α-Bi$_2$O$_3$的TEM图像

(f) 统计100个组装的α-Bi$_2$O$_3$颗粒粒径分布

图 1.7　β-Bi$_2$O$_3$ 和 CM1 的显微结构特征

通过价带补偿（ΔE_V）公式，一些典型的能带排列已得到证实，如金红石型 TiO$_2$/ZnO[57]、金红石型 TiO$_2$/锐钛矿型 TiO$_2$[58]。价带补偿公式如下：

$$\Delta E_{V(\alpha\text{-Bi}_2\text{O}_3/\beta\text{-Bi}_2\text{O}_3)} = (4f\text{-VBM})_{\beta\text{-Bi}_2\text{O}_3} - (4f\text{-VBM})_{\alpha\text{-Bi}_2\text{O}_3} + \Delta E_{CL} \quad (1.12)$$

式中，ΔE_{CL} 为异质结中 Bi4f(α-Bi$_2$O$_3$)和 Bi4f(β-Bi$_2$O$_3$)能级的差值；$(4f\text{-VBM})_{\beta\text{-Bi}_2\text{O}_3}$ 和 $(4f\text{-VBM})_{\alpha\text{-Bi}_2\text{O}_3}$ 分别对应于纯 β-Bi$_2$O$_3$ 和 α-Bi$_2$O$_3$，为常数，它们可通过 XPS 测

试 β-Bi$_2$O$_3$ 和 α-Bi$_2$O$_3$ 粉末获得。图 1.8 表明了 α-Bi$_2$O$_3$ 和 β-Bi$_2$O$_3$ 的高分辨率 XPS 实验结果，这些结果可用来确定基于元素能级的偏移量。其插图分别表明 α-Bi$_2$O$_3$ 和 β-Bi$_2$O$_3$ 的价带位置为 1.18eV 和 1.44eV。根据线性外推法，先确定 α-Bi$_2$O$_3$ 和 β-Bi$_2$O$_3$ 的 VBM 位置，再根据纯 α-Bi$_2$O$_3$ 和 β-Bi$_2$O$_3$ 样品的 Bi4f 7/2 能级测定结合能的差异。根据这个结果，β-Bi$_2$O$_3$ 的价带比 α-Bi$_2$O$_3$ 低 0.26eV。由于异质结由 α-Bi$_2$O$_3$ 和 β-Bi$_2$O$_3$ 组成，使用纯 α-Bi$_2$O$_3$ 和 β-Bi$_2$O$_3$ 的参数（最大半高宽、峰面积比值、背底去除）去拟合异质结中的 Bi4f 7/2 峰。

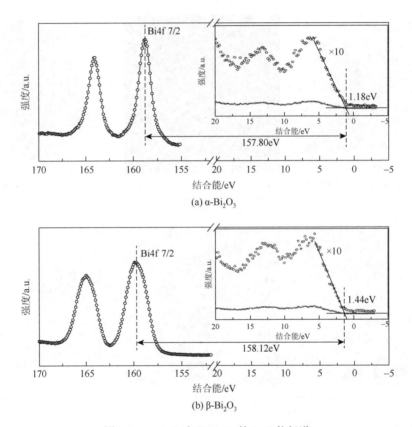

图 1.8　α-Bi$_2$O$_3$ 和 β-Bi$_2$O$_3$ 的 Bi4f 能级谱

　　根据图 1.8～图 1.10 中 α-Bi$_2$O$_3$ 和 β-Bi$_2$O$_3$ 的能带排列关系，光生电子将会从 α-Bi$_2$O$_3$ 流向 β-Bi$_2$O$_3$（图 1.9 中圆圈代表 α-Bi$_2$O$_3$，三角形代表 β-Bi$_2$O$_3$，正方形代表两者的叠加，可以看出 CM1 由 α-Bi$_2$O$_3$ 和 β-Bi$_2$O$_3$ 组成）。此外，也可以理解为 α-Bi$_2$O$_3$ 的功函数小于 β-Bi$_2$O$_3$，因此 α-Bi$_2$O$_3$ 的空间电荷层为耗尽层，能带向下弯曲。图 1.10 中 ΔE_V 和 ΔE_C 分别表示价带和导带偏移量，E_{CBM} 和 E_{VBM} 分别表示 CBM 和 VBM 的位置，ΔE_{CL} 表示异质结中 Bi4f 能级补偿值。耗尽层宽度（L_d）

与德拜（Debye）长度（L_D）有关，也与空间电荷电场强度有关。德拜长度可以通过式（1.13）计算[59]：

$$L_D^2 = \frac{\varepsilon_b \varepsilon_0 k_B T}{e^2 n_b} \tag{1.13}$$

式中，ε_0 为真空介电常数；ε_b 为半导体的静态介电常数，可参考相对介电常数（ε_r）；k_B 为玻尔兹曼常量；T 为热力学温度；e 为电子电荷；n_b 为电子密度。

耗尽层宽度通过式（1.14）确定：

$$L_d = \left(\frac{2eE_z}{k_B T} \right) / L_D^2 \tag{1.14}$$

式中，E_z 为耗尽层中电场强度。

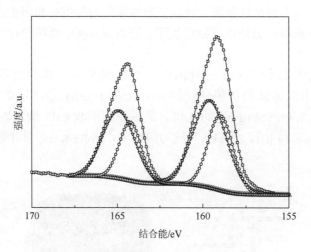

图 1.9　CM1 异质结的 Bi4f 谱

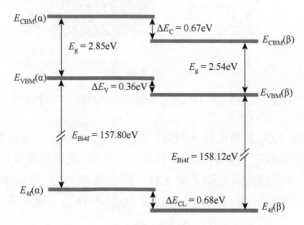

图 1.10　α-Bi_2O_3 和 β-Bi_2O_3 之间的 XPS 排列示意图

在报道的相关工作中，α-Bi$_2$O$_3$ 的 ε_r 为 22.5[60]，n_b 为 3.8×10^{19}cm^{-3}[61]。假设 E_z 的合理值为 1V。基于上述数据，计算 α-Bi$_2$O$_3$ 的耗尽层宽度为 8.1nm。

通过式（1.15）可以估算载流子扩散长度（L）[62, 63]：

$$L = \left(\frac{k_B T \mu \tau}{e}\right)^{1/2} \tag{1.15}$$

式中，μ 为载流子转移率；τ 为载流子寿命。在 Mahuya 等[64]的案例中，α-Bi$_2$O$_3$ 的空穴寿命短于 1.4ns。Killedar 等[61]的研究表明，α-Bi$_2$O$_3$ 的载流子转移率为 1.5×10^{-4}cm^2/(V·s)。根据这些数值，α-Bi$_2$O$_3$ 的空穴扩散长度短于 0.7nm，所以 α-Bi$_2$O$_3$ 的载流子扩散长度小于 17.6nm。本书中几乎所有新生成的 α-Bi$_2$O$_3$ 颗粒粒径为 2~13nm，并且小于计算的载流子扩散长度。因此，载流子能在表面电场和界面电场的作用下容易地分离，进而扩散到催化剂与电解质溶液之间的界面，减小载流子复合概率。另外也有报道表明，随着 α-Bi$_2$O$_3$ 颗粒粒径的减小，载流子寿命延长[64]。

Zhang 等[65]详细研究了一种闪锌矿 CdS 纳米立方体的制备方法，发现闪锌矿 CdS 纳米立方体的析氢活性[约 11.6mmol/(g·h)]是纤锌矿 CdS 纳米颗粒析氢活性[约 2.7mmol/(g·h)]的 4 倍，是不规则形状 CdS 纳米颗粒析氢活性的 2 倍[约 5.9mmol/(g·h)]，他们认为这与闪锌矿 CdS 纳米立方体中的面结效应相关（图 1.11）。

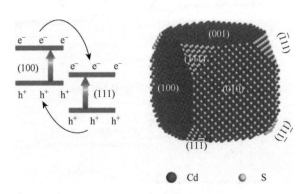

图 1.11　闪锌矿 CdS(100)和(111)晶面带边排列示意图（彩图扫封底二维码）[65]

Tada 等[66]在 TiO$_2$ 表面设计 Au/CdS 复合结构，将 Au 颗粒包覆在 CdS 壳内，在 CdS/TiO$_2$ 界面形成了良好的载流子界面传导作用，从而提出全固态 Z 型异质结，CdS/Au/TiO$_2$ 系统的能带示意图见图 1.12。图中 E^0(R/O)为 MV$^+$/MV^{2+}标准电极电位[MV 为甲基紫精（methyl viologen）]。D_{Red2} 和 D_{Ox2} 分别代表占据态和未占据态分布函数。

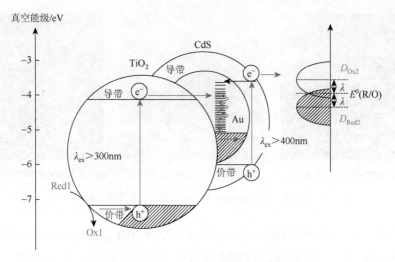

图 1.12　CdS/Au/TiO$_2$ 系统的能带示意图[66]

　　Chen 等[67]构建了一种新型的全高聚物 Z 型异质结 g-C$_3$N$_4$/rGO/PDIP。PDIP 指苝二酰亚胺聚合物（perylene diimide polymer），rGO 指还原氧化石墨烯（reduced graphene oxide）。PDIP 作为析氧反应（oxygen evolution reaction，OER）催化剂，g-C$_3$N$_4$ 作为析氢反应（hydrogen evolution reaction，HER）催化剂，rGO 是连接两者的桥梁。他们通过精确调控界面相互作用，建立了一个有效的 Z 型界面电子转移通道。该通道中存在巨大的内电场，从而实现了高效稳定的光催化分解水性能，显著优于许多报道的 g-C$_3$N$_4$ 基光催化剂（图 1.13）。

　　通过探测瞬态光生电荷动力学，并与单独的 PDIP 对比，发现 g-C$_3$N$_4$/rGO/PDIP 中 PDIP 上的空穴寿命延长至 201.7ns，同时电子寿命缩短到 14.1ns。这证明了高效的空间电荷转移发生在异质结上，PDIP 光照后产生的光生电子能够迅速地经 rGO 转移到 g-C$_3$N$_4$ 中，光生空穴能够在 PDIP 中保留更长时间而不会被复合消耗[67]。此外，也进一步揭示了载流子传输机制：单一的 g-C$_3$N$_4$ 和 PDIP 在光照后，

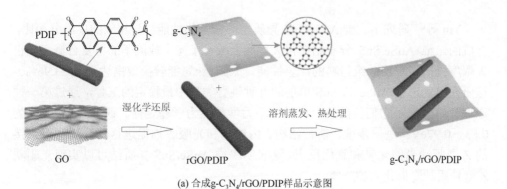

(a) 合成g-C$_3$N$_4$/rGO/PDIP样品示意图

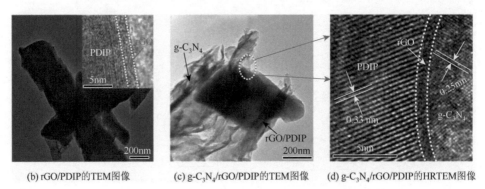

(b) rGO/PDIP的TEM图像　　　(c) g-C₃N₄/rGO/PDIP的TEM图像　　　(d) g-C₃N₄/rGO/PDIP的HRTEM图像

图 1.13　　g-C$_3$N$_4$/rGO/PDIP 的合成及微观结构[67]

空穴都会向电极的表面转移，光电压为正；复合后的 g-C$_3$N$_4$/rGO/PDIP 光电压增强，光电压为负，从而实现了 PDIP 的光生空穴流向氧化铟锡（indium-tin oxide，ITO），而光生电子流经 rGO 与 g-C$_3$N$_4$ 的光生空穴复合（图 1.14）。这些都证明构造的 Z 型异质结拥有极好的载流子分离能力。

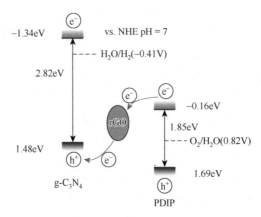

图 1.14　　g-C$_3$N$_4$/rGO/PDIP 的 Z 型电荷转移机制示意图[67]

　　Yin 等[68]研究了二维 AuSe/SnS 异质结的光催化性能。与相应的单组分相比，合成的二维 AuSe/SnS 异质结在很大程度上改善了光生载流子的再复合概率，也大幅度提高了单层二维材料的产氢性能，太阳能–氢能转换效率达到了 23.96%。该研究也优选了 AuSe 和 SnS 单层的九种堆叠类型中最稳定的三种，通过第一性原理计算研究了它们的能量、化学、动力学和热力学稳定性。研究发现，ΔG 为 0.63～0.97eV；进一步地，能带结构、内电场和光吸收均促进这些异质结以直接的 Z 型驱动光催化氢和氧化反应，这表明二维 AuSe/SnS 异质结可以实现光驱动 Z 型异质结光催化水解产氢。

Z 型异质结的氧化还原反应双驱动具有很大的优势,溶液中的氧化还原能级模型如何考虑呢?基于热波动模型会分别产生占据态(还原态)和未占据态(氧化态)的高斯分布函数。氧化态(D_{Ox})和还原态(D_{Red})的分布函数分别为[69, 70]

$$D_{Ox} = \exp\left(-\frac{E - E_{F,redox} - \zeta^2}{4k_B T\zeta}\right) \tag{1.16}$$

$$D_{Red} = \exp\left(-\frac{E - E_{F,redox} + \zeta^2}{4k_B T\zeta}\right) \tag{1.17}$$

式中,E 为原电池电位;$E_{F, redox}$ 为费米能级氧化还原电位;ζ 为溶剂重组能;k_B 为玻尔兹曼常量;T 为热力学温度。

考虑到 Z 型异质结的特征,研究者通过合理构筑电子选择与空穴选择两个半导体缓冲层,使其两个电极充当电子选择和空穴选择输送体,明显提高了光电转换效率[71]。两个半导体缓冲层之间的单层二硫化钼(MoS_2)和两个电极充当了电子选择和空穴选择输送体,这两个缓冲层有足够的厚度,其隧道效应可以忽略。另外,使用透明导电氧化物作为阴极,可以避免顶部的入射光被阻挡,由此提高了光的利用效率。

1.7 能 带 弯 曲

能带弯曲是由于两个不同功函数和能带结构的材料接触之后电子流动形成的使势能平衡的平衡状态。半导体和金属接触、不同的半导体接触、半导体和电解液接触、电场、吸附及表面态等都会导致半导体能带弯曲(图 1.15)。能带弯曲对半导体载流子传输有重要影响,因此它的重要性引起了广泛的关注[72-79]。

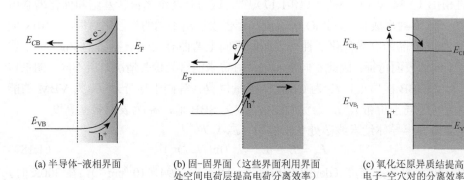

(a) 半导体-液相界面   (b) 固-固界面(这些界面利用界面处空间电荷层提高电荷分离效率)   (c) 氧化还原异质结提高电子-空穴对的分离效率

图 1.15 界面处电荷分离现象[79]

纳米线有大的比表面积和德拜长度,因此纳米线的电子和光电性能受到表面效应的强烈影响。Chen 等[80]制备了 ZnO 纳米线外部生长单质 Au 的复合材料（图 1.16），ZnO 纳米线沿图 1.16 所示的方向生长，纳米线的直径为 150～350nm。该研究使用紫外光电子能谱（ultraviolet photoelectron spectroscopy，UPS）原位探测半导体的表面能带弯曲（surface band bending，SBB），通过 Au 纳米颗粒修饰评价了氧吸附对 SBB 的影响。

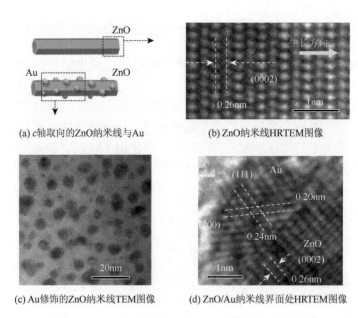

(a) c 轴取向的 ZnO 纳米线与 Au   (b) ZnO 纳米线 HRTEM 图像

(c) Au 修饰的 ZnO 纳米线 TEM 图像   (d) ZnO/Au 纳米线界面处 HRTEM 图像

图 1.16   Au 纳米颗粒修饰 ZnO 纳米线的微观结构[80]

以 Au 为代表的贵金属可以产生强的共振效应，Au 纳米颗粒也可以产生异常高的 SBB（2.34eV±0.15eV）（图 1.17）[80]，这与开路纳米肖特基结和催化增强电荷 O_2 吸附质的形成有关。ZnO 的不同晶面也表现出不同的光催化活性，(110)晶面取向 ZnO 样品的高光催化活性与表面能带向上弯曲有关[78]。制备的 ZnO 纳米线具有不同的表面特征，因此不同表面条件时费米能级处价带情况有所不同。图 1.17 中，L_d 为 SBB 区宽度，E_C 为 CBM 的能量位置（等同于导带），E_V 为 VBM 的能量位置（等同于价带），E_F 为费米能级，ϕ 为 SBB 值，ϕ_B 为表面势垒高度。

非简并半导体纳米线芯处费米能级（E_X）为[81]

$$E_X = E_C - E_F = k_B T \ln(N_C / n_b) \tag{1.18}$$

式中，N_C 为导带态密度（density of states，DOS）（$2.94 \times 10^{18} \text{cm}^{-3}$），在 300K 时，费米能级低于 CBM，为 0.034eV。SBB 可以通过式（1.19）确定[82,83]：

$$\phi = E_g - (E_F' - E_{V,s}) - E_X \tag{1.19}$$

式中，E_F' 为相对于 VBM 处费米能级；$E_{V,s}$ 为沉积金属前的能量位置。

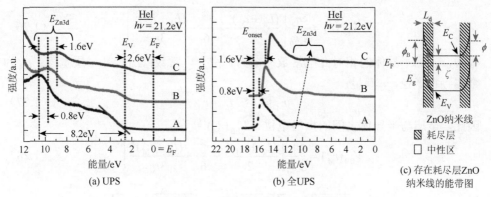

图 1.17　UPS 图及能带弯曲情况[80]

耗尽层宽度为

$$L_d = \left(\frac{2\varepsilon_r \varepsilon_0 \phi}{n_b e} \right)^{1/2} \tag{1.20}$$

式中，对于 ZnO，ε_r 为 8.66。计算得到 Au 纳米颗粒修饰 ZnO 吸附氧后耗尽层宽度为 53.6nm±1.6nm，这样大的耗尽层宽度有利于载流子的扩散。

　　下面以金属和半导体接触导致能带弯曲为例说明其能带弯曲现象[84]。如图 1.18 所示，E_{vac} 为真空能级；E_C 与 E_V 与前述意义相同；$E_{F,s}$ 为半导体的费米能级；$E_{F,m}$ 为金属的费米能级；ϕ_m 为金属功函数；ϕ_s 为半导体功函数；χ_s 为半导体电子亲和势；ϕ_{SB} 为肖特基能垒。相对于体相半导体材料，在其空间电荷区电位（V_{BB}）可通过泊松方程描述：

$$\frac{\partial^2 V_{BB}(x,y,z)}{\partial x^2} + \frac{\partial^2 V_{BB}(x,y,z)}{\partial y^2} + \frac{\partial^2 V_{BB}(x,y,z)}{\partial z^2} = -\frac{\rho}{\varepsilon_r \varepsilon_0} \tag{1.21}$$

　　基于无穷大金属与半导体存在的界面可以看作一维界面，半导体中一定深度的电子在 x 和 y 方向上对电位不产生影响，电位只是坐标 z 的函数，因此式（1.21）能被简化为

$$\frac{d^2 V_{BB}(z)}{dz^2} = -\frac{\rho}{\varepsilon_r \varepsilon_0} \tag{1.22}$$

$$V_{BB} = |\phi_m - \phi_s| \tag{1.23}$$

　　如图 1.19 所示，在 n 型半导体中，当 $\phi_m > \phi_s$ 时，$^{18}O_2$ 光致脱附产率下降[76]，在金属与半导体之间界面形成能垒，即肖特基能垒（ϕ_{SB}）：

$$\phi_{SB} = \phi_m - \chi_s \tag{1.24}$$

　　Ioannides 和 Verykios[85]提出了半导体包埋金属颗粒模型，基于肖特基近似，电场（$E(r)$）和电位（$V_{BB}(r)$）在空间电荷区分别为

$$E(r) = \frac{e n_b}{3\varepsilon_r \varepsilon_0 r^2} \left[(L_d + r_M)^3 - r^3 \right] \tag{1.25}$$

$$V_{BB}(r) = \frac{en_b}{\varepsilon_r\varepsilon_0}\left[\frac{(L_d+r_M)^2}{2} - \frac{r^2}{6} - \frac{(L_d+r_M)^3}{3r}\right] \tag{1.26}$$

式中，ε_r 为半导体的相对介电常数；ε_0 为真空介电常数；L_d 为耗尽层宽度；r_M 为金属颗粒半径，r 满足：

$$r_M \leqslant r \leqslant L_d + r_M \tag{1.27}$$

因此，金属与半导体之间的接触电位（$V_{BB}(r_M)$）为

$$V_{BB}(r_M) = \frac{en_b}{\varepsilon_r\varepsilon_0}\left[\frac{(L_d+r_M)^2}{2} - \frac{r_M^2}{6} - \frac{(L_d+r_M)^3}{3r_M}\right] \tag{1.28}$$

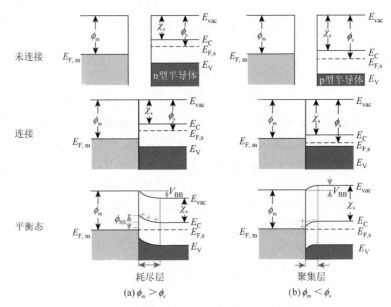

图 1.18 金属和半导体接触时的能带图[84]

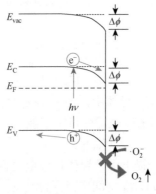

图 1.19 Au 作用下能带下弯和空穴传输示意图[76]

$\Delta\phi$ 泛指差值

1.8　量子及等离子体共振效应

当颗粒尺寸下降到某一值时，金属费米能级附近的电子能级由准连续变为离散能级的现象[纳米半导体微粒存在不连续的最高占据分子轨道（highest occupied molecular orbital，HOMO）和最低未占据分子轨道（lowest unoccupied molecular orbital，LUMO）能级]即带隙变宽现象，也称为量子尺寸效应。早在 20 世纪 60 年代，久保（Kubo）提出了金属纳米晶粒的能级间距（δ）为

$$\delta = \frac{4E_F}{3N} \tag{1.29}$$

式中，E_F 为费米能级；N 为粒子中的自由电子总数。式（1.29）指出能级的平均间距与组成粒子中的自由电子总数成反比。能带理论表明，金属费米能级附近电子能级一般是连续的，这只有在高温或宏观尺寸情况下才成立。根据金属能带单电子近似理论，对于三维情况，若将电子看作完全自由的，则能带密度 $N(E)$ 正比于体积 V。一般情况下，由于体积 V 很大（自由电子总数 $N \to \infty$，能级间距 $\delta \to 0$），可以认为能级是准连续的。对于只有有限自由电子的纳米颗粒（所包含原子数有限，N 很小，δ 有一定的值），能带密度小，低温下能级是离散的，即能级间距发生分裂。

$$E_F = \frac{h^2}{2m}(3\pi^2 n_1)^{2/3} \tag{1.30}$$

$$N = n_1 \times \frac{4}{3}\pi\left(\frac{d_0}{2}\right)^3 \tag{1.31}$$

$$\delta = \frac{4h^2(3\pi^2 n_1)^{2/3}}{\pi n_1 m d_0^3} > k_B T \tag{1.32}$$

式中，$h = 6.626 \times 10^{-34}$ J·s；$k_B = 1.3806 \times 10^{-23}$ J/K；$m = 9.109 \times 10^{-31}$ kg；n_1 为单位体积内的电子数。

$$d_0^3 < \frac{1.411 \times 10^{-14}}{T} n_1^{-\frac{1}{3}}(\text{m}^3) \tag{1.33}$$

因此可以通过已知的温度求临界尺寸，或通过已知的颗粒尺寸求临界温度。显然，量子尺寸效应会导致纳米颗粒光、电、磁、声、热及超导电性与材料的宏观特性有显著不同。当能级间距大于热能、静电能、磁能、静磁能、光子能量及超导态的凝聚能时，必须考虑量子尺寸效应产生的影响。图 1.20 为使用苯甲酰亚胺树枝状大分子（phenylazomethine dendrimer，DPA G4）模板合成的量子尺寸 TiO_2，计算结果表明 TiO_2 带隙具有尺寸依赖性。与以前报道的其他量子尺寸半导体不同（方格代表了实验数据），当颗粒半径为 1~2nm 时，估算的 TiO_2 带隙急剧变化[86]。在这个范围内，纳米颗粒半径差异非常明显地影响 TiO_2 的带隙。

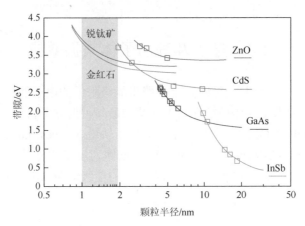

图 1.20　使用 DPA G4 模板合成量子尺寸 TiO$_2$[86]

通过不同粒度 ZnO 纳米晶体的 X 射线衍射（X-ray diffraction，XRD）图谱和不同粒度 ZnO 纳米晶体的紫外吸收光谱[87]，计算了带隙（E^*）与量子尺寸半导体颗粒半径（D）之间的关系，通过式（1.34）可获得理论解释：

$$E^* \approx E_g + \frac{h^2\pi^2}{2D^2}\frac{1}{\mu'} - \frac{1.8e^2}{\varepsilon_r D}\qquad(1.34)$$

式中，h 为普朗克常量；e 为电子电量；E_g 为体材料带隙；μ' 为量子区域电子和空穴约化有效质量；ε_r 为半导体相对介电常数。ZnO 体材料的带隙为 3.32eV，ZnO 纳米晶体的带隙为 3.42~3.59eV。

假设 ZnO 颗粒呈球形，其有效直径（d'）可通过式（1.35）求得：

$$d' = \left(\frac{3N_{at}a^2c}{2\pi}\right)^{1/3}\qquad(1.35)$$

式中，a 和 c 为 ZnO 体材料的晶格常数；N_{at} 为 ZnO 纳米晶体中的原子数。

McDaniel 等[88]将 TiO$_2$ 耦合窄带隙半导体如硒化镉（CdSe）纳米量子点，通过整流作用可最大限度地提高 TiO$_2$ 电荷分离效率，所使用的基质是掺氟氧化锡（fluorine-doped tin oxide，FTO）玻璃。低成本、低毒性 CuInSe$_x$S$_{2-x}$ 量子点使染料敏化 TiO$_2$ 太阳能电池能量转换效率超过 5%，使用室内太阳能模拟设备持续工作 71 天，能量转换效率仍达到 5.5%。这项研究表明，CuInSe$_x$S$_{2-x}$ 量子点实现了低成本活性材料、高效率太阳能电池的制备，其先进的理念源于量子尺寸材料独特的物理性能。这个器件表现出了很高的空气环境稳定性，为进一步深入研究相关太阳能电池提供了研究思路。

提及共振效应，很容易使人联想到蝴蝶效应，Fang 等[89]制备了具有等离子体共振效应的三维 CdS/Au 蝴蝶翅膀鳞片光催化剂。等离子体金属（如 Au）的局域表面等离子体共振（localized surface plasmon resonance，LSPR）可以帮助半导体改善其光催化制氢性能。从图 1.21 中可以看出，450nm 的入射光激发的局域电磁场的分布特征明显。

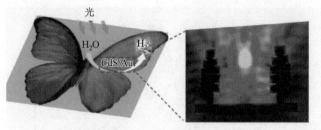

(a) 等离子体共振示意图　　　(b) 450nm入射光激发下的局域电磁场分布

图 1.21　CdS/Au 体系的等离子体共振

在光照下，碳纳米点（carbon nanodots，CND）也被用于光化学过程进行 HER。一方面，CND 具有明显的吸收光能力；另一方面，CND 通过光催化和电催化在水和海水中进行 HER，不需要任何外部光敏剂或助催化剂。研究也发现在 CND 结构中，光催化机理的一个关键步骤是从牺牲电子供体到 CND 的双分子电子转移（图 1.22），第二步为决速步。图中，TEOA 指三乙醇胺（triethanolamine）；oCND 指光氧化碳纳米点。

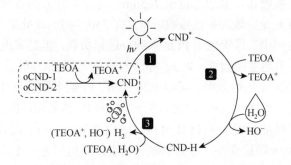

图 1.22　描述 CND 材料 HER 活性示意图[90]

如图 1.23 所示，TiO_2 表面负载的 Au 颗粒尺寸会对 TiO_2 光催化产氢产生影响。锐钛矿型催化剂（记为 A）表面的 Au 颗粒平均尺寸小于金红石型催化剂（记为 R），A 和 R 前面的数字代表 Au 颗粒的质量分数（负载量），这里的 Au 颗粒尺寸通过高角环形暗场-扫描透射电子显微镜（high-angle annular dark field-scanning transmission electron microscope，HAADF-STEM）测定。研究发现，锐钛矿型催化剂和金红石型催化剂之间的产氢速率差异达到了 2 个数量级。整体上看，负载量增大，Au 颗粒的平均尺寸会增加，负载量为 4%时具有较优的产氢效率[91]。

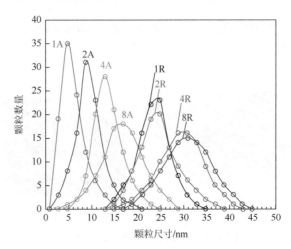

图 1.23　不同 Au 颗粒尺寸分布对 TiO_2 光催化产氢的影响（彩图扫封底二维码）[91]

　　Au、Ag、Pt 等贵金属纳米颗粒在紫外-可见光波段展现出很强的光谱吸收，从而可以获得局域表面等离子体共振光谱。该吸收光谱峰值处的吸收波长取决于该材料的微观结构特性，如组成、形状、结构、尺寸、局域传导率。此外，局域表面等离子体共振光谱还对周围介质极其敏感，因此可以作为基于光学信号的化学传感器和生物传感器。Ma 等[92]指出，介孔氧化镓（Ga_2O_3）紫外-可见漫反射光谱呈现出特征吸收带，其边缘位于 265nm，对应 Ga_2O_3 的带隙转变。Pt 纳米颗粒的负载导致可见光区域的扩展吸收，并且在 350～400nm 处呈现强的共振效应。

　　在下面的案例中，尽管也用 Pt 纳米颗粒进行负载，但是表面等离子体共振不是设计目的，也不是主控因素。Wang 等[93]着重研究了 TiO_2 单晶上 Pt 纳米颗粒尺寸效应增强的 CO_2 光还原效率。如图 1.24 所示，Pt 纳米颗粒尺寸适中时，电子可以自由转移到能量低于-4.4eV（TiO_2 的导带）的 Pt 纳米颗粒能级上。如果 Pt 纳米颗粒变大，其性能可能接近 Pt 体材料，捕获光生电子和空穴并充当复合中心；反之，如果 Pt 纳米颗粒变小，达到单原子状态，其电位为-2.128eV，此时电子难以从基体流向 Pt 纳米颗粒。从上述观点来看，TiO_2 基体上附着的单原子 Pt 不宜作为还原 CO_2 的催化剂。Pt/TiO_2 能够选择性高效形成甲烷（CH_4）的原因就很清晰了，薄膜独特的一维结构的大比表面积和高单晶度及 Pt 纳米颗粒产生的有效电子-空穴分离是 CO_2 光还原效率提高的主要原因。

　　纳米线及纳米颗粒有大的比表面积和德拜长度，因此纳米线和纳米颗粒的电子和光电性能受到表面效应的强烈影响。如图 1.25 所示，以 Au 为代表的贵金属可以产生强的共振效应，这是一种光和自由电子紧密结合的局域化表面态电磁运动模式。光与金属球的相互作用原理如下：光随时间与空间做周期性变化的电场和磁场对金属球中的电荷产生影响[94]，导致电子云密度在空间分布中的变化及能级跃迁与极化等效应，上述效应所产生的电磁场与外来光波的电磁场耦合在一起，呈现出各种光学现象，其本质上是相对于原子核的位置，电子云产生了位移所致。

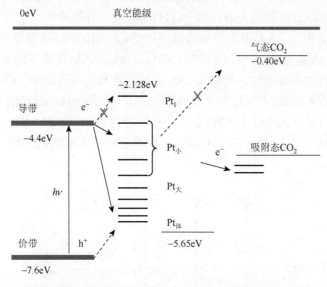

图 1.24　Pt 纳米颗粒能级有效调控光还原 CO_2 示意图[93]

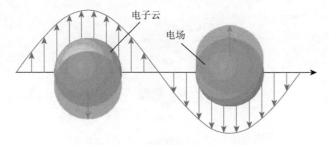

图 1.25　等离子体共振原理示意图[95]

1.9　晶面工程化

一个半导体晶粒的不同晶面间具有的电荷分离能力称为晶面间电荷分离效应，简称晶面效应，它对于调控光（电）催化活性具有重要意义。晶面效应的发现展示了材料科学在新能源研究中的重要基础性作用。然而晶面效应是如何从现象升华到科学，并进一步广泛指导实际研究的呢？光催化剂晶面设计和优化是解决相关光催化反应问题的有效策略。目前关于 MOFs 在光催化过程中晶面效应的研究还处于发展阶段。

Cheng 等[96]精确控制和合成了具有不同(001)和(111)晶面比例的 NH$_2$-MIL-125(Ti)，发现 N, N-二甲基甲酰胺（N, N-dimethyl-formamide，DMF）和甲醇（CH$_3$OH）的用量对(001)和(111)晶面的暴露比例起到很强的调节作用。稳态荧光光谱和时间分辨荧光光谱揭示了(111)晶面可以有效抑制光生电子和空穴的复合（图 1.26）。图中，AA 指不加调节试剂；NM$_{001}$ 指(001)晶面暴露的 MOFs 结构；NM$_{111}$ 指(111)晶面暴露的 MOFs 结构；NM$_A$、NM$_B$、NM$_C$ 代表不同形貌。随着(111)晶面暴露比例的逐渐增加，光催化 CO$_2$ 还原活性得到显著增强。CO 和 CH$_4$ 的最大产率分别为 8.25μmol/(g·h)和 1.01μmol/(g·h)，分别是(001)晶面的 9 倍和 5 倍，(111)晶面具有最高的 CO 和 CH$_4$ 量子产率，分别为 0.14%和 0.07%。因此，通过调节 NH$_2$-MIL-125(Ti)暴露的(111)晶面可以显著提高其光催化性能。

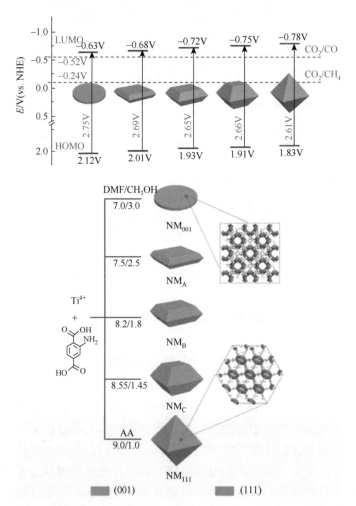

图 1.26　不同 NH$_2$-MIL-125(Ti)的 HOMO-LUMO 分布特征（彩图扫封底二维码）[96]

Liu 等[97]在光催化剂表面通过构建氧缺陷位、构建含质子 H 的基团（如羟基）、掺杂碱金属或碱土金属等策略促使 CO_2 吸附并向 CO_2^- 转化。研究发现，在光催化剂表面构建含质子 H 的基团可将 CO_2 转化成活性 HCO_2^-（图 1.27）。CO_2^- 和 HCO_2^- 活性基团均为光催化 CO_2 还原过程的重要中间物，可促进 CO_2 还原反应进行，从而提升 CO_2 转化率。CO_2^- 和 HCO_2^- 活性基团的结构与电子特性也是影响产物选择性的重要因素。在光催化 CO_2 还原过程中，质子 H 移动方向（移动至 O 或 C 原子）、参与 CO_2 还原反应的质子数量深刻影响反应物转化率和产物选择性。相比于 CO_2 还原反应，质子 H 更易复合形成 H_2，这是 CO_2 还原反应的竞争反应（图 1.28）。

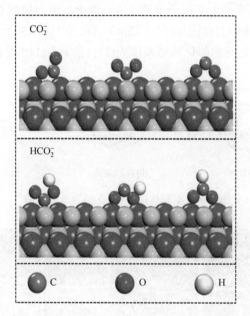

图 1.27　光催化剂表面 CO_2 的吸附构型（彩图扫封底二维码）[97]

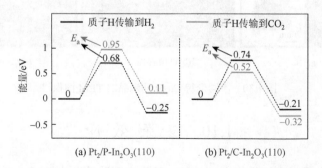

图 1.28　$Pt_2/P\text{-}In_2O_3(110)$ 和 $Pt_2/C\text{-}In_2O_3(110)$ 晶面上 H_2 形成和 CO_2 还原能垒（E_a）的理论计算
（彩图扫封底二维码）[97]

调控 CO_2 吸附时,需要特别注意 H_2O 与 CO_2 在光催化剂表面存在的竞争吸附过程。对于理想的光催化还原反应,区域应能充分促进 CO_2 和 H_2O 的相互作用,有利于电荷分离与转移、反应物转移与吸附、产物脱附与分离;未来可实际使用的光催化新材料也应有充足的光吸收、电荷分离、反应物吸附和质子的生成能力,并提供更多的催化活性位点。因此在提升质子传输能力的同时,更需要强化光催化剂裂解 H_2O 的能力,并进一步设计、优化 CO_2 在带有负电荷光催化剂上的吸附。基于上述考虑,CO_2 还原作为一种非常有前景的解决能源和环境问题的策略未来有望实现大规模应用。

氧化亚铜(Cu_2O)纳米晶也能提供丰富的晶面(图 1.29),并有助于调控相应的催化性能。Yang 等[98]为了进一步说明这一概念,定向控制 Cu_2O 纳米晶的生长,得到了(100)、(110)和(111)晶面取向的 Cu_2O 纳米晶(图 1.30),光催化产 H_2 活性实验表明,不同晶面之间的催化性能顺序为(111)晶面>(110)晶面>(100)晶面。

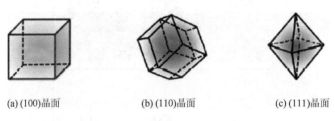

(a) (100)晶面　　　　　　　(b) (110)晶面　　　　　　　(c) (111)晶面

图 1.29　不同暴露面 Cu_2O 纳米晶示意图[98]

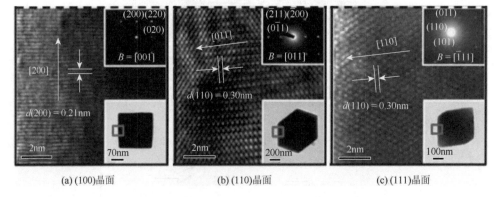

(a) (100)晶面　　　　　　　(b) (110)晶面　　　　　　　(c) (111)晶面

图 1.30　不同形貌 Cu_2O 纳米晶的 TEM 图像[98]

1.10　掺　杂　效　应

掺杂效应是指当氧化物中掺入另一种价态不同的阳离子时,由于阳离子之间的相互作用和电荷重新分布,氧化物中的离子缺陷浓度和电子缺陷浓度发生变化。

掺杂金属离子可以形成掺杂能级，使得具有较小能量的光子可以激发并捕获掺杂能级上的电子或空穴，提高光子的利用率，并扩大半导体的光响应范围。离子掺杂还可以使载流子扩散长度增加，从而延长光生载流子的寿命并减小重组的可能性。半导体的掺杂改性一般包括金属掺杂、贵金属掺杂、共掺杂和非金属掺杂等。例如，Yang 等[99]研究表明，通过制备 Mo 掺杂 $BiVO_4$ 可以减小电子-空穴对的复合概率，提高半导体材料的光催化性能。Dong 等[100]采用水热法合成了 Eu^{3+} 掺杂 $BiVO_4$ 粉体，通过紫外-可见漫反射光谱研究了 Eu^{3+} 掺杂 $BiVO_4$，发现少量掺杂（摩尔分数为 0.1%～0.5%）时，在吸收边观察到轻微红移；相反，掺杂较多（摩尔分数超过 0.5%）时，在吸收边观察到明显蓝移。

图 1.31 为 $BiVO_4$ 和 $BiVO_4$/rGO（BGO180）样品的 TEM 图像。可以看出，纯 $BiVO_4$ 的 TEM 图像显示出板状形态。BGO180 也显示出与 $BiVO_4$ 类似的板状形态。图中虚线与实线之间的夹角为 66°，对应(010)和(110)晶面之间的夹角。插图为图中虚线框的放大图，可以观察到 rGO 负载在板状 $BiVO_4$ 的(010)晶面上。有研究者认为，光生电子的还原反应可能发生在 $BiVO_4$(010)晶面上[101, 102]。因此，BGO180 可能由 $BiVO_4$(010)晶面和 rGO 之间的耦合产生。rGO 在 $BiVO_4$(010)晶面上的耦合可以极大地增强 $BiVO_4$ 中光生电子的分离[103]。

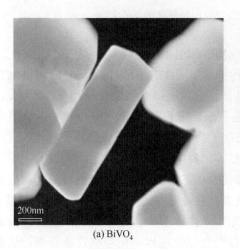
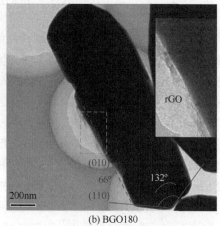

(a) $BiVO_4$　　　　　　　　　　　　(b) BGO180

图 1.31　$BiVO_4$ 和 BGO180 样品的 TEM 图像

图 1.32 为 $BiVO_4$ 和 BGO180 样品的拉曼光谱及放大图。$BiVO_4$ 在 $820cm^{-1}$ 处可观察到明显的峰，代表对称 V—O 伸缩振动模式；$708cm^{-1}$ 处的不明显的峰是不对称 V—O 伸缩振动模式。很明显，与 $BiVO_4$ 相比，BGO180 在 $820cm^{-1}$ 处的主峰向低波数轻微移动。通常，半径小、质量小的原子取代半径大、质量大的原子会导致拉曼光谱波数的增加。然而，当 rGO 添加到 $BiVO_4$ 中时观察到异常的拉曼

峰移位，可能的原因是有效的 C 掺杂。以 362cm^{-1} 和 323cm^{-1} 为中心的峰分别代表 VO_4^{3-} 的典型对称弯曲振动模式和不对称弯曲振动模式。$BiVO_4$ 在 820cm^{-1}、708cm^{-1}、362cm^{-1}、323cm^{-1}、206cm^{-1} 和 130cm^{-1} 处的峰与先前的报道一致[104]。对于 BGO180，除使 $BiVO_4$ 出现独特峰外，rGO 的 G 带和 D 带分别位于 1540cm^{-1} 和 1354cm^{-1} 处，表明形成了 rGO/$BiVO_4$ 复合结构。

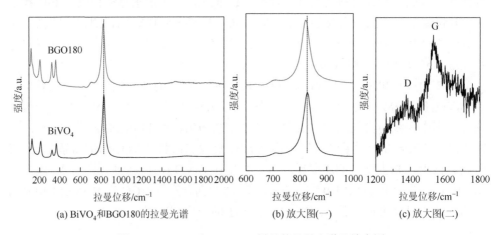

(a) $BiVO_4$ 和 BGO180 的拉曼光谱　　(b) 放大图(一)　　(c) 放大图(二)

图 1.32　$BiVO_4$ 和 BGO180 样品的拉曼光谱及放大图

图 1.33 为 $BiVO_4$ 和 BGO180 样品的 XPS。如图 1.33（a）所示，$BiVO_4$ 中 C1s 峰位于 284.6eV，该峰可归因于外来碳污染。如图 1.33（b）所示，C1s 峰分别在 282.2eV、285.8eV、286.6eV 和 288.5eV 的结合能上拟合了四个峰，在 285.8eV、286.6eV 和 288.5eV 处的三个峰分别对应石墨烯中的石墨碳、C—O 键中的含氧碳和 C=O 键中的含氧碳[105]。此外，还发现了一个位于 282.2eV 的额外肩峰，这个肩峰通常在这个结合能区域被指定为 TiC 等，与 BGO180 中存在 Bi—C 键有关[106]。如图 1.33（c）所示，O1s 的 XPS 有两种化学状态，O1s 区域的特征峰分别对应着 529.3eV 和 531.9eV，前峰可归因于晶格氧，后峰可归因于化学吸附氧（如羟基、H_2O），并且 BGO180 中的羟基和化学吸附的 H_2O 显著高于 $BiVO_4$，曾经有报道认为这有利于光催化反应[107]。OH^- 可以在光催化过程中充当空穴捕获剂，从而产生 ·OH[108]，反应如下：

$$OH^- + h^+ \longrightarrow ·OH \tag{1.36}$$

同样地，·OH 也是由吸附的 H_2O 捕获空穴产生的[109]，反应如下：

$$H_2O + h^+ \longrightarrow ·OH + H^+ \tag{1.37}$$

如图 1.33（d）所示，BGO180 和 $BiVO_4$ 中的 VBM 分别为 1.64eV 和 1.38eV。这表明 $BiVO_4$ 的价带可以通过添加 rGO 来调节，这对载流子传输具有重要影响。

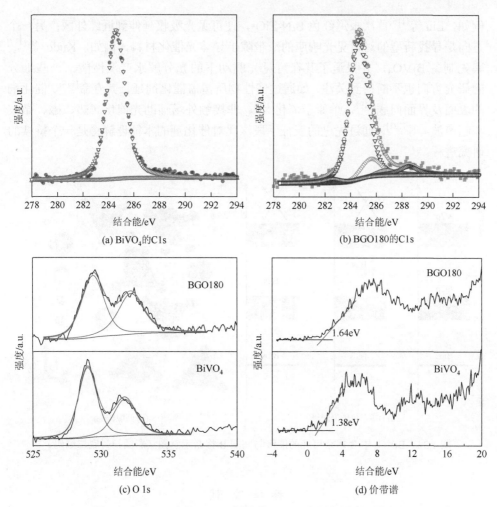

图 1.33　BiVO₄ 和 BGO180 样品的 XPS（彩图扫封底二维码）

BiVO₄ 的载流子输运性能较差，对其光催化活性有较大的影响。为了克服其不足，Shan 等[110]通过溶胶-凝胶技术成功地制备了硼（B）掺杂单斜白钨矿 BiVO₄。在 BiVO₄ 中加入适量的 B 可显著提高光催化活性。随着 B 掺杂量的改变，BiVO₄ 的带隙几乎没有变化，而起始电位明显降低，有助于提高整体热力学转换效率，这结合 XPS 等多种手段证明了 B 掺杂没有改变主要的能级［图 1.34（a）］。BiVO₄ 增强的光催化活性与 VO₄ 四面体的间隙 B 掺杂改善了相应的电子传输特性有关［图 1.34（b）］。

目前，可见光响应新型光催化剂的研究思路主要有两大方向：一个方向是对具有紫外线响应的光催化剂进行修饰掺杂改性，使其响应波长红移至可见光区，甚至红外区，主要包括窄带隙半导体复合和非金属元素或金属元素掺杂等方法[111-115]，例如，Liu 等[116]首次报道红色 B/N-TiO₂，使可见光吸收延伸到近红外区；另一个方向是寻找新型的对可见光响应的窄带隙半导体光催化材料，例如，Kudo 等[117]率先制备 BiVO₄，并报道了其在可见光驱动下的光分解水产氧性能。一些细分的研究方向也不断得到关注，如通过惰性物质覆盖催化剂延长其寿命[118]、催化剂的表面及界面问题[119]、单原子催化[120]、非接触外场辅助光催化（热、磁、微波和超声波）等[121]，通过先进的表征手段深化对催化剂的本征理解将是一个持续的研究进程。

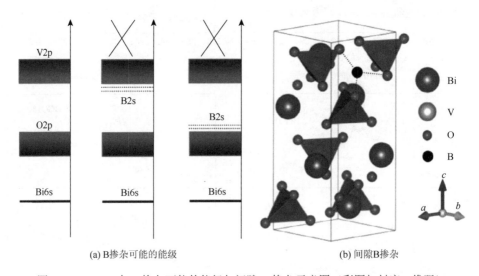

(a) B掺杂可能的能级　　　　　　　　　　　(b) 间隙B掺杂

图 1.34　BiVO₄ 中 B 掺杂可能的能级与间隙 B 掺杂示意图（彩图扫封底二维码）

参 考 文 献

[1]　Shan L, Li J, Wu Z, et al. Unveiling the intrinsic band alignment and robust water oxidation features of hierarchical BiVO₄ phase junction[J]. Chemical Engineering Journal, 2022, 436: 131516.

[2]　Shan L W, Wang G L, Li D, et al. Band alignment and enhanced photocatalytic activation of α/β-Bi₂O₃ heterojunction via in situ phase transformation[J]. Dalton Transactions, 2015, 44: 7835-7843.

[3]　Fujishima A, Honda K. Electrochemical photolysis of water at a semiconductor electrode[J]. Nature, 1972, 238: 37-38.

[4]　Roy P, Berger S, Schmuki P. TiO₂ nanotubes: Synthesis and applications[J]. Angewandte Chemie-International Edition, 2011, 50(13): 2904-2939.

[5]　Zou X X, Zhang Y. Noble metal-free hydrogen evolution catalysts for water splitting[J]. Chemical Society Reviews, 2015, 44: 5148-5180.

[6]　Hernández-Alonso M D, Fresno F, Suárez S, et al. Development of alternative photocatalysts to TiO₂: Challenges and opportunities[J]. Energy & Environmental Science, 2009, 2(12): 1231-1257.

[7]　Sarkar D, Ghosh C K, Mukherjee S, et al. Three dimensional Ag₂O/TiO₂ type-Ⅱ (p-n) nanoheterojunctions for

superior photocatalytic activity[J]. ACS Applied Materials & Interfaces, 2013, 5(2): 331-337.

[8]　Zhou W, Li W, Wang J Q, et al. Ordered mesoporous black TiO_2 as highly efficient hydrogen evolution photocatalyst[J]. Journal of the American Chemical Society, 2014, 136(26): 9280-9283.

[9]　Kumar A, Bhardwaj R, Mandal S K, et al. Transfer hydrogenation of CO_2 and CO_2 derivatives using alcohols as hydride sources: Boosting an H_2-free alternative strategy[J]. ACS Catalysis, 2022, 12: 8886-8903.

[10]　Lu Q P, Lu Z D, Lu Y Z, et al. Photocatalytic synthesis and photovoltaic application of Ag-TiO_2 nanorod composites[J]. Nano Letters, 2013, 13(11): 5698-5702.

[11]　Kolle J M, Fayaz M, Sayari A. Understanding the effect of water on CO_2 adsorption[J]. Chemical Reviews, 2021, 121(13): 7280-7345.

[12]　Carey J H, Lawrence J, Tosine H M. Photo-dechlorination of pcbs in presence of titanium-dioxide in aqueous suspensions[J]. Bulletin of Environmental Contamination and Toxicology, 1976, 16(6): 697-701.

[13]　Pruden A L, Ollis D F. Photoassisted heterogeneous catalysis: The degradation of trichloroethylene in water[J]. Journal of Catalysis, 1983, 82(2): 404-417.

[14]　Walter M G, Warren E L, McKone J R, et al. Solar water splitting cells[J]. Chemical Reviews, 2010, 110(11): 6446-6473.

[15]　Linic S, Christopher P, Ingram D B. Plasmonic-metal nanostructures for efficient conversion of solar to chemical energy[J]. Nature Materials, 2011, 10(12): 911-921.

[16]　Kubacka A, Fernandez-Garcia M, Colon G. Advanced nanoarchitectures for solar photocatalytic applications[J]. Chemical Reviews, 2012, 112(3): 1555-1614.

[17]　Uddin M T, Nicolas Y, Olivier C, et al. Nanostructured SnO_2-ZnO heterojunction photocatalysts showing enhanced photocatalytic activity for the degradation of organic dyes[J]. Inorganic Chemistry, 2012, 51(14): 7764-7773.

[18]　Wan L, Zhou Q, Wang X, et al. Cu_2O nanocubes with mixed oxidation-state facets for (photo)catalytic hydrogenation of carbon dioxide[J]. Nature Catalysis, 2019, 2: 889-898.

[19]　Liu J, Wang L, Song W, et al. $BiMO_x$ semiconductors as catalysts for photocatalytic decomposition of N_2O: A combination of experimental and DFT+U study[J]. ACS Sustainable Chemistry & Engineering, 2019, 7(2): 2811-2820.

[20]　Pang C L, Lindsay R, Thornton G. Structure of clean and adsorbate-covered single-crystal rutile TiO_2 surfaces[J]. Chemical Reviews, 2013, 113(6): 3887-3948.

[21]　Schneider J, Matsuoka M, Takeuchi M, et al. Understanding TiO_2 photocatalysis: Mechanisms and materials[J]. Chemical Reviews, 2014, 114(19): 9919-9986.

[22]　Ghosh H N. Charge transfer emission in coumarin 343 sensitized TiO_2 nanoparticle: A direct measurement of back electron transfer[J]. Journal of Physical Chemistry B, 1999, 103(47): 10382-10387.

[23]　Shan L W, Liu Y T. Er^{3+}, Yb^{3+} doping induced core-shell structured $BiVO_4$ and near-infrared photocatalytic properties[J]. Journal of Molecular Catalysis A—Chemical, 2016, 416: 1-9.

[24]　Asahi R, Morikawa T, Ohwaki T, et al. Visible-light photocatalysis in nitrogen-doped titanium oxides[J]. Science, 2001, 293(5528): 269-271.

[25]　Chen X B, Liu L, Yu P Y, et al. Increasing solar absorption for photocatalysis with black hydrogenated titanium dioxide nanocrystals[J]. Science, 2011, 331(6018): 746-750.

[26]　Kalyanasundaram K, Borgarello E, Gratzel M. Visible-light induced water cleavage in CdS dispersions loaded with pt and RuO_2, hole scavenging by RuO_2[J]. Helvetica Chimica Acta, 1981, 64(1): 362-366.

[27]　Zhang P, Wang T, Chang X, et al. Effective charge carrier utilization in photocatalytic conversions[J]. Accounts of Chemical Research, 2016, 49(5): 911-921.

[28]　Wang S, Liu G, Wang L. Crystal facet engineering of photoelectrodes for photoelectrochemical water splitting[J]. Chemical Reviews, 2019, 119(8): 5192-5247.

[29]　《环境科学大辞典》编委会. 环境科学大辞典[M]. 北京: 中国环境科学出版社, 2008.

[30]　Li X, Wen J, Low J, et al. Design and fabrication of semiconductor photocatalyst for photocatalytic reduction of CO_2 to solar fuel[J].Science China Materials, 2014, 57(1): 70-100.

[31]　Shan L W, Lu C H, Dong L M, et al. Efficient facet regulation of $BiVO_4$ and its photocatalytic motivation[J]. Journal of Alloys and Compounds, 2019, 804: 385-391.

[32]　Shan L W, He L Q, Suriyaprakash J, et al. Photoelectrochemical (PEC) water splitting of BiOI{001} nanosheets synthesized by a simple chemical transformation[J]. Journal of Alloys and Compounds, 2016, 665: 158-164.

[33]　Chen S, Wang L W. Thermodynamic oxidation and reduction potentials of photocatalytic semiconductors in aqueous solution[J]. Chemistry of Materials, 2012, 24(18): 3659-3666.

[34]　Yang S Y, Prendergast D, Neaton J B. Tuning semiconductor band edge energies for solar photocatalysis via surface ligand passivation[J]. Nano Letters, 2012, 12(1): 383-388.

[35]　Xu M C, Gao Y K, Moreno E M, et al. Photocatalytic activity of bulk TiO_2 anatase and rutile single crystals using infrared absorption spectroscopy[J]. Physical Review Letters, 2011, 106(13): 138302.

[36]　Wang B C, Nisar J, Pathak B, et al. Band gap engineering in $BiNbO_4$ for visible-light photocatalysis[J]. Applied Physics Letters, 2012, 100: 182102.

[37]　Bandara J, Guasaquillo I, Bowen P, et al. Photocatalytic storing of O_2 as H_2O_2 mediated by high surface area CuO. Evidence for a reductive-oxidative interfacial mechanism[J]. Langmuir: the ACS Journal of Surfaces and Colloids, 2005, 21(18): 8554-8559.

[38]　Yao W F, Ye J H. Photophysical and photocatalytic properties of $Ca_{1-x}Bi_xV_xMo_{1-x}O_4$ solid solutions[J]. Journal of Physical Chemistry B, 2006, 110(23): 11188-11195.

[39]　Pichat P. Photocatalysis and Water Purification[M]. Weinheim: Wiley-VCH Verlag GmbH & Co. KGaA, 2013.

[40]　Liu G, Niu P, Sun C H, et al. Unique electronic structure induced high photoreactivity of sulfur-doped graphitic C_3N_4[J]. Journal of the American Chemical Society, 2010, 132(33): 11642-11648.

[41]　Jacobsen A E. Titanium dioxide pigments. Correlation between photochemical reactivity and chalking[J]. Industrial & Engineering Chemistry Research, 1949, 41(3): 523-526.

[42]　Nozik A J. Spectroscopy and hot electron relaxation dynamics in semiconductor quantum wells and quantum dots[J]. Annual Review of Physical Chemistry, 2001, 52: 193-231.

[43]　de Quilettes D W, Frohna K, Emin D, et al. Charge-carrier recombination in halide perovskites[J]. Chemical Reviews, 2019, 119(20): 11007-11019.

[44]　Trikalitis P N, Rangan K K, Bakas T, et al. Varied pore organization in mesostructured semiconductors based on the $[SnSe_4]^{4-}$ anion[J]. Nature, 2001, 410: 671-674.

[45]　Tauc J, Grigorovici R, Vancu A. Optical properties and electronic structure of amorphous germanium[J]. Physica Status Solidi, 1966, 15(2): 627-637.

[46]　Tauc J, Menth A J. States in the gap[J]. Journal of Non-crystalline Solids, 1972, 8-10: 569-585.

[47]　Wang Q, Domen K. Particulate photocatalysts for light-driven water splitting: Mechanisms, challenges, and design strategies[J]. Chemical Reviews, 2020, 120(2): 919-985.

[48]　Long M C, Cai W M, Kisch H. Visible light induced photoelectrochemical properties of n-$BiVO_4$ and

n-BiVO₄/p-Co₃O₄[J]. Journal of Physical Chemistry C, 2008, 112(2): 548-554.

[49]　Liu J X, Wei R J, Hu J C, et al. Novel Bi₂O₃/NaBi(MoO₄)₂ heterojunction with enhanced photocatalytic activity under visible light irradiation[J]. Journal of Alloys and Compounds, 2013, 580: 475-480.

[50]　Yin R, Luo Q Z, Wang D S, et al. SnO₂/g-C₃N₄ photocatalyst with enhanced visible-light photocatalytic activity[J]. Journal of Materials Science, 2014, 49(17): 6067-6073.

[51]　Zhang W Q, Wang M, Zhao W J, et al. Magnetic composite photocatalyst ZnFe₂O₄/BiVO₄: Synthesis, characterization, and visible-light photocatalytic activity[J]. Dalton Transactions, 2013, 42(43): 15464-15474.

[52]　Bajaj R, Sharma M, Bahadur D. Visible light-driven novel nanocomposite (BiVO₄/CuCr₂O₄) for efficient degradation of organic dye[J]. Dalton Transactions, 2013, 42(19): 6736-6744.

[53]　Shan L W, Liu Y T, Ma C G, et al. Enhanced photocatalytic performance in Ag⁺-induced BiVO₄/β-Bi₂O₃ heterojunctions[J]. European Journal of Inorganic Chemistry, 2016, 2016(2): 232-239.

[54]　Li J, Yu Y, Zhang L. Bismuth oxyhalide nanomaterials: Layered structures meet photocatalysis[J]. Nanoscale, 2014, 6(15): 8473-8488.

[55]　Guo W, Qin Q, Geng L, et al. Morphology-controlled preparation and plasmon-enhanced photocatalytic activity of Pt-BiOBr heterostructures[J]. Journal of Hazardous Materials, 2016, 308: 374-385.

[56]　Su Y, Zhang L, Wang W, et al. Internal electric field assisted photocatalytic generation of hydrogen peroxide over BiOCl with HCOOH[J]. ACS Sustainable Chemistry & Engineering, 2018, 6(7): 8704-8710.

[57]　Wang J, Liu X L, Yang A L, et al. Measurement of wurtzite ZnO/rutile TiO₂ heterojunction band offsets by X-ray photoelectron spectroscopy[J]. Applied Physics A, 2011, 103(4): 1099-1103.

[58]　Scanlon D O, Dunnill C W, Buckeridge J, et al. Band alignment of rutile and anatase TiO₂[J]. Nature Materials, 2013, 12(9): 798-801.

[59]　Mönch W. Electronic Properties of Semiconductor Interfaces[M]. New York: Springer-Verlag, 2004.

[60]　Philip J, Rodrigues N, Sadhukhan M, et al. Temperature dependence of elastic and dielectric properties of (Bi₂O₃)₁₋ₓ (CuO)ₓ oxide glasses[J]. Journal of Materials Science, 2000, 35(1): 229-233.

[61]　Killedar V V, Bhosale C H, Lokhande C D. Characterization of spray deposited bismuth oxide thin films from non-aqueous medium[J]. Turkish Journal of Physics, 1998, 22: 825-830.

[62]　Abdi F F, Savenije T J, May M M, et al. The origin of slow carrier transport in BiVO₄ thin film photoanodes: A time-resolved microwave conductivity study[J]. The Journal of Physical Chemistry Letters, 2013, 4(16): 2752-2757.

[63]　He Y, Liu Y, Li C, et al. Origin of the photocatalytic activity of crystalline phase structures[J]. ACS Sustainable Chemistry & Engineering, 2022.

[64]　Mahuya C, Sreetama D, Chattapadhyay S, et al. Grain size dependence of optical properties and positron annihilation parameters in Bi₂O₃ powder[J]. Nanotechnology, 2004, 15(12): 1792.

[65]　Zhang Y, Han L, Wang C, et al. Zinc-blende CdS nanocubes with coordinated facets for photocatalytic water splitting[J]. ACS Catalysis, 2017, 7(2): 1470-1477.

[66]　Tada H, Mitsui T, Kiyonaga T, et al. All-solid-state Z-scheme in CdS-Au-TiO₂ three-component nanojunction system[J]. Nature Materials, 2006, 5(10): 782-786.

[67]　Chen X, Wang J, Chai Y, et al. Efficient photocatalytic overall water splitting induced by the giant internal electric field of a g-C₃N₄/rGO/PDIP Z-scheme heterojunction[J]. Advanced Materials, 2021, 33(7): 2007479.

[68]　Yin Q K, Yang C L, Wang M S, et al. Two-dimensional heterostructures of AuSe/SnS for the photocatalytic hydrogen evolution reaction with a Z-scheme[J]. Journal of Materials Chemistry C, 2021, 9(36): 12231-12238.

[69]　Hernández-Ramírez A, Medina-Ramírez I. Photocatalytic semiconductors: Synthesis, characterization, and environmental applications [J]. Springer International Publishing, 2015: 158-159.

[70]　Kuhn-Kuhnenfeld F. Selective photoetching of gallium arsenide[J]. Journal of the Electrochemical Society, 1972, 119: 1063-1068.

[71]　Feng J, Qian X, Huang C W, et al. Strain-engineered artificial atom as a broad-spectrum solar energy funnel[J]. Nature Photonics, 2012, 6(12): 866-872.

[72]　Arens M, Kinsky J, Richter W, et al. HREELS analysis of band bending on sulfur-covered GaAs(100) surfaces[J]. Surface Science, 1996, 352-354: 740-744.

[73]　Kityk I V, Zamorskii M K, Kasperczyk J. Energy band structure of $Bi_{12}SiO_{20}$ and $Bi_{12}GeO_{20}$ single crystals[J]. Physica B, 1996, 226(4): 381-384.

[74]　Yu S, Ahmadi S, Sun C, et al. 4-tert-butyl pyridine bond site and band bending on TiO_2(110)[J]. Journal of Physical Chemistry C, 2010, 114(5): 2315-2320.

[75]　Zhang Z, Yates J T. Effect of adsorbed donor and acceptor molecules on electron stimulated desorption: O_2/TiO_2(110)[J]. The Journal of Physical Chemistry Letters, 2010, 1(14): 2185-2188.

[76]　Zhang Z, Tang W J, Neurock M, et al. Electric charge of single Au atoms adsorbed on TiO_2(110) and associated band bending[J]. Journal of Physical Chemistry C, 2011, 115(48): 23848-23853.

[77]　Çopuroğlu M, Sezen H, Opila R L, et al. Band-bending at buried SiO_2/Si interface as probed by XPS[J]. ACS Applied Materials & Interfaces, 2013, 5(12): 5875-5881.

[78]　Li G Q, Yi Z G, Wang H T, et al. Factors impacted on anisotropic photocatalytic oxidization activity of ZnO: Surface band bending, surface free energy and surface conductance[J]. Applied Catalysis B: Environmental, 2014, 158-159: 280-285.

[79]　Cowan A J, Durrant J R. Long-lived charge separated states in nanostructured semiconductor photoelectrodes for the production of solar fuels[J]. Chemical Society Reviews, 2013, 42(6): 2281-2293.

[80]　Chen C Y, Retamal J R D, Wu I W, et al. Probing surface band bending of surface-engineered metal oxide nanowires[J]. ACS Nano, 2012, 6(11): 9366-9372.

[81]　Allen M W, Durbin S M. Influence of oxygen vacancies on schottky contacts to ZnO[J]. Applied Physics Letters, 2008, 92: 122110.

[82]　Tracy K M, Hartlieb P J, Einfeldt S, et al. Electrical and chemical characterization of the schottky barrier formed between clean n-GaN (0001) surfaces and Pt, Au, and Ag[J]. Journal of Applied Physics, 2003, 94: 3939.

[83]　Coppa B J, Fulton C C, Kiesel S M, et al. Structural, microstructural, and electrical properties of gold films and schottky contacts on remote plasma-cleaned, n-type ZnO{0001} surfaces[J]. Journal of Applied Physics, 2005, 97: 103517.

[84]　Zhang Z, Yates J T. Band bending in semiconductors: Chemical and physical consequences at surfaces and interfaces[J]. Chemical Reviews , 2012, 112(10): 5520-5551.

[85]　Ioannides T, Verykios X E. Charge transfer in metal catalysts supported on doped TiO_2: A theoretical approach based on metal-semiconductor contact theory[J]. Journal of Catalysis, 1996, 161(2): 560-569.

[86]　Satoh N, Nakashima T, Kamikura K, et al. Quantum size effect in TiO_2 nanoparticles prepared by finely controlled metal assembly on dendrimer templates[J]. Nature Nanotechnology, 2008, 3(2): 106-111.

[87]　Viswanatha R, Sapra S, Satpati B, et al. Understanding the quantum size effects in ZnO nanocrystals[J]. Journal of Materials Chemistry, 2004, 14(4): 661-668.

[88]　McDaniel H, Fuke N, Makarov N S, et al. An integrated approach to realizing high-performance liquid-junction

quantum dot sensitized solar cells[J]. Nature Communications, 2013, 4: 1-10.

[89]　Fang J, Gu J, Liu Q, et al. Three-dimensional CdS/Au butterfly wing scales with hierarchical rib structures for plasmon-enhanced photocatalytic hydrogen production[J]. ACS Applied Materials & Interfaces, 2018, 10(23): 19649-19655.

[90]　Jana B, Reva Y, Scharl T, et al. Carbon nanodots for all-in-one photocatalytic hydrogen generation[J]. Journal of the American Chemical Society, 2021, 143(48): 20122-20132.

[91]　Murdoch M, Waterhouse G I N, Nadeem M A, et al. The effect of gold loading and particle size on photocatalytic hydrogen production from ethanol over Au/TiO$_2$ nanoparticles[J]. Nature Chemistry, 2011, 3(6): 489-492.

[92]　Ma J, Tan X, Zhang Q, et al. Exploring the size effect of Pt nanoparticles on the photocatalytic nonoxidative coupling of methane[J]. ACS Catalysis, 2021: 3352-3360.

[93]　Wang W N, An W J, Ramalingam B, et al. Size and structure matter: Enhanced CO$_2$ photoreduction efficiency by size-resolved ultrafine Pt nanoparticles on TiO$_2$ single crystals[J]. Journal of the American Chemical Society, 2012, 134(27): 11276-11281.

[94]　Wang L, Clavero C, Huba Z, et al. Plasmonics and enhanced magneto-optics in core-shell Co-Ag nanoparticles[J]. Nano Letters, 2011, 11(3): 1237-1240.

[95]　Kelly K L, Coronado E, Zhao L L, et al. The optical properties of metal nanoparticles: The influence of size, shape, and dielectric environment[J]. Journal of Physical Chemistry B, 2003, 107(3): 668-677.

[96]　Cheng X M, Dao X Y, Wang S Q, et al. Enhanced photocatalytic CO$_2$ reduction activity over NH$_2$-MIL-125(Ti) by facet regulation[J]. ACS Catalysis, 2021, 11(2): 650-658.

[97]　Liu P, Peng X, Men Y L, et al. Recent progresses on improving CO$_2$ adsorption and proton production for enhancing efficiency of photocatalytic CO$_2$ reduction by H$_2$O[J]. Green Chemical Engineering, 2020, 1(1): 33-39.

[98]　Yang S J, Lin Y K, Pu Y C, et al. Crystal facet dependent energy band structures of polyhedral Cu$_2$O nanocrystals and their application in solar fuel production[J]. The Journal of Physical Chemistry Letters, 2022, 13: 6298-6305.

[99]　Yang L, Xiong Y L, Guo W L, et al. Mo^{6+} doped BiVO$_4$ with improved charge separation and oxidation kinetics for photoelectrochemical water splitting[J]. Electrochimica Acta, 2017, 256: 268-277.

[100]　Dong X, Huangfu Z, Liang Y, et al. Increasing doping solubility of RE^{3+} ions in fergusonite BiVO$_4$ via pressure-induced phase transition[J]. Journal of Physical Chemistry C, 2021, 125(40): 22388-22395.

[101]　Tan H L, Wen X M, Amal R, et al. BiVO$_4$ (010) and (110) relative exposure extent: Governing factor of surface charge population and photocatalytic activity[J]. The Journal of Physical Chemistry Letters, 2016, 7: 1400-1405.

[102]　Tachikawa T, Ochi T, Kobori Y. Crystal-face-dependent charge dynamics on a BiVO$_4$ photocatalyst revealed by single-particle spectroelectrochemistry[J]. ACS Catalysis, 2016, 6(4): 2250-2256.

[103]　Shan L W, Bi J J, Lu C H, et al. BiVO$_4$(010)/rGO nanocomposite and its photocatalysis application[J]. Journal of Inorganic and Organometallic Polymers and Materials, 2019, 29(3): 1000-1009.

[104]　Wang Y Z, Wang W, Mao H Y, et al. Electrostatic self-assembly of BiVO$_4$-reduced graphene oxide nanocomposites for highly efficient visible light photocatalytic activities[J]. ACS Applied Materials & Interfaces, 2014, 6(15): 12698-12706.

[105]　Li Q, Guo B D, Yu J G, et al. Highly efficient visible-light-driven photocatalytic hydrogen production of CdS-cluster-decorated graphene nanosheets[J]. Journal of the American Chemical Society, 2011, 133(28): 10878-10884.

[106]　Gao F D, Zeng D W, Huang Q W, et al. Chemically bonded graphene/BiOCl nanocomposites as high-performance photocatalysts[J]. Physical Chemistry Chemical Physics, 2012, 14(30): 10572-10578.

[107] Jing L, Xin B, Yuan F, et al. Effects of surface oxygen vacancies on photophysical and photochemical processes of Zn-doped TiO_2 nanoparticles and their relationships[J]. Journal of Physical Chemistry B, 2006, 110(36): 17860-17865.

[108] Guo S, Li X F, Wang H Q, et al. Fe-ions modified mesoporous Bi_2WO_6 nanosheets with high visible light photocatalytic activity[J]. Journal of Colloid and Interface Science, 2012, 369: 373-380.

[109] Xiang Q J, Yu J G, Jaroniec M. Graphene-based semiconductor photocatalysts[J]. Chemical Society Reviews, 2012, 41(2): 782-796.

[110] Shan L W, Wang G L, Suriyaprakash J, et al. Solar light driven pure water splitting of B-doped $BiVO_4$ synthesized via a sol-gel method[J]. Journal of Alloys and Compounds, 2015, 636: 131-137.

[111] Holland K, Dutter M R, Lawrence D J, et al. Photoelectrochemical performance of W-doped $BiVO_4$ thin films deposited by spray pyrolysis[J]. Journal of Photonics for Energy, 2014, 4: 88220F.

[112] Zhang X F, Zhang Y B, Quan X, et al. Preparation of Ag doped $BiVO_4$ film and its enhanced photoelectrocatalytic (PEC) ability of phenol degradation under visible light[J]. Journal of Hazardous Materials, 2009, 167(1-3): 911-914.

[113] Wang M, Zheng H Y, Liu Q, et al. High performance B doped $BiVO_4$ photocatalyst with visible light response by citric acid complex method[J]. Spectrochimica Acta Part A, 2013, 114: 74-79.

[114] In S, Orlov A, Berg R, et al. Effective visible light-activated B-doped and B, N-codoped TiO_2 photocatalysts[J]. Journal of the American Chemical Society, 2007, 129(45): 13790-13791.

[115] Zhao W, Ma W H, Chen C C, et al. Efficient degradation of toxic organic pollutants with $Ni_2O_3/TiO_{2-x}B_x$ under visible irradiation[J]. Journal of the American Chemical Society, 2004, 126(15): 4782-4783.

[116] Liu G, Yin L C, Wang J Q, et al. A red anatase TiO_2 photocatalyst for solar energy conversion[J]. Energy & Environmental Science, 2012, 5(11): 9603-9610.

[117] Kudo A, Ueda K, Kato H, et al. Photocatalytic O_2 evolution under visible light irradiation on $BiVO_4$ in aqueous $AgNO_3$ solution[J]. Catalysis Letters, 1998, 53(3-4): 229-230.

[118] Zhou W, Ge L, Chen Z G, et al. Amorphous iron oxide decorated 3D heterostructured electrode for highly efficient oxygen reduction[J]. Chemistry of Materials, 2011, 23(18): 4193-4198.

[119] Xie C, Niu Z, Kim D, et al. Surface and interface control in nanoparticle catalysis[J]. Chemical Reviews, 2019, 120(2): 1184-1249.

[120] Chen J W, Zhang Z, Yan H M, et al. Pseudo-adsorption and long-range redox coupling during oxygen reduction reaction on single atom electrocatalyst[J]. Nature Communications, 2022, 13(1): 1734.

[121] Li X, Wang W, Dong F, et al. Recent advances in noncontact external-field-assisted photocatalysis: From fundamentals to applications[J]. ACS Catalysis, 2021, 11(8): 4739-4769.

第2章　光催化动力学模型及典型活性基团

从热力学上解决了光催化反应可以发生的问题后，理解光催化反应的反应速率及关键活性物种同样至关重要[1]。以光催化处理环境污染物为例，主要是基于催化反应过程中的一些自由基对污染物的氧化或还原作用，典型的反应途径如羟基自由基（·OH）攻击或空穴直接攻击，对可见光敏感的化合物可能通过激发态来分解[2]，对重金属离子主要通过还原作用来处理。对自由基的推测起于光催化现象发现之初，随着原位技术、超高时间分辨技术及相关显微技术的发展，人们对光催化剂表面自由基的认识仍在不断深化[3, 4]。光催化反应体系具有复杂性，其反应机理、基本的反应过程、动力学行为等仍然有许多不清楚的地方。此外，催化反应的活性、光量子产率、光吸收能力及回收率等问题仍然限制其大规模工业应用，使其实用化存在障碍，但其巨大的潜在价值仍推动着研究者展开相关研究工作[5-11]。

化学反应速率就是化学反应进行的快慢程度（图 2.1），用单位时间内反应物或生成物的物质的量来表示。科技论文中的化学反应速率与教科书中的化学反应速率的单位（量纲）有所不同，并非表示错误，而是因为在一个研究体系中反应系统的容积不变，实际上体现了"浓度"的含义。对于一级反应动力学，化学反应速率的单位通常用时间的倒数来表示。在容积不变的反应容器中，化学反应速率通常用单位时间内反应物浓度的减少或生成物浓度的增加来表示。在化学反应开始的特定时间内，只有一部分反应物发生转变，这种转变所需的时间称为分数寿命。反应物达到初始反应物浓度一半时所需的时间称为半衰期。半衰期不是给定反应物的特性，不同的反应物可以具有相同的半衰期。

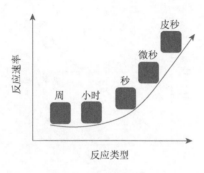

图 2.1　反应速率分类

2.1 零级反应

根据斯塔克-爱因斯坦定律，活化速度与吸收光强度成正比，对于反应物，反应级数为零。因此，在稳定光照条件下，正反应为零级反应。此外，在光化学反应平衡的条件下仍可保持这一动力学特征。光化学反应的特殊性质使其在一定浓度范围内的平衡不随浓度的改变而移动。考虑如下反应：

$$A \longrightarrow B \tag{2.1}$$

式中，反应物 A 浓度 $[A]$ 较大，可以认为 $[A]$ 基本不变，反应速率依赖 $[A]$ 的反应则为一级反应，有

$$\frac{\mathrm{d}[A]}{\mathrm{d}t} = -k \tag{2.2}$$

式中，k 为反应速率常数，单位为 $mol/(dm^3 \cdot s)$。

$$\mathrm{d}[A] = -k\mathrm{d}t \tag{2.3}$$

用 $[A]_0$ 表示 0 时的 A 浓度，用 $[A]_t$ 表示 t 时的 A 浓度，可得

$$\int_{[A]_0}^{[A]_t} \mathrm{d}[A] = k \int_{t=0}^{t=t} \mathrm{d}t \tag{2.4}$$

积分后可得

$$[A]_t - [A]_0 = -kt \tag{2.5}$$

或

$$[A]_t = [A]_0 - kt \tag{2.6}$$

引入比例分数 x_A，$[A]_t = [A]_0(1 - x_A)$，有

$$kt = [A]_0 x_A \tag{2.7}$$

将 $[A]_0 x_A$ 与时间作图，可得图 2.2。

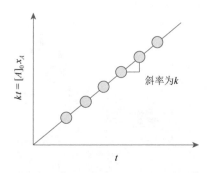

图 2.2　零级反应速率方程的积分方程与反应时间的关系

可见光下 2, 4, 6-三氯酚（2, 4, 6-trichlorophenol，TCP）、I_2 和 2, 6-二氯苯醌（2, 6-dichloroquinone，DCQ）也可以通过光催化作用发生反应。当 I_2 浓度为 0.32mmol/L、TCP 浓度为 0.32mmol/L、H_2O_2 浓度为 40mmol/L、pH = 3.9、温度为 20℃时[12]，在可见光下，TCP 与单质 I_2 发生反应（2.8），生成 DCQ。

$$\text{(TCP)} + I_2 + H_2O \xrightarrow{\text{可见光}} \text{(DCQ)} + 2I^- + Cl^- + 3H^+ \quad (2.8)$$

在上述体系中加入多金属氧酸盐（polyoxometalate，POM）和 H_2O_2，也能完成上述转变，反应如下：

$$\text{(TCP)} + H_2O_2 \xrightarrow[\text{POM, } I_2]{\text{可见光}} \text{(DCQ)} + HCl + H_2O \quad (2.9)$$

以 TCP 与单质 I_2 发生催化反应生成 DCQ 为例，未加入 H_2O_2 较符合一级反应动力学特征，加入 H_2O_2 的初期较符合零级反应动力学特征。

Jiao 等[13]研究了合成 TiO_2 晶体的光催化性能。如图 2.3 所示，实心 TiO_2 单晶、空心 TiO_2 单晶和介观择优取向 TiO_2 晶体相比，显微结构差异巨大。在使用 CH_3OH 作为电子提供剂，没有使用共催化剂情况下，空心 TiO_2 单晶和介观择优取向 TiO_2 晶体相比实心 TiO_2 单晶显示出更加优越的光催化分解水产氢能力，而介观择优取向 TiO_2 晶体又表现出更高的产氢能力，整体反应过程符合零级反应动力学特征。

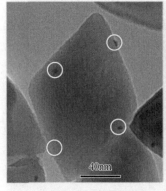 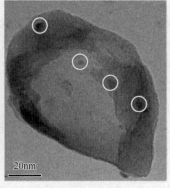 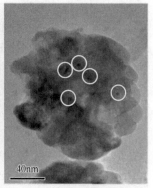

(a) 实心 TiO_2 单晶　　　　　(b) 空心 TiO_2 单晶　　　　　(c) 介观择优取向 TiO_2 晶体

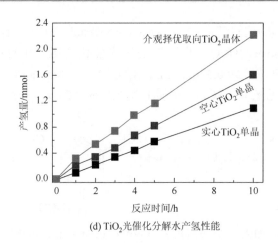

(d) TiO₂光催化分解水产氢性能

图 2.3　合成 TiO₂ 晶体的形貌与产氢性能[13]

Zolfaghari 等[14]发现吸附在 TiO₂ 表面的 N-甲基吡咯烷酮（N-methyl-2-pyrrolidone，NMP）的去除过程与 TiO₂ 负载量有关（表 2.1），通过 TiO₂ 光降解发现其符合零级反应动力学特征。

表 2.1　催化剂负载量对反应速率常数和半衰期的影响

TiO₂ 负载量（质量分数）/%	反应速率常数/（×10²min⁻¹）	半衰期/min⁻¹	R^2
0.025	5.2	13.38	0.99
0.05	8.1	8.59	0.99
0.12	11.3	6.15	0.96
0.2	10.4	6.66	0.97

逐步增加 TiO₂ 负载量，反应速率常数迅速增加；继续增加 TiO₂ 负载量为 0.2%，反应速率常数有所降低。这是因为 TiO₂ 负载过量导致其聚集而使其比表面积减小、活性位减少。

Yao 等[15]将高度分散的 α-Fe₂O₃ 纳米颗粒固定在结晶玻璃微球载体上，制备出具有良好活性的非均相 Fenton 催化剂（FeCG）。FeCG 的平均粒径为 2.6～6.5nm，并且反应条件易控制。通过水热处理后，载体的比表面积增大约 180%。FeCG 不仅生成·OH，而且生成高强度的过氧羟基（HO₂·），从而加速了 Fe²⁺ 与 Fe³⁺ 之间的氧化还原循环，在偶氮染料酸性橙 7（acid orange 7，AO7）中表现出很大的脱色优越性（图 2.4）。商业 α-Fe₂O₃ 在 H₂O₂ 存在的条件下仅产生·OH。其零级反应速率常数为 0.384mg/(L·min)[读者可依据式（2.2）自行转换]，在相同条件下 FeCG 光催化能力比商业 α-Fe₂O₃ 提高约 65.5%，而且 AO7 脱色率在六次循环后无明显下降，表明催化剂具有良好的稳定性。

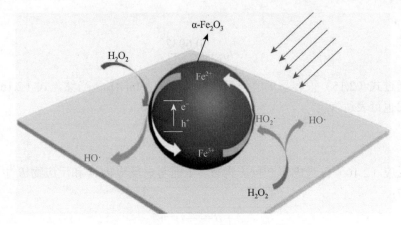

图 2.4　FeCG 催化剂在 H_2O_2 存在的条件下可能的反应途径[15]

2.2　一 级 反 应

对于如下公式：

$$\rho(T) \propto T\exp\left(\frac{E_a}{k_a T}\right) \tag{2.10}$$

一级反应的速率取决于单反应物的浓度，反应物 A 的消耗速率为

$$\rho(T) \propto \exp\left(\frac{1}{T^{1/2}}\right) \tag{2.11}$$

通过浓度项，我们得到

$$\frac{\mathrm{d}[A]}{[A]} = -k\mathrm{d}t \tag{2.12}$$

式中，k 的单位为 s^{-1}。用 $[A]_0$ 表示 0 时的 A 浓度，用 $[A]_t$ 表示 t 时的 A 浓度，可得

$$\int_{[A]_0}^{[A]_t} \frac{\mathrm{d}[A]}{[A]} = k\int_{t=0}^{t=t} \mathrm{d}t \tag{2.13}$$

因此

$$\ln[A]_t - \ln[A]_0 = -kt \tag{2.14}$$

或

$$\ln[A]_t = \ln[A]_0 - kt \tag{2.15}$$

将 $t_{1/2}$ 定义为反应物 A 的半衰期，则

$$t_{1/2} = \frac{1}{k}\ln 2 \tag{2.16}$$

或

$$t_{1/2} = \frac{0.6932}{k} \qquad (2.17)$$

通过式（2.15）很容易理解斜率为$-k$，截距为$\ln[A]_0$。当然，式（2.15）以指数形式也可表达为

$$\frac{[A]_t}{[A]_0} = \mathrm{e}^{-kt} \qquad (2.18)$$

反应（2.10）仅考虑存在反应物A，下面考虑反应物A和反应物B生成产物的反应：

$$A + B \longrightarrow \text{产物} \qquad (2.19)$$

用$[A]$和$[B]$表示A浓度和B浓度，可得

$$-\frac{\mathrm{d}[A]}{\mathrm{d}t} = k[A][B] \qquad (2.20)$$

当$[A] \ll [B]$时，可将$[B]$看作常数，式（2.20）可简化为

$$-\frac{\mathrm{d}[A]}{\mathrm{d}t} = k'[A] \qquad (2.21)$$

式中，k'为赝一级反应速率常数[16]，将式（2.21）积分处理后得

$$\int_{[A]_0}^{[A]_t} \frac{\mathrm{d}[A]}{[A]} = k' \int_{t=0}^{t=t} \mathrm{d}t \qquad (2.22)$$

$$\ln[A]_t = \ln[A]_0 - k't \qquad (2.23)$$

对于一些反应如苯或甲苯与羟基反应，反应物有两种转变途径，如图 2.5 所示。

对于苯而言，总反应速率常数为

$$k = k(\mathrm{I}) + k(\mathrm{II}) \qquad (2.24)$$

$$v_1 = k(\mathrm{I})[A] \qquad (2.25)$$

$$v_2 = k(\mathrm{II})[A] \qquad (2.26)$$

微分后得

$$\frac{\mathrm{d}[A]}{\mathrm{d}t} = -\big(k(\mathrm{I}) + k(\mathrm{II})\big)[A] \qquad (2.27)$$

$$\frac{\mathrm{d}[C_1]}{\mathrm{d}t} = k(\mathrm{I})[A] \qquad (2.28)$$

$$\frac{\mathrm{d}[C_2]}{\mathrm{d}t} = k(\mathrm{II})[A] \qquad (2.29)$$

积分后得

$$[A]_t = [A]_0 e^{-(k(\mathrm{I})+k(\mathrm{II}))t} \qquad (2.30)$$

结合式（2.28）～式（2.30）可得

$$[C_1]_t = \frac{[A]_0 k(\mathrm{I})}{k(\mathrm{I})+k(\mathrm{II})}\left(1-e^{-(k(\mathrm{I})+k(\mathrm{II}))t}\right) \qquad (2.31)$$

$$[C_2]_t = \frac{[A]_0 k(\mathrm{II})}{k(\mathrm{I})+k(\mathrm{II})}\left(1-e^{-(k(\mathrm{I})+k(\mathrm{II}))t}\right) \qquad (2.32)$$

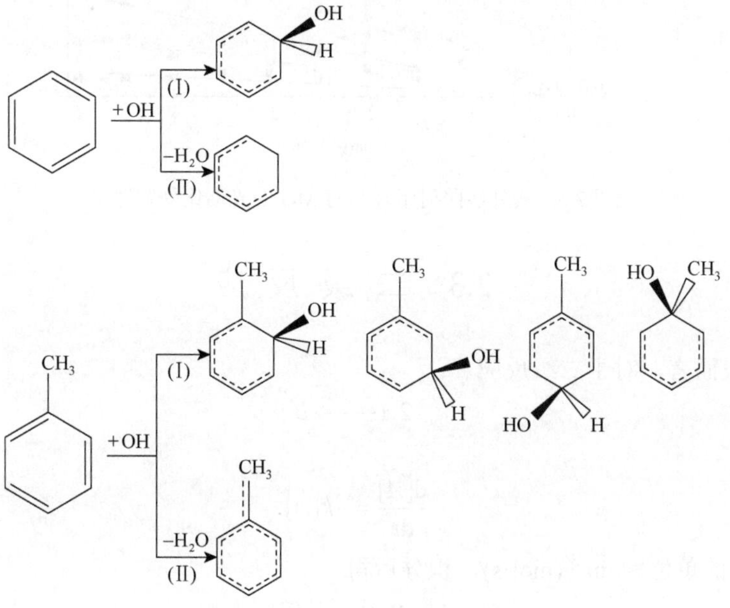

图 2.5　苯或甲苯与羟基反应[17]

在报道的工作中我们进行了 BiOI(010)/BiOCl(001)异质结的制备。首先，将 BiOI(010)粉末分散于去离子水中，逐滴加入 NaCl 饱和溶液，控制 I⁻ 与 Cl⁻ 物质的量之比分别为 1∶1、2∶1、4∶1 和 10∶1。然后，将得到的沉淀离心分离、洗涤、烘干，分别命名为 ICl11、ICl21、ICl41 和 ICl101。最后，分别在模拟太阳光、可见光和紫外线照射下，用降解模拟染料 MO 表征样品的光催化性能（这里仅列出紫外线照射下的光催化降解速率），结果如图 2.6 所示。ICl41 的光催化降解效率明显高于单一组分样品。这说明 BiOI 与 BiOCl 能够形成 BiOI(010)/BiOCl(001)异质结，有效分离光生电子和空穴；单一组分很难有效分离载流子[18]，其光催化性能较差。整体而言，在紫外线照射下制备的样品对 MO 的光催化降解速率符合一级反应动力学特征。图例中给出了反应速率常数。

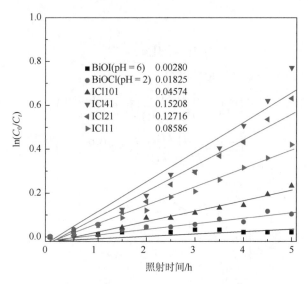

图 2.6　紫外线照射下样品对 MO 的光催化降解速率

2.3　二级反应

一般而言，对于二级反应

$$2A \longrightarrow B \tag{2.33}$$

有

$$\frac{\mathrm{d}[A]}{\mathrm{d}t} = -k[A]^2 \tag{2.34}$$

式中，k 的单位为 $\mathrm{dm^3/(mol \cdot s)}$，积分后得

$$\int_{[A]_0}^{[A]_t} \frac{\mathrm{d}[A]}{[A]^2} = -k \int_{t=0}^{t=t} \mathrm{d}t \tag{2.35}$$

或

$$\frac{1}{[A]_t} - \frac{1}{[A]_0} = kt \tag{2.36}$$

引入比例分数 x_A，$[A]_t = [A]_0(1-x_A)$，因此式（2.36）可写为

$$kt = \frac{1}{[A]_0}\left(\frac{x_A}{1-x_A}\right) \tag{2.37}$$

其半衰期为

$$t_{1/2} = \frac{1}{k[A]_0} \tag{2.38}$$

二级反应速率方程的积分方程与反应时间的关系如图 2.7 所示。

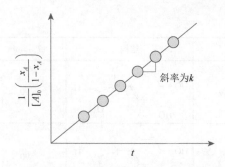

图 2.7　二级反应速率方程的积分方程与反应时间的关系

Kumar 等[19]研究发现，用 ZnO 作为催化剂降解碱性槐黄更符合二级反应动力学特征。在 TiO$_2$ 胶体内，Bahnemann 等[20]观察到电子和空穴的复合时间在 200ns 内。利用飞秒（fs）技术，Colombo 等[21]发现电子–空穴复合的强度依赖性，揭示了半导体导带电子的消耗至少涉及两个过程。一级反应发生在表面，对应着捕获电子；二级反应对应着再复合过程，再复合速率可表达为

$$v_{再复合} = k[\mathrm{e}^-][\mathrm{h}^+] \tag{2.39}$$

消耗一个电子对应消耗一个空穴，因此式（2.39）可表达为

$$v_{再复合} = k[\mathrm{e}^-]^2 \tag{2.40}$$

·OH 为水氧化过程中的活性物种[22]。研究发现，载流子之间还存在三级或更高级反应，从而导致载流子寿命延长。三级反应与俄歇过程中深捕捉态的电子发射有关[23]。渡越时间是产生的载流子扩散到表面所用的时间，根据菲克（Fick）扩散定律，这个参数随半导体颗粒半径的变化而变化[24]：

$$\tau_\mathrm{d} = \frac{r^2}{\pi^2 D} \tag{2.41}$$

式中，τ_d 为亚秒级渡越时间；r 为半导体颗粒半径；D 为扩散系数。

Yang 等[25]发现·OH 氧化对乙酰氨基酚反应为二级反应，反应速率常数为 $1.7 \times 10^9 (\mathrm{mol}^{-1} \cdot \mathrm{s}^{-1})$。对乙酰氨基酚的光催化降解过程中·OH 为主要活性物种，其中间体有 13 种，相对于反应物，中间体的分子质量大大下降。中间体可分为四类：①芳香化合物；②羧酸；③含氮直链化合物；④无机类物质，如表 2.2 所示。

表 2.2　对乙酰氨基酚的光催化降解过程中的中间体[25]

中间体	结构	T_{max}/min	C_{max}/min
对乙酰氨基	HO〇NH–CO–CH$_3$	—	—

续表

中间体	结构	T_{max}/min	C_{max}/min
N-（3,4-羟苯基）乙酰胺		90	3.27×10^{-4}
N-（2,4-羟苯基）乙酰胺		90	8.87×10^{-5}
对苯二酚		90	4.03×10^{-5}
羟基丁二酸		270	1.85×10^{-6}
琥珀酸		270	1.95×10^{-5}
顺丁烯二酸		270	5.49×10^{-6}
丙二酸		270	3.58×10^{-5}
羟基乙酸		270	5.80×10^{-5}
甲酸		270	2.11×10^{-3}
草氨酸		—	—
乙酰胺		135	2.37×10^{-3}
铵	NH_4^+	—	—

　　整体上看，通过添加·OH，对乙酰氨基酚首先发生羟基化作用；然后氧化成羟基酸；最后的矿化作用会生成铵和硝酸根。相对于其他中间体，3 种芳香族化

合物[N-（3,4-羟苯基）乙酰胺、N-（2,4-羟苯基）乙酰胺和对苯二酚]在光催化反应 90min 时的含量更高，其中 N-（3,4-羟苯基）乙酰胺的含量最高，说明·OH 的攻击具有选择性。这是由于在对乙酰氨基酚中相对于—NHCOCH$_3$，紧邻的羟基能够提供施主电子，这个位置更容易被·OH 攻击。通过·OH 氧化—NHCOCH$_3$，N-（3,4-羟苯基）乙酰胺和 N-（2,4-羟苯基）乙酰胺能生成三羟基苯酚。研究也发现，在水溶液中·OH 连续氧化对苯二酚生成对苯醌（p-benzoquinone，p-BQ），但是它是相当不稳定的，环易发生断裂，进一步氧化成顺丁烯二酸[26,27]，反应过程如图 2.8 所示。

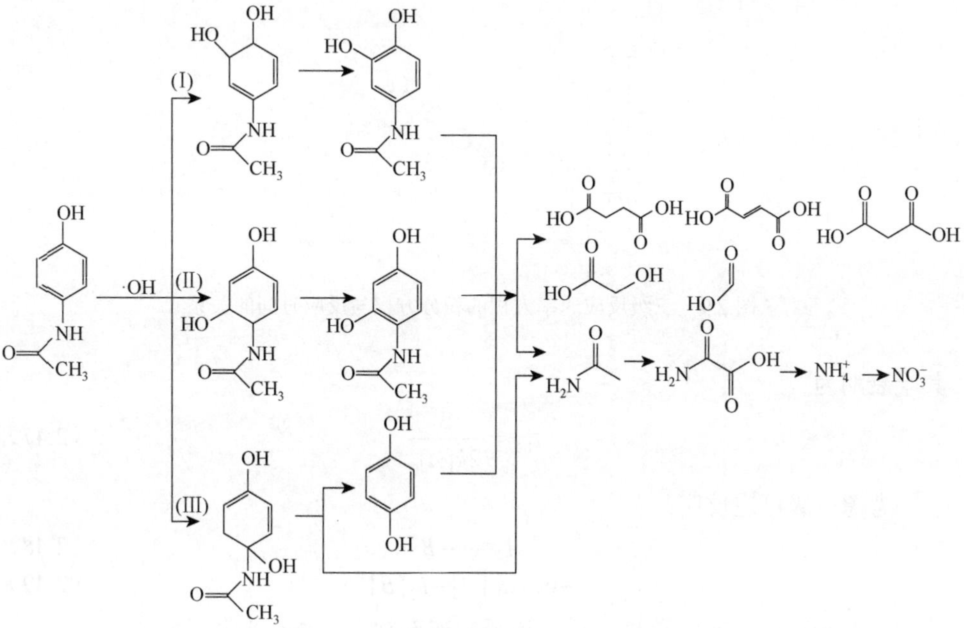

图 2.8　对乙酰氨基酚光催化降解过程中的反应路径[25]

2.4　三级反应和其他反应

对于三级反应

$$3A \longrightarrow B \tag{2.42}$$

有

$$\frac{\mathrm{d}[A]}{\mathrm{d}t} = -k[A]^3 \tag{2.43}$$

积分后得

$$\int_{[A]_0}^{[A]_t} \frac{\mathrm{d}[A]}{[A]^3} = -k' \int_{t=0}^{t=t} \mathrm{d}t \tag{2.44}$$

$$\frac{1}{[A]_t^2} - \frac{1}{[A]_0^2} = 2kt \tag{2.45}$$

将 $[A]_t$ 用 $[A]_0(1-x_A)$ 取代,可得

$$kt = \frac{1}{2[A]_0^2} \left(\frac{1}{(1-x_A)^2} - 1 \right) \tag{2.46}$$

三级反应速率方程的积分方程与反应时间的关系如图 2.9 所示。

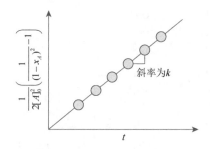

图 2.9　三级反应速率方程的积分方程与反应时间的关系

其半衰期为

$$t_{1/2} = \frac{3}{2k[A]_0^2} \tag{2.47}$$

考虑一级可逆反应:

$$A \xleftrightarrow{\quad} B \tag{2.48}$$

$$-v_A = k_1[A] - k_2[B] \tag{2.49}$$

式中,k_1 为正反应速率常数;k_2 为逆反应速率常数,那么平衡常数 K 为

$$K = \frac{k_1}{k_2} = \frac{[B]_e}{[A]_e} \tag{2.50}$$

式中,$[A]_e$ 和 $[B]_e$ 分别为平衡时 A 和 B 的浓度。它们之间的关系是

$$[A]_0 - [A]_t = [B]_t \tag{2.51}$$

引入平衡浓度后又可写为

$$[A]_0 = [B]_t + [A]_t = [A]_e + [B]_e \tag{2.52}$$

结合平衡常数关系,可得

$$[A]_e = \frac{[A]_0}{1+K} \tag{2.53}$$

或

$$[B]_t = (1+K)[A]_e - [A]_t \tag{2.54}$$

结合反应速率和平衡常数关系，可得

$$-v_A = \frac{k_1(1+K)}{K}\left([A]_t - [A]_e\right) \tag{2.55}$$

$$-v_A = k_1\left([A]_t - \frac{[B]_t}{K}\right) \tag{2.56}$$

$$-v_A = k_1\left([A]_t - \frac{1}{K}\left((1+K)[A]_e - [A]_t\right)\right) \tag{2.57}$$

将浓度与时间微分，可得

$$\int_{[A]_0}^{[A]_t} \frac{\mathrm{d}[A]}{\left([A]_t - [A]_e\right)} = -\frac{k_1(1+K)}{K}\int_{t=0}^{t=t}\mathrm{d}t \tag{2.58}$$

因此

$$\frac{k_1(1+K)}{K}t = \ln\left(\frac{[A]_0 - [A]_e}{[A]_t - [A]_e}\right) = \ln\left(\frac{K[A]_0}{(1+K)[A]_t - [A]_0}\right) \tag{2.59}$$

将 $\ln\left(\dfrac{K[A]_0}{(1+K)[A]_t - [A]_0}\right)$ 与 t 作图，斜率为 $\dfrac{k_1(1+K)}{K}$，同时能求出正反应速率

常数 k_1，半衰期为

$$t_{1/2} = \frac{k}{k_1(1+K)}\ln\left(\frac{2k}{K-1}\right) \tag{2.60}$$

研究者也发现，光催化反应速率与反应条件密切相关，同一个反应在不同条件下进行，其反应速率可以有很大的差异。在使用敏化剂分子作为模拟降解物时，通常初始浓度越高，降解速率越大。辅剂的加入有很大的影响，例如，H_2O_2 具有较强的氧化性，可以与光生电子作用，能有效促进电子与空穴的分离；反之，还原性物质对光催化降解有一定的抑制作用。对光催化动力学的研究随着制备条件、表征手段的改进而不断前进，相关的报道也在鼓励着研究者对其本质的进一步挖掘[28-35]。

2.5　典型半导体活性基团

2.5.1　羟基自由基

虽然空穴对光催化降解是至关重要的，但是宏观上不易直接判断在上述过程中主要的氧化剂是空穴还是·OH，一般可通过捕获剂实验来判断。同一种催化剂

在不同的催化反应中可能出现活性基团的角色差异，显而易见，不同的活性基团所带电荷种类各有不同，实际上所降解的对象或基团的攻击位也有不同的电负性，因此光催化剂表面基团和溶液中存在的被氧化还原对象之间产生的相互排斥、相互吸引会对整体的催化反应产生相当明显的影响。实验已证明环状有机物氯酚的光氧化过程中 70%～90% 的氧化作用是·OH 参与的[36, 37]。相对于 HO_2·、超氧自由基（·O_2^-）、H_2O_2 和 O_3，·OH 的氧化性能强，这是由于它的氧化电位高[38]。表 2.3 列出了光催化反应中的典型氧化剂[36, 37, 39-42]。

表 2.3　光催化反应中的典型氧化剂

氧化剂类型	电位 $E^\ominus$/V	反应速率常数/[mol/(dm³·s)]
F_2	+2.87	—
·OH	+2.80	$10^6 \sim 10^{11}$
O_3	+2.07	$10^{-2} \sim 10^3$
H_2O_2	+1.78	—
HO_2·	+1.70	—
ClO_2	+1.57	—

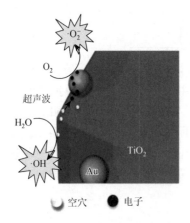

图 2.10　·OH 生成及光催化机理
（彩图扫封底二维码）[43]

在半导体光催化过程中，价带上的空穴具有强氧化性能，能与 H_2O 和 OH 反应生成·OH 降解有机污染物；导带上的电子具有强还原性，能与溶解氧反应生成·O_2^- 等活性物种（图 2.10）。虽然声动力疗法已成为传统光动力疗法的潜在替代品，但是声敏化剂（如 TiO_2 纳米颗粒）的低量子产率仍然是一个主要问题。Deepagan 等[43]开发了亲水性 Au/TiO_2 纳米复合材料，作为改善声动力疗法的声敏化剂。

·OH 可能有四种氧化有机污染物的途径[44]。半导体作用下有机污染物分子与·OH 之间的作用见图 2.11。第一，吸附的·OH 氧化近邻的有机污染物分子。第二，·OH 氧化吸附的有机污染物分子。这些过程都可以归结于朗缪尔-里迪尔（Langmuir-Rideal）双分子机制。第三，吸附的·OH 氧化正在靠近半导体表面的有机污染物分子。第四，·OH 与溶液中的有机污染物分子反应。大量的证据表明，最后一个过程通常不会发生在光催化系统，光催化反应的发生完全取决于吸附相[23]。

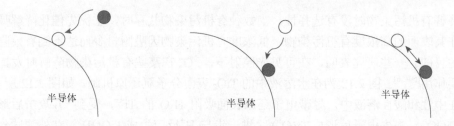

(a) 在半导体表面附近的有机污染物　　　(b) 半导体吸附有机污染物　　　(c) 在半导体表面吸附的·OH和
　　分子被半导体吸附的·OH攻击　　　　　分子被溶液中的·OH氧化　　　　　有机污染物分子发生氧化反应

图 2.11　半导体作用下有机污染物分子与·OH 之间的作用示意图

● 为目标分子（有机污染物分子），○ 为·OH

氧化剂之间也有一些有趣的现象。选择合适的 H_2O_2 浓度会出现增强氧化作用的效果，例如，Zhang 等[45]发现 H_2O_2 增加了·OH 的浓度，反应如下：

$$H_2O_2 + BiVO_4(e^-) \longrightarrow \cdot OH + OH^- \tag{2.61}$$

然而过量的 H_2O_2 会削弱 $BiVO_4$ 的光催化活性，原因是发生了下列反应：

$$H_2O_2 + \cdot OH \longrightarrow HO_2 \cdot + H_2O \tag{2.62}$$

$$HO_2 \cdot + \cdot OH \longrightarrow H_2O + O_2 \tag{2.63}$$

而且 H_2O_2 会捕获空穴，发生如下反应[46]：

$$H_2O_2 + h^+ \longrightarrow O_2 + 2H^+ \tag{2.64}$$

上述反应消耗空穴，生成了氧化性更弱的 O_2，因此 H_2O_2 使光催化剂氧化活性剧烈下降。Draper 和 Fox[47]在研究 TiO_2 光催化反应过程中发现氧化机理是空穴直接氧化。这个工作并没有探测到期望的中间体。众所周知，有机污染物及 OH⁻可以直接被空穴氧化。同样，Ishibashi 等[48]利用 TiO_2 材料进一步断定了空穴氧化机理。一些研究者[49-52]认为，空穴和·OH 两种活性物种都在光催化过程中起作用。要理解哪一种活性物种起到主要作用，应针对不同催化剂、被氧化分子等开展系统性研究。酚醛类依赖·OH，通过 TiO_2 降解对乙酰氨基酚分析降解过程的中间体，Yang 等[25]提出了其氧化过程依赖·OH，并提出了反应路径。在光催化领域之外，前面提及了 Au/TiO_2 纳米复合材料在声动力疗法中的应用。另外，·OH 也有典型的应用，例如，Wu 等[53]开发了一种可逆型比例光声成像纳米探针，能够对·OH和硫化氢（H_2S）之间的氧化还原循环进行动态的可视化成像，这为研究体内氧化还原失衡相关的病理过程提供了关键证据。

2.5.2　超氧自由基

半导体 TiO_2 已被广泛应用于有机污染物的光催化降解，但其主要通过光与 TiO_2 作用产生的·OH 与有机污染物发生自由基氧化反应，这种自由基氧化反应在降解有机污染物时没有选择性，当数种有机污染物共存时，它优先催化降解吸附在其表面的高浓度有机污染物，低浓度有机污染物因吸附量少而达不到有效降解的目的。一些研究表明，在可见光照射下，$\cdot O_2^-$ 在某些有机污染物降解时发挥重要作用[54-56]。图 2.12 为在水溶液中的 TiO_2 表面分子氧还原机制。如图 2.12 所示，在中性和酸性溶液中，导带电子还原表面吸附 H_2O 的 Ti^{4+}，受到 O_2 攻击后形成 $TiOO\cdot$，失去电子后形成 $Ti(O_2)$，进一步与 H^+ 反应生成 $TiOOH$，红外测试分别在中性和酸性溶液（路径 A）与碱性溶液（路径 B）中进行。

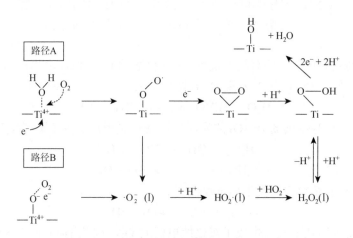

图 2.12 TiO_2 表面光催化还原反应路径[57]

从图 2.12 中可以看出，$\cdot O_2^-$ 主要由氧获得光生电子而生成，反应如下：

$$O_2 + e^- \longrightarrow \cdot O_2^- \qquad (2.65)$$

$\cdot O_2^-$ 也可以与 H^+ 发生如下反应：

$$\cdot O_2^- + H^+ \longrightarrow HO_2 \cdot \qquad (2.66)$$

$HO_2 \cdot$ 也可以与 H^+ 进一步发生如下反应：

$$HO_2 \cdot + H^+ \longrightarrow H_2O_2 \qquad (2.67)$$

如前所述，H_2O_2 也可以转化为 $\cdot OH$。此外，O_3 也会发生反应（2.65）～反应（2.67）的类似过程[58]。$\cdot O_2^-$ 是一种广泛存在的活性物种，不仅存在于光催化体系中，也广泛存在于其他体系中，例如，人体内产生的这种自由基可以使脂质发生过氧化，加快器官的衰老，也可能诱发多种疾病。积极研究光催化过程中的活性基团的产生、转变及相关的动力学过程，其意义远不止于研究光催化过程本身，整个光催化过程的研究对相关学科也有推动作用。

参 考 文 献

[1] Qu R, Li C, Liu J, et al. Hydroxyl radical based photocatalytic degradation of halogenated organic contaminants and paraffin on silica gel[J]. Environmental Science & Technology, 2018, 52(13): 7220-7229.

[2] Pichat P. Photocatalysis and Water Purification[M]. Weinheim: Wiley-VCH Verlag GmbH & Co. KGaA, 2013.

[3] Hou J, Dai D, Wei R, et al. Narrowing the band gap of BiOCl for the hydroxyl radical generation of photocatalysis under visible light[J]. ACS Sustainable Chemistry & Engineering, 2019, 7(19): 16569-16576.

[4] Carlsson C, Fégeant B, Svensson E, et al. On the selectivity of radical scavengers used to probe hydroxyl radical formation in heterogeneous systems[J]. Journal of Physical Chemistry C, 2022, 126(30): 12435-12440.

[5] Wang J C, Yao H C, Fan Z Y, et al. Indirect Z-scheme BiOI/g-C_3N_4 photocatalysts with enhanced photoreduction CO_2 activity under visible light irradiation[J]. ACS Applied Materials & Interfaces, 2016, 8(6): 3765-3775.

[6] Sun L M, Xiang L, Zhao X, et al. Enhanced visible-light photocatalytic activity of BiOI/BiOCl heterojunctions: Key role of crystal facet combination[J]. ACS Catalysis, 2015, 5(6): 3540-3551.

[7] Ye L Q, Chen J N, Tian L H, et al. BiOI thin film via chemical vapor transport: Photocatalytic activity, durability, selectivity and mechanism[J]. Applied Catalysis B: Environmental, 2013, 130-131: 1-7.

[8] Cao J, Xu B Y, Luo B D, et al. Novel BiOI/BiOBr heterojunction photocatalysts with enhanced visible light photocatalytic properties[J]. Catalysis Communications, 2011, 13(1): 63-68.

[9] Fan W J, Li H B, Zhao F Y, et al. Boosting the photocatalytic performance of (001) BiOI: Enhancing donor density and separation efficiency of photogenerated electrons and holes[J]. Chemical Communications, 2016, 52(30): 5316-5319.

[10] Shan L W, Wang G L, Suriyaprakash J, et al. Solar light driven pure water splitting of B-doped $BiVO_4$ synthesized via a sol-gel method[J]. Journal of Alloys and Compounds, 2015, 636: 131-137.

[11] Huang H W, He Y, Du X, et al. A general and facile approach to heterostructured core/shell $BiVO_4$/BiOI p-n junction: Room-temperature in situ assembly and highly boosted visible-light photocatalysis[J]. ACS Sustainable Chemistry & Engineering, 2015, 3(12): 3262-3273.

[12] Hu M, Wang Y, Xiong Z, et al. Iodine-Sensitized degradation of 2, 4, 6-trichlorophenol under visible light[J]. Environmental Science & Technology, 2012, 46(16): 9005-9011.

[13] Jiao W, Wang L Z, Liu G, et al. Hollow anatase TiO_2 single crystals and mesocrystals with dominant {101} facets for improved photocatalysis activity and tuned reaction preference[J]. ACS Catalysis, 2012, 2(9): 1854-1859.

[14] Zolfaghari A, Mortaheb H R, Meshkini F. Removal of N-methyl-2-pyrrolidone by photocatalytic degradation in a batch reactor[J]. Industrial & Engineering Chemistry Research, 2011, 50(16): 9569-9576.

[15] Yao H, Xie Y, Jing Y, et al. Controllable preparation and catalytic performance of heterogeneous fenton-like α-Fe_2O_3/crystalline glass microsphere catalysts[J]. Industrial & Engineering Chemistry Research, 2017, 56(46): 13751-13759.

[16] Shan L W, Ding J, Sun W L, et al. Core-shell heterostructured $BiVO_4$/$BiVO_4$: Eu^{3+} with improved photocatalytic activity[J]. Journal of Inorganic and Organometallic Polymers and Materials, 2017, 27: 1750-1759.

[17] Coppa B J, Fulton C C, Kiesel S M, et al. Structural, microstructural, and electrical properties of gold films and schottky contacts on remote plasma-cleaned, n-type ZnO{0001} surfaces[J]. Journal of Applied Physics, 2005, 97: 103517.

[18] Shan L, Liu Y. Er^{3+}, Yb^{3+} doping induced core-shell structured $BiVO_4$ and near-infrared photocatalytic

properties[J]. Journal of Molecular Catalysis A—Chemical, 2016, 416: 1-9.

[19]　Kumar K V, Porkodi K, Selvaganapathi A. Constrain in solving Langmuir-Hinshelwood kinetic expression for the photocatalytic degradation of auramine O aqueous solutions by ZnO catalyst[J]. Dyes Pigments, 2007, 75(1): 246-249.

[20]　Bahnemann D W, Hilgendorff M, Memming R. Charge carrier dynamics at TiO_2 particles: Reactivity of free and trapped holes[J]. Journal of Physical Chemistry B, 1997, 101(21): 4265-4275.

[21]　Colombo D P, Roussel K A, Saeh J, et al. Femtosecond study of the intensity dependence of electron-hole dynamics in TiO_2 nanoclusters[J]. Chemical Physics Letters, 1995, 232(3): 207-214.

[22]　Shan L, Li J, Wu Z, et al. Unveiling the intrinsic band alignment and robust water oxidation features of hierarchical $BiVO_4$ phase junction[J]. Chemical Engineering Journal, 2022, 436: 131516.

[23]　Gaya U I. Heterogeneous Photocatalysis Using Inorganic Semiconductor Solids[M]. Berlin: Springer Netherlands, 2014.

[24]　Graetzel M, Frank A J. Interfacial electron-transfer reactions in colloidal semiconductor dispersions. Kinetic analysis[J]. Journal of Physical Chemistry, 1982, 86(15): 2964-2967.

[25]　Yang L M, Yu L E, Ray M B. Photocatalytic oxidation of paracetamol: Dominant reactants, intermediates, and reaction mechanisms[J]. Environmental Science & Technology, 2009, 43(2): 460-465.

[26]　Duprez D, Delanoë F, Barbier Jr J, et al. Catalytic oxidation of organic compounds in aqueous media[J]. Catalysis Today, 1996, 29(1-4): 317-322.

[27]　Scheck C K, Frimmel F H. Degradation of phenol and salicylic acid by ultraviolet radiation/hydrogen peroxide/oxygen[J]. Water Research, 1995, 29(10): 2346-2352.

[28]　Feng H F, Xu Z F, Wang L, et al. Modulation of photocatalytic properties by strain in 2D BiOBr nanosheets[J]. ACS Applied Materials & Interfaces, 2015, 7(50): 27592-27596.

[29]　Di J, Xia J X, Ji M X, et al. Carbon quantum dots modified BiOCl ultrathin nanosheets with enhanced molecular oxygen activation ability for broad spectrum photocatalytic properties and mechanism insight[J]. ACS Applied Materials & Interfaces, 2015, 7(36): 20111-20123.

[30]　Weng S X, Fang Z B, Wang Z F, et al. Construction of teethlike homojunction BiOCl (001) nanosheets by selective etching and its high photocatalytic activity[J]. ACS Applied Materials & Interfaces, 2014, 6(21): 18423-18428.

[31]　Chang X F, Xie L, Sha W E I, et al. Probing the light harvesting and charge rectification of bismuth nanoparticles behind the promoted photoreactivity onto Bi/BiOCl catalyst by (in-situ) electron microscopy[J]. Applied Catalysis B: Environmental, 2017, 201: 495-502.

[32]　Yan X Q, Zhu X H, Li R H, et al. Au/BiOCl heterojunction within mesoporous silica shell as stable plasmonic photocatalyst for efficient organic pollutants decomposition under visible light[J]. Journal of Hazardous Materials, 2016, 303: 1-9.

[33]　Yin Y Y, Liu Q, Jiang D, et al. Atmospheric pressure synthesis of nitrogen doped graphene quantum dots for fabrication of BiOBr nanohybrids with enhanced visible-light photoactivity and photostability[J]. Carbon, 2016, 96: 1157-1165.

[34]　Lu L, Zhou M Y, Yin L, et al. Tuning the physicochemical property of BiOBr via pH adjustment: Towards an efficient photocatalyst for degradation of bisphenol A[J]. Journal of Molecular Catalysis A—Chemical, 2016, 423: 379-385.

[35]　Haider Z, Zheng J Y, Kang Y S. Surfactant free fabrication and improved charge carrier separation induced

enhanced photocatalytic activity of {001} facet exposed unique octagonal BiOCl nanosheets[J]. Physical Chemistry Chemical Physics, 2016, 18(29): 19595-19604.

[36] Sehili T, Boule P, Lemaire J. Photocatalysed transformation of chloroaromatic derivatives on zinc oxide IV: 2,4-dichlorophenol[J]. Chemosphere, 1991, 22: 1053-1062.

[37] Richard C, Boule P. Oxidising species involved intransfortions on zinc oxide[J]. Journal of Photochemistry and Photobiology A—Chemistry, 1991, 60: 235-243.

[38] Nosaka Y, Nosaka A Y. Generation and detection of reactive oxygen species in photocatalysis[J]. Chemical Reviews, 2017, 117(17): 11302-11336.

[39] Blanco J, Malato S, Fernández-Ibáez P, et al. Review of feasible solar energy applications to water processes[J]. Renewable & Sustainable Energy Reviews, 2009, 13: 1437-1445.

[40] Yang S Y, Wang P, Yang X, et al. A novel advanced oxidation process to degrade organic pollutants inwastewater: Microwave-activated persulfate oxidation[J]. Journal of Environmental Sciences, 2009, 21: 1175-1180.

[41] Mi L. Introduction to Photochemical Advanced Oxidation Processes for Water Treatment[M]. Berlin: Springer-Verlag, 2005.

[42] Serpone N, Pelizzetti E. Photocatalysis, Fundamentals and Applications[M]. NewYork: Wiley, 1989.

[43] Deepagan V G, You D G, Um W, et al. Long-circulating Au-TiO$_2$ nanocomposite as a sonosensitizer for ROS-mediated eradication of cancer[J]. Nano Letters, 2016, 16(10): 6257-6264.

[44] Turchi C S, Ollis D F. Photocatalytic degradation of organic water contaminants: Mechanisms involving hydroxyl radical attack[J]. Journal of Catalysis, 1990, 122: 178-192.

[45] Zhang Z J, Wang W Z, Shang M, et al. Photocatalytic degradation of rhodamine B and phenol by solution combustion synthesized BiVO$_4$ photocatalyst[J]. Catalysis Communications, 2010, 11(11): 982-986.

[46] Xiao Q, Zhang J, Xiao C, et al. Photocatalytic degradation of methylene blue over Co$_3$O$_4$/Bi$_2$WO$_6$ composite under visible light irradiation[J]. Catalysis Communications, 2008, 9(6): 1247-1253.

[47] Draper R B, Fox M A. Titanium dioxide photosensitized reactions studied by diffuse reflectance flash photolysis in aqueous suspensions of TiO$_2$ powder[J]. Langmuir : The ACS Journal of Surfaces and Colloids, 1990, 6: 1396-1402.

[48] Ishibashi K I, Fujishima A, Watanabe T, et al. Quantum yields of active oxidative species formed on TiO$_2$ photocatalyst[J]. Journal of Photochemistry and Photobiology A—Chemistry, 2000, 134(1-2): 139-142.

[49] Richard C. Regioselectivity of oxidation by positive holes (h$^+$) in photocatalytic aqueous transformations[J]. Journal of Photochemistry and Photobiology A—Chemistry, 1993, 72(2): 179-182.

[50] Stafford U, Gray K A, Kamat P V. Radiolytic and TiO$_2$-assisted photocatalytic degradation of 4-chlorophenol. A comparative study[J]. Journal of Physical Chemistry, 1994, 98(25): 6343-6351.

[51] Sclafani A, Herrmann J M. Influence of metallic silver and of platinum-silver bimetallic deposits on the photocatalytic activity of titania (anatase and rutile) in organic and aqueous media[J]. Journal of Photochemistry and Photobiology A—Chemistry, 1998, 113(2): 181-188.

[52] William B, Su Y R, Michael R H. Gas-phase photodegradation of decane and methanol on: Dynamic surface chemistry characterized by diffuse reflectance FTIR[J]. International Journal of Photoenergy, 2008, 2008: 964721.

[53] Wu L, Zeng W, Ishigaki Y, et al. A ratiometric photoacoustic probe with a reversible response to hydrogen sulfide and hydroxyl radicals for dynamic imaging of liver inflammation[J]. Angewandte Chemie International Edition, 2022, 61(37): e202209248.

[54] Wang J, Tafen D N, Lewis J P, et al. Origin of photocatalytic activity of nitrogen-doped TiO$_2$ nanobelts[J]. Journal

of the American Chemical Society, 2009, 131(34): 12290-12297.

[55]　Wang P, Huang B B, Qin X Y, et al. Ag@AgCl: A highly efficient and stable photocatalyst active under visible light[J]. Angewandte Chemie International Edition, 2008, 47(41): 7931-7933.

[56]　Fujishima A, Zhang X, Tryk D. TiO_2 photocatalysis and related surface phenomena[J]. Surface Science Reports, 2008, 63(12): 515-582.

[57]　Nakamura R, Imanishi A, Murakoshi K, et al. In situ FTIR studies of primary intermediates of photocatalytic reactions on nanocrystalline TiO_2 films in contact with aqueous solutions[J]. Journal of the American Chemical Society, 2003, 125(24): 7443-7450.

[58]　Xiao J, Xie Y, Rabeah J, et al. Visible-light photocatalytic ozonation using graphitic C_3N_4 catalysts: A hydroxyl radical manufacturer for wastewater treatment[J]. Accounts of Chemical Research, 2020, 53(5): 1024-1033.

第3章 半导体光催化剂分类

3.1 氧 化 物

尽管光催化的历史可以追溯到 20 世纪 60 年代甚至更早,考虑到实际发表的工作带来的影响及对相关领域的推动作用,研究者仍然将 Fujishima 和 Honda[1] 在 1972 年以 TiO_2 为电极光分解水过程中实现把光能转化为化学能的发现作为光催化开启的标志。Carey 等[2]在 1976 年发现在近紫外线照射下,TiO_2 能氧化分解多氯联苯,开辟了基于多相光催化的环境光催化领域。1983 年,Halmann 等[3] 用 $SrTiO_3$ 作为光催化剂,在光的照射下还原 CO_2 水溶液并产生了 HCOOH、HCHO 和 CH_3OH,有潜力实现碳材料的循环利用。在半导体光催化研究中,TiO_2 具有众多优越性,如稳定、高效、价廉、无毒等,因此受到研究者广泛关注[4-7]。目前 TiO_2 是研究最多的光催化剂,其锐钛矿型和金红石型复合相已经实现商业化生产。TiO_2 的优势很明显,也有不足,在可见光区的光催化性能等仍制约其工业化发展。关于 TiO_2 的实验研究集中在以下方面:①带隙过窄(锐钛矿型 TiO_2 的带隙为 3.2eV),解决途径为金属掺杂、非金属掺杂或联合掺杂[8-15];②晶面调控工程,针对不同活性晶面有目的地调控,并进一步探索相应的物理机制[16-22];③调控微观形貌、负载贵金属及异质结等,如纳米线、纳米管、多孔结构、微米球、两相或三相复合,改善光催化性能等[23-30]。上述优秀工作在综述文章和专著中有颇多介绍,本书主要介绍微观形貌和机理方面的经典研究工作。

关于 TiO_2 的经典工作仍有很多,仅仅按上面简单分类显然不能概括它的全面性。基于光催化反应在科学和技术方面的重要性,具有高反应性的无机单晶表面的物理及化学特性一直是研究的重点[31-36]。晶体在生长过程中受到表面能最低化的作用,具有高反应性的表面通常会迅速减少[16]。Ramamoorthy 等[37]通过第一性原理计算发现(110)晶面比(001)晶面的表面能低,同时发现相对于(110)晶面,(100)晶面是稳定的。在通常情况下,锐钛矿型 TiO_2 的(101)晶面是热力学上稳定的,也是主要的暴露面,面积占比超过 94%[38]。不同晶面的表面能高低顺序为 γ_{001}(0.90J/m^2)>γ_{100}(0.53J/m^2)>γ_{101}(0.44J/m^2)[38, 39]。根据伍尔夫(Wulff)定理,晶面的表面能会影响最终晶体学表面。Yang 等[16]利用 F$^-$ 在(001)晶面的择优吸附特性,制备了(001)晶面面积占比超过 90%的单晶,四方对称的衍射斑证实了锐钛矿型 TiO_2 的晶体结构。将不同种非金属元素与(001)和(101)晶面作用,基于第一性原理计算了表面能变化规律。在不同元素终结的(001)和(101)晶面的情况下，F⁻终结的表面都展现出了最低的表面能，而且导致 F⁻终结的(001)晶面的稳定性比(101)晶面更高。因此 F⁻终结(001)晶面是所制备活性晶面面积超过 90%的关键原因。学者从晶体结构方面探讨了锐钛矿型 TiO₂ 不同晶面取向的结构特征。研究表明，锐钛矿型 TiO₂ 有两个低能表面，即(101)和(001)晶面，这是天然晶体的常见表面。锐钛矿型纳米晶体最常见的是(101)晶面，(001)晶面相当平坦，但可以对其进行 1×4 重建。以(001)晶面择优取向的锐钛矿型 TiO₂ 为例[40]，晶体的微观形貌特征明显，呈板状特征[图 3.1（a）]，晶面之间的夹角也符合锐钛矿型 TiO₂ 的晶体结构特征[图 3.1（b）]。

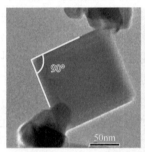 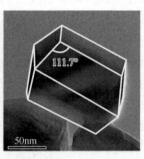 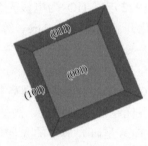

(a) 锐钛矿型TiO₂的微观形貌　　　　　　　　　　　　　(b) 锐钛矿型TiO₂晶面择优取向示意图

图 3.1　锐钛矿型 TiO₂ 低指数面示意图[40]

Cheng 等[41]制备了厚度为 2.1nm、(001)晶面暴露 94.5%的锐钛矿型 TiO₂，通过光催化反应可以将木质纤维素转化为 H₂（图 3.2）。超薄的 TiO₂ 不仅为光催化产氢反应提供了丰富的活性位点，而且有利于光生电荷从体相转移到 TiO₂ 的表面。进一步通过理论计算和荧光光谱证明了·OH 为木质纤维素氧化的关键物种，(001)晶面的活化能较低，因此很容易在(001)晶面上生成·OH，进而发生木质纤维素氧化反应，在 α-纤维素水溶液中实现了 1.89%的表观量子产率。

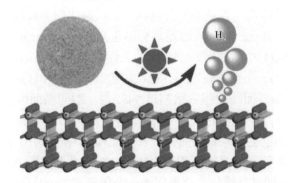

图 3.2　锐钛矿型 TiO₂ 低指数面氧化木质纤维素示意图[41]

有的研究还把微观形貌控制和两相复合改性方法结合起来，取得了更加明显的效果。Du 等[42]采用钛酸异丙酯（titanium isopropoxide，TTIP）和四氯化钛（TiCl$_4$）、三嵌段共聚物（记为 P123）等为模板构造多孔形貌，并与 GO 进行复合，制备光催化剂（图 3.3），首先利用自组装方法合成具有三维周期性的微-介孔分级 TiO$_2$薄膜；然后将电子受体和电子传输材料石墨烯引入微-介孔分级 TiO$_2$体系中。微-介孔有效改善了传质特性，通过合理控制通道的长度，增大了薄膜的表面积，石墨烯可以有效地抑制光生载流子复合。光催化活性降解甲基蓝（methyl blue，MB）结果表明，所设计的结构取得了显著增强的光催化效果。微-介孔分级 TiO$_2$/石墨烯复合膜反应速率常数为 0.071min^{-1}，高于纯介孔 TiO$_2$薄膜（0.0041min^{-1}）。

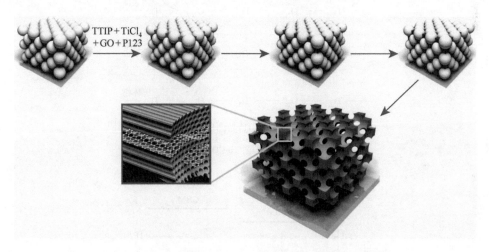

图 3.3　微-介孔分级 TiO$_2$/石墨烯复合膜的制备示意图[42]

锐钛矿/金红石型 TiO$_2$混晶材料具有良好的光催化性能的机理一直存在争议，其优于相应单相 TiO$_2$的证据获取仍有待对其基础性能的深入理解。争论的焦点之一是金红石型 TiO$_2$和锐钛矿型 TiO$_2$带边的能量校准，先进的材料模拟技术和 XPS实验证实了锐钛矿型 TiO$_2$与金红石型 TiO$_2$之间存在着Ⅱ型、交错型能带排列[43]。锐钛矿型 TiO$_2$具有更高的电子亲和势与功函数，锐钛矿型 TiO$_2$与金红石型 TiO$_2$的价带存在约 0.4eV 的能带差，这为锐钛矿型 TiO$_2$与金红石型 TiO$_2$的光生载流子分离提供了一种有效的驱动力[44]。

不同的火焰或溶液法制备的 TiO$_2$催化剂表现出不同的化学特性。例如，水合TiO$_2$ P25 表面的羟基能将苯甲醛转换成半缩醛[45]；TiO$_2$（Merck）表面的羟基仅与苯甲醛产生弱扰动作用[46]。TiO$_2$存在四配位钛时，在催化高选择性分解 NO 为N$_2$和 O$_2$时起着关键作用；存在八配位钛时，其选择性表现产物为 N$_2$O[47]。

Liu 等[48]报道了(101)和(001)晶面共暴露的 TiO$_2$纳米晶体，如果将其进一步形成(101)和(001)晶面共暴露的 TiO_{2-x} 纳米晶体，其 CO_2 还原为 CO 的量子产率较高（在紫外线-可见光下为 0.31%，在可见光下为 0.134%），与水合 TiO_2 P25 相比，其可见光活性高出 4 倍以上。可能的原因是 TiO_{2-x} 纳米晶体暴露了更多的活性位点（如低配位的 Ti 原子和氧空位，低配位的 Ti 可以增强对吸附物种的活化和转化动力学）（图 3.4），促进了(001)和(101)晶面之间的电子转移（图 3.5），以及在 TiO_2 带隙内形成了新的能态（Ti^{3+}）以扩展可见光响应。

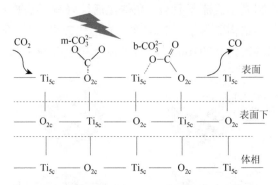

图 3.4　锐钛矿型 TiO_2(001)晶面的 CO_2 转换示意图[48]

$m\text{-}CO_3^{2-}$ 指单齿碳酸根；$b\text{-}CO_3^{2-}$ 指双齿碳酸根

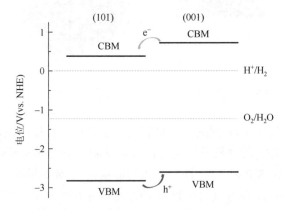

图 3.5　锐钛矿型 TiO_2 晶面之间能带排列[48]

　　作为最具代表性的光催化剂，TiO_2 在光催化和光电催化领域备受重视，但是人们在 TiO_2 的晶体生长方向与暴露晶面的细节表征等方面仍存在争议。Qu 等[49]以(001)晶面暴露的锐钛矿型 TiO_2 纳米晶为研究模型，发现[001]方向的晶格间距为 0.38nm，交会角度为 90°；[111]方向的晶格间距为 0.35nm，交会角度则为 82°，这表明(001)和(111)晶面的晶格条纹和晶面交会角度比较接近，澄清了在锐钛矿型 TiO_2 报道中的争议性结论。

最近科学家也发现通过钇（Y）掺杂，二氧化铪（HfO$_2$）展现出铁电性（图 3.6），图中 P 代表极化。考虑到极化能引起光生电子与空穴的有效分离[50]，这种策略可作为一种高效光催化剂的设计思路进行探索研究。

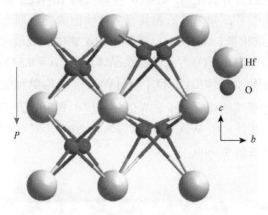

图 3.6　具有 $Pca2_1$ 空间群 HfO$_2$ 的晶体结构[50]

通过微波辅助水热法，Ding 等[51]制备了六方双锥结构的 α-Fe$_2$O$_3$，从图 3.7（a）中可以看出其颗粒尺寸为 500nm 左右，图 3.7（b）表明从(001)顶面的法线方向观察制备的 α-Fe$_2$O$_3$ 为六边形。研究发现，在降解有机物罗丹明 B（rhodamine B，RhB）的过程中，·OH 起到了主要作用。

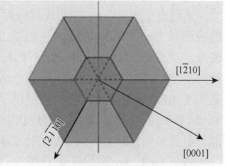

(a) α-Fe$_2$O$_3$的SEM图　　　　　　(b) α-Fe$_2$O$_3$晶体投影图(001)顶面法线方向

图 3.7　α-Fe$_2$O$_3$ 的显微形貌及沿(001)顶面法线方向投影示意图[51]

此外，ZnO、Bi$_2$O$_3$、WO$_3$、SnO$_2$、In$_2$O$_3$ 等氧化物都得到了广泛研究，以 BiOX 为代表的二维材料也是较受关注的研究对象，本书后面章节有涉及，这里不再一一列出。

3.2　复合氧化物

作为一种典型的复合氧化物，铋基半导体材料 Bi_2WO_6 和 $BiVO_4$ 也具有较好的可见光响应特性[52-54]，并因其形貌具有多样性而成为近期光催化剂合成的重点对象[52]，作为奥里维里斯（Aurivillius）型氧化物家族中组成最简单的一员，Bi_2WO_6 具有类似钙钛矿结构，Bi_2WO_6 为正交晶系晶体结构，$a = 0.5437nm$，$b = 1.643nm$，$c = 0.5458nm$。Bi_2WO_6 晶体由 $[Bi_2O_2]^{2+}$ 和 $[WO_4]^{2-}$ 结构单元组成，具有层状结构（图 3.8）[55]。这种层状结构有助于在光催化过程中光生载流子的转移，提高光催化剂的量子效率。此外，Bi_2WO_6 的带隙约为 2.70eV，对可见光有较强的吸收能力，响应波长可以达到 460nm。

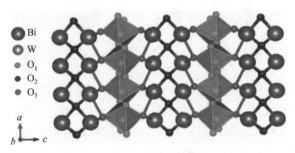

图 3.8　Bi_2WO_6 的晶体结构（彩图扫封底二维码）[55]

通过电子掺杂，Lu 等[55]成功构建了具有强局域表面等离激元共振的 Bi_2WO_6，响应波长为 500～1400nm，在制备过程中氧空位被精确控制。此外，他们通过密度泛函理论（density functional theory，DFT）模拟了 CO_2 还原反应的反应路径，原位傅里叶变换红外光谱（Fourier transform infrared spectroscopy，FTIR）证明了 Bi_2WO_6 表面的 V_1 位点促进了 CH_4 的生成。与上述工作得到的微观结构相似，Zang 等[56]也制备了具有层状结构的 Bi_2WO_6，典型的层状形貌表明 Bi_2WO_6 晶体组成单元 $[Bi_2O_2]^{2+}$ 和 $[WO_4]^{2-}$ 的排列最终影响了其形貌特征（图 3.9）。

基于 DFT，Fu 等[57]研究了 Bi_2WO_6 能带分布和态密度。能带主要分为四部分：①占据较低能级的一侧包括单独 O2s（1#～24#）；②占据中间部分的包括 Bi6s 轨道（25#～32#）和 Bi6p、O2p、W5d 杂化轨道（33#～72#）；③VBM 对应于 O2p 和 Bi6s 杂化轨道（73#～104#）；④导带由 W5d 和 Bi6p 轨道形成[57]。掺杂位对电子的作用力也对光催化效率起到了关键作用[58]。

Crane 等[59]研究了 Mo 取代 W 后的光催化性能、显微结构和电子结构的变化。如图 3.10 所示，在拉曼光谱的研究中，在 600～1000cm^{-1} 波段的峰对应 W—O 键的伸缩振动；在 790cm^{-1} 和 820cm^{-1} 位置的峰与 WO$_6$ 八面体对称及反对称 A$_g$ 模有关，这涉及多面体顶角氧垂直于层的运动[59]。当 Mo 取代 Bi$_2$WO$_6$ 中的 W 后，在 795cm^{-1} 处观察到了在 845cm^{-1} 和 715m^{-1} 位置的两个肩峰，对应扭曲的 WO$_6$ 八面体振动。随着 Mo 含量的增加，在 820cm^{-1} 位置的峰移动到更高的波数，这可能由 WO$_6$ 和 MoO$_6$ 八面体中不同的 M—O 键长所致。拉曼振动频率（ν）和键长（bond length，BL）之间的关系遵循简单的指数形式：

$$BL = 0.48239\ln\frac{32895}{\nu} \qquad (3.1)$$

式中，ν 的单位为 cm^{-1}。可以看出，较低的拉曼振动频率对应较长的键长。随着 Mo 含量的增加，820cm^{-1} 移动到更高的波数说明 W—O 键长缩短[60]。

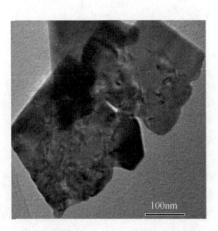

图 3.9　Bi$_2$WO$_6$ 样品的 TEM 图像[56]

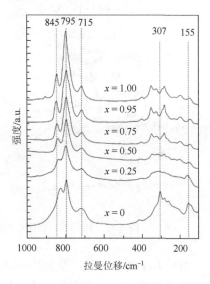

图 3.10　Bi$_2$Mo$_x$W$_{1-x}$O$_6$ 样品的拉曼光谱[59]

　　通过吸附作用，Zhu 等[61]将富勒烯（C$_{60}$）用于改性 Bi$_2$WO$_6$ 光催化剂。在可见光（λ>420nm）和模拟太阳光（λ>290nm）下，所制备的样品在光催化降解偶氮染料亚甲基蓝（methylene blue，MB）和 RhB 方面表现出高催化效率。对于 MB 和 RhB，改性后的 Bi$_2$WO$_6$ 样品的光催化活性提高约 5 倍和 1.5 倍。增强的光催化活性是由于光生电子在 C$_{60}$ 与 Bi$_2$WO$_6$ 界面提高了光生电子传输效率，这是由于 C$_{60}$ 与 Bi$_2$WO$_6$ 产生的 π 键作用提高了界面电子转移率。Shang 等[62]、Sun 等[63]制备了 Bi$_2$WO$_6$ 纳米晶来改善固相法制备样品性能较差的特点，进一步合成了 Bi$_2$WO$_6$ 量子点/石墨烯材料来增强光生载流子分离效率，并改善其光催化性能。Ding 等[64]研究了铋自掺杂对 Bi$_2$WO$_6$ 电子结构、显微结构及光催化去除五氯酚钠的影响。通过 DFT 计算和系统的表征，表明铋自掺杂没有改变 Bi$_2$WO$_6$ 光生载流子的氧化还原能力，而是产生了·O_2^-并促进了光生电子-空穴对的转移和分离。·O_2^-促进脱氯过程，并且有利于后续的苯环断裂和苯醌降解，铋自掺杂 Bi_2WO_6 最终实现了光催化去除五氯酚钠（图 3.11）。这项研究为设计新颖催化剂及理解光生活性物种对五氯酚钠的降解提供了新观点。Saison 等[65]通过电子顺磁共振（electron paramagnetic resonance，EPR）发现 Bi_2WO_6 在光催化过程中生成·OH，而非超氧活性种类，这是由于其产生的光生电子能量不足以与 O_2 生成·O_2^-。铬、钼和钨均为同一主族，因此除了上述钨酸盐，铬酸盐和钼酸盐也受到较为广泛的关注[66, 67]。

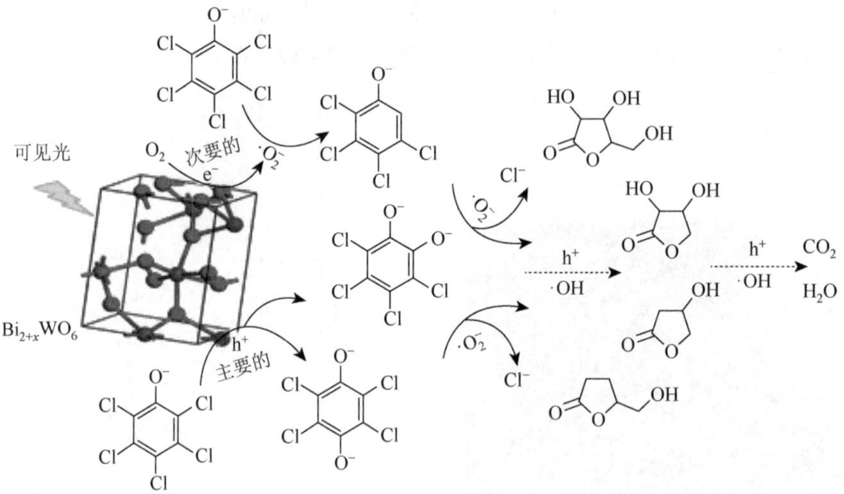

图 3.11　Bi_2WO_6 光催化去除五氯酚钠（彩图扫封底二维码）[64]

目前 $BiVO_4$ 是一种广受关注的混合氧化物，Kudo 等[68]在 1999 年报道了 $BiVO_4$ 的光催化性能，之后其得到了大力发展和改进[69-85]，例如，Zhang 等[86]以具有氧空位的 $BiVO_4$ 作为模型系统，通过从头算量子动力学发现自旋极化既可以将陷阱态转移到一个自旋通道，也可以将陷阱态从中间位置移动到价带附近。他们同时发现，电子-声子耦合与电子和空穴状态的重叠之间的竞争可以通过调节氧空位浓度实现，进一步通过最大化自旋保护机制效应抑制电荷复合。这方面内容在后面章节有详述。尽管 $BiFeO_3$ 作为一种光电极表现出许多有趣和有利的特性，但很少有人系统地研究 $BiFeO_3$ 的光电化学性质。作为一种应用广泛的铁电材料，大多数关于 $BiFeO_3$ 光电极的研究都集中在外电场对 $BiFeO_3$ 光电流产生的影响或者 n 型光电流和 p 型光电流之间的转换。Gao 等[87]独辟蹊径，利用 $BiFeO_3$ 纳米颗粒研究了其降解 MO 的优异光催化性能。当引入电子-极化子时，极化子主要展现出 Fe^{2+} 的 t_{2g} 特性。由于电子-极化子和氧空位之间有静电吸引力的相互作用，热力学上最稳定的构型是双电子-极化子构型位于最靠近氧空位的 Fe 原子处（图 3.12）。

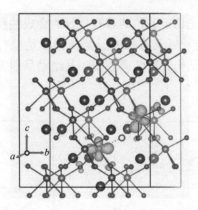

图 3.12　BiFeO$_3$中双电子-极化子的波函数图像（彩图扫封底二维码）[88]

　　PbTiO$_3$作为一种位移型铁电体，其铁电物理特性广受关注，Zhen 等[89]巧妙利用 PbTiO$_3$ 的极性特征，在正极性(001)晶面选择性沉积了 Pt，改善了催化剂的催化活性。结果表明，选择性沉积质量分数为 1%Pt 的 PbTiO$_3$ 的催化产氢速率为随机沉积质量分数为 1%Pt 的 PbTiO$_3$的 9.4 倍。

　　与传统氧化物相比，氮氧化物、硫氧化物和氧卤化物等金属杂阴离子化合物的带隙减小，已成为很有前途的水分解光催化剂。这些化合物大多通过光生空穴进行阴离子的自氧化。Chatterjee 等[90]将新型氯氧金属共生体 Bi$_4$TaO$_8$Cl-Bi$_2$GdO$_4$Cl 作为稳定的可见光催化剂（图 3.13）。图中，西琳-奥里维里斯（Sillén-Aurivillius）代表某一类化合物。

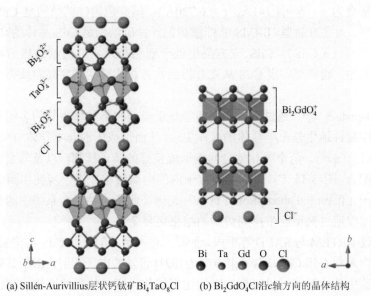

(a) Sillén-Aurivillius层状钙钛矿Bi$_4$TaO$_8$Cl　　(b) Bi$_2$GdO$_4$Cl 沿 c 轴方向的晶体结构

图 3.13　Bi$_4$TaO$_8$Cl 与 Bi$_2$GdO$_4$Cl 的晶体结构（彩图扫封底二维码）[90]

　　PrOBr 在动力学上是稳定的，其具有良好的合成性和稳定性[图 3.14（a）]、有效的可见光吸收性能，以及特殊的层状结构，是很有前途的研究对象。二维 PrOBr 的声子谱和能带结构计算结果表明，其结晶呈四方相，空间群为 $P4/nmm$，具有直接带隙[图 3.14（b）]。

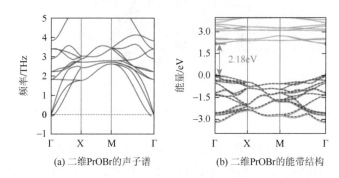

（a）二维PrOBr的声子谱　　　　　　（b）二维PrOBr的能带结构

图 3.14　计算得到的二维 PrOBr 的声子谱与能带结构（彩图扫封底二维码）[91]

3.3　含硫化合物

　　CdS 半导体中，Cd 是ⅡB 族元素，S 是ⅥA 族元素。自 20 世纪 80 年代初以来，CdS 一直被认为是一种潜在的光制氢的光催化剂。CdS 晶体分为闪锌矿结构（空间群为 $F43m$，带隙为 2.42eV）和纤锌矿结构（空间群为 $P6_3mc$，带隙为 2.47eV，其晶格常数为 $a = b = 4.141$Å，$c = 6.720$Å）。橘红色闪锌矿结构是 CdS 晶体的低温稳定型，为立方晶型（β-CdS）；柠檬黄色纤锌矿结构是 CdS 晶体的高温稳定型，为六方晶型（α-CdS）。CdS 立方晶型处于亚稳相，六方晶型的热力学稳定性优于立方晶型，通常要实现 CdS 从立方相到六方相的转变需要高温或微波辐射提供能量。

　　Rukenstein 等[92]通过溶液相制备了基于金属和半导体生长的多组分异质结，将金属控制性地生长在半导体纳米棒尖端，从而形成了混合半导体/半导体/金属结构[图 3.15（a）]。两个半导体之间能形成良好的能带排列，以及与金属费米能级的合理配合[图 3.15（b）]，支持粒子内的电荷转移，进一步使用瞬态差分吸收（transient differential absorption，TDA）光谱证明了这种混合系统中的载流子动力学可能比仅通过简单能带排列得到的结果更复杂。

　　通过 HRTEM 与 SAED 等手段，金荣[93]对所制备的花状 CdS 结构进行了分析，认为产物为六方相 CdS，电子束方向为[021]带轴的电子衍射，由于其可以沿 6 个方向等速生长，最终可以得到规则六边形结构。产物的尺寸比较均匀，其直径为 0.5μm 左右。CdS 在光催化过程中容易受到空穴的腐蚀作用，发生如下反应：

$$CdS + 2h^+ \longrightarrow Cd^{2+} + S \qquad (3.2)$$

$$CdS + 2O_2 \longrightarrow Cd^{2+} + SO_4^{2-} \qquad (3.3)$$

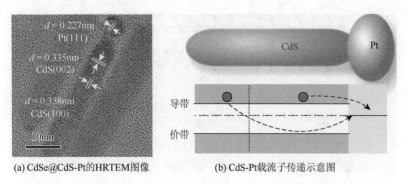

(a) CdSe@CdS-Pt的HRTEM图像　　　(b) CdS-Pt载流子传递示意图

图 3.15　CdSe@CdS-Pt 的微观结构及 CdS-Pt 载流子传递机理[92]

3.4　有机半导体

有机半导体能够作为光催化材料得以应用，离不开本征型导电聚合物的发现。常见的本征型导电聚合物有聚苯硫醚（polyphenylene sulfide，PPS）、聚乙炔（polyacetylene，PA）、聚呋喃（polyfuran）、聚苯胺（polyaniline，PANI）、聚噻吩（polythiophene，PTh）、聚吡咯（polupyrrole，PPy）和 C_3N_4 等。以下介绍两种典型的有机半导体——PANI 和 C_3N_4。PANI 是一种 p 型半导体，其分子主链上含有大量的共轭 π 电子，用质子酸掺杂后形成空穴，当受到强光照射时，PANI 价带中的电子将被激发至导带，出现电子-空穴对，即本征光电导，同时激发带中杂质能级上的电子或空穴而改变其电导率，具有显著的光电转换效应。基于其独特的光电子效应，PANI 在电子器件、光电材料、电磁材料等领域获得了广泛关注，在环境领域将 PANI 用于修饰无机半导体光催化材料逐渐引起众多科学家的关注。

1996 年，Teter 与 Hemley[94]计算了 C_3N_4 的结构，推测 C_3N_4 存在 α 相、β 相、类石墨相（g-C_3N_4）、立方相和准立方相五种结构。除类石墨相外，其他四种结构都具有超硬材料的性质。元素掺杂可以改变 g-C_3N_4（带隙为 2.71eV）的表面性能、电子结构及光吸收等性质，从而影响其光催化活性。例如，S 掺杂的 g-C_3N_4 光催化剂（图 3.16）能够在可见光下实现是纯 g-C_3N_4 光催化剂近 8 倍的光催化活性[95]。理论计算也表明其 CBM 明显高于 NHE，较高的电位差也有利于 H^+的还原反应发生[96]。除了桥联 N 和中心 N 原子，平面 C_3N_4 的 HOMO 全部局域在 N 原子上，而 LUMO 主要分布在部分 N 和 C 原子上[97]，电子局域化导致高的电子-空穴复合概率（图 3.17）。

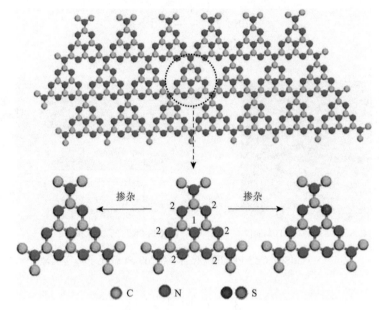

图 3.16   S 掺杂的 g-C$_3$N$_4$ 的结构（彩图扫封底二维码）[95]

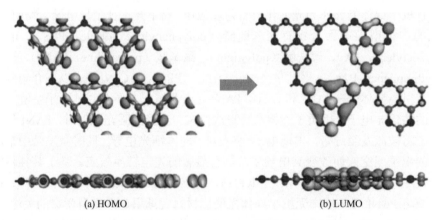

(a) HOMO   (b) LUMO

图 3.17   C$_3$N$_4$ 的 HOMO 和 LUMO（彩图扫封底二维码）[97]

  相对于 C$_3$N$_4$，C$_3$N$_5$ 具有更窄的带隙（带隙为 1.98eV），因此具有更强的可见光响应特性。研究发现，在 360nm 波长的激发光的作用下，C$_3$N$_5$ 展现了明显更强的光生载流子分离转移能力，通过固体 EPR 结果对比，发现在 C$_3$N$_5$ 表面存在更多结构缺陷，即更多孤对电子。实验结果也表明，C$_3$N$_5$ 对光催化及过硫酸盐活化性能非常有利[97]。这些结果说明 C$_3$N$_5$ 在可见光照射下具有更优异的光催化活性，这与其更合理的光生电子与空穴分布有关，同时有利于促进解离水发生 HER 和 OER（图 3.18）。

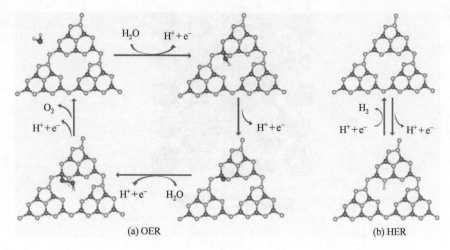

图 3.18　C_3N_5 双层结构上发生的反应（彩图扫封底二维码）[98]

3.5　MOFs 材料

MOFs 材料是近十年来发展迅速的一种配位聚合物，具有三维孔结构，一般以金属离子为连接点，有机配体为支撑构成空间三维延伸，是沸石和碳纳米管之外的又一类重要的新型多孔材料，在催化、储能和分离领域都有广泛应用。此外，MOFs 独特的多孔结构和大比表面积使其可以作为复合光催化剂的支撑体。但是MOFs 在水中的稳定性较差，在水体光催化领域应用较少。Xu 等[99]针对光活性无机半导体材料在光催化 CO_2 过程中吸附 CO_2 能力弱的难题，提出了以 MOFs 独特结构为主要策略的方案，他们利用广谱吸光的 MOFs 在其有效富集 CO_2 的同时将 CO_2 光催化还原为有用化学品的策略，实现了从 CO_2 到 $HCOO^-$ 的高效/高选择性转化。研究表明，PCN-222（一种 MOFs 结构，CAS 号为 1403461-06-2）光还原 CO_2 的活性远高于其卟啉四羧酸配体（分子催化剂）。细致解读超快瞬态光谱和稳态/瞬态荧光光谱数据，他们发现了骨架中存在的一类长寿命电子陷阱态在有效抑制光生电子−空穴复合方面的微观动力学机制，从而揭示了该 MOFs 材料光催化转换效率与光生电子−空穴分离效率之间的关系。

Feng 等[100]报道了一种制备超稳定多级孔结构的方法，研究了多变量（multivariate，MTV）-MOFs 结构[图 3.19（a）]，发现控制热解温度、加热时间和热不稳定配体的比例，可以获得精确调控的介孔；同时研究了热处理前后 UiO-66-NH2-26%单晶的微观结构[图 3.19（b）和（c）]。基于不同官能化的连接体之间较大的热稳定性差异，他们还通过控制工艺促进超小的金属氧化物颗粒的生成，复合物展现出很好的吸附和催化性能，这主要是由于路易斯酸位点的暴露提高了催化反应活性。

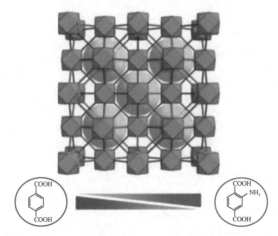

(a) MTV-UiO-66-NH$_2$-*R*%的结构（彩图扫封底二维码）

(b) 热处理前UiO-66-NH$_2$-26%单晶的TEM图像　　　(c) UiO-66-NH$_2$-26%单晶热分解后的TEM图像

图 3.19　MOFs 的结构及表征[100]

　　MOFs 的配位中心是易得失电子的过渡金属离子，因此 MOFs 可根据不同反应对金属离子中心和有机配体进行适当调整，充分发挥其既能进行催化氧化反应又能进行催化还原反应的独特优势。在众多 MOFs 材料中，铁基金属有机骨架（Fe-MOFs）中高密度的不饱和铁中心可以与有机配体中的 O 原子形成较强的铁-氧键。因此，大多数 Fe-MOFs 材料在有机溶剂和水相中显示出较好的稳定性。与一些传统的多孔材料如沸石相比，Fe-MOFs 材料具有更好的应用潜力。同时，低成本和低毒性也促进了 Fe-MOFs 材料的发展。针对 Fe-MOFs 材料在设计和合成上的进展，提出以下几点展望：①在原子水平上深入探索 Fe-MOFs 材料的形成机理；②进一步研究 Fe-MOFs 材料的拓扑学设计；③除了有机配体修饰，通过后合成修饰法对金属中心进行调制来设计功能性 Fe-MOFs 材料；④发展绿色、简单且低成本的合成技术以大规模制备 Fe-MOFs 材料。基于 Fe-MOFs 材料在应用方面的发展提出了独特的见解和展望，例如，将 Fe-MOFs 材料与一些合适的电极材料相结合，从而改善其较差的电导率和低的能量密度；设计具有高密度的不饱和铁中心的 Fe-MOFs 材料；调节内部孔环境、嵌入一些功能性的基团进入 Fe-MOFs 以优化其吸附和催化性能[101]。针对以微孔 MOFs 纳米颗粒为结构单元构筑复杂组装体非常困难，同时其衍生的材料多数缺乏形貌和孔结构有效控制的问题，Zhang 等[102]制备了高长径比及直径可控的 MOFs 纳米纤维，并进一步将其转化为多孔 N 掺杂碳纳米纤维。阴极电催化氧还原反应测试研究表明，这种多孔碳纳米纤维的电催化活性远高于直接碳化纳米晶制备的微孔碳材料。该研究工作为新型 MOFs 组装结构及其衍生的多孔碳材料或金属氧化物纳米材料提供了一种有效的合成路径。MOFs 材料中的晶格可以是由一种金属组成的均质金属框架，也可以是由两种或两种以上金属组成的异质金属框架（图 3.20），这也是 MOFs 材料扩大多相催化的机会[103]。

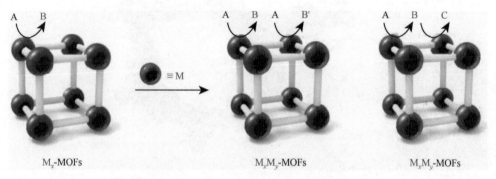

图 3.20　制备多金属组分 MOFs 示意图（彩图扫封底二维码）[103]

3.6　COFs 材料

共价有机骨架（covalent organic frameworks，COFs）是一类新型的有机多孔材料，具有结构规整、孔道均一等特点。晶体多孔结构及特定的功能使 COFs 材料在各个领域显示出强大的潜力，其在气体吸附与分离、催化、传感、光电功能器件、能源等方面展现出诱人的应用前景。Zhang 等[104]报道了一种非极性烯键连接的 COFs 材料，其合成的 COFs 由两种三嗪基单元构建而成，三嗪基单元使得 COFs 具有更好的结晶性和更加紧密的层堆积结构，而且具有独特的纳米管形貌，COFs 在光催化硫醚的选择性氧化中展现了更好的光催化活性。加入 2,2,6,6-四甲基哌啶氧化物（2,2,6,6-tetramethylpiperidinooxy，TEMPO）作为氧化还原介质时，反应转化率没有明显变化，所以反应过程的活性氧物种包括 $\cdot O_2^-$ 和单线态氧（$^1O_2$）。向反应体系中加入 $\cdot O_2^-$ 捕获剂 p-BQ、电子捕获剂 AgNO$_3$ 或者 $^1O_2$ 捕获剂

1, 4-重氮双环(2, 2, 2)辛烷，反应受到了不同程度的抑制。通过更加直观的 EPR 测试分别检测到了纳米管导带电子、5, 5-二甲基-1-吡咯啉氮氧化物捕获的 $\cdot O_2^-$ 和 2, 2, 6, 6-四甲基-4-哌啶酮捕获的 $^1O_2$ 信号。因此，硫醚的氧化过程包括电子转移和能量转移两种途径，$\cdot O_2^-$ 和 $^1O_2$ 均参与了这个过程（图 3.21）。

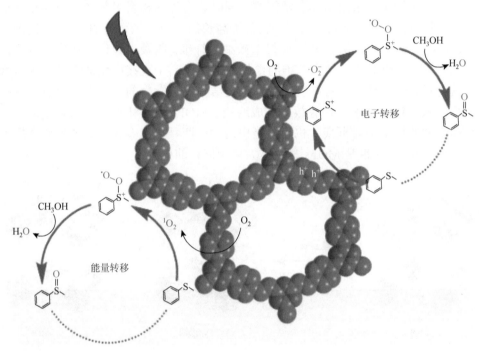

图 3.21　COFs 纳米管光催化硫醚的选择性氧化反应机理（彩图扫封底二维码）[104]

3.7　单原子催化剂

单原子催化剂（如 Pt_1/FeO_x 单原子催化剂[105]）已经受到越来越多的重视。Zhang 等[106]合成了单原子 Pt/C_3N_4 催化剂，采用同步辐射 XPS 技术直接观测单原子 Pt/C_3N_4 催化剂在光催化水裂解过程中的电荷转移和化学键演变过程（图 3.22）。进一步在光激发状态下，他们观察到 Pt—N 键裂解形成 Pt^0 物种和相应的 C=N 键重构，而在金属 Pt/C_3N_4 催化剂上则无法检测到这些特征，这表明在金属 Pt 和 C_3N_4 之间具有相对低的电子转移能力，而且光产生的电荷分离和转移对光诱导的 C_3N_4 上单原子 Pt 配位具有很高的效率。研究发现，在单原子 Pt/C_3N_4 催化剂上实现了显著增强的析氢活性[14.7mmol/(h·g)]，是金属 $Pt-C_3N_4$ 催化剂析氢活性 [0.74mmol/(h·g)]的近 20 倍。这为深入理解原子级催化反应过程中的单原子催化剂带来了新的观点。

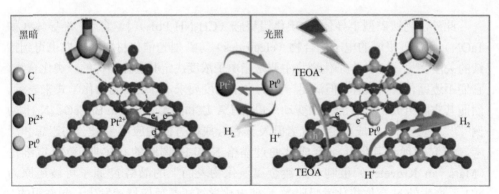

图 3.22　在光催化水裂解过程中单原子 Pt/C$_3$N$_4$ 催化剂的电荷转移和化学键演变示意图
（彩图扫封底二维码）[106]

　　2022 年，Li 等[107]以 MgAl$_2$O$_4$(111)为载体，在空气中以 800℃高温处理，通过气相自组装机制来实现单原子 Pt 的稳定（图 3.23）。他们进一步利用 DFT 和从头算的分子动力学模拟对形成机理进行了理论研究，发现稳定的三角形 K$_3$O$_3$ 结构（见图 3.23 右上角）有助于单原子 Pt 在高温氧化条件下的稳定，对 CH$_4$ 氧化表现出优异的反应活性。高温蒸汽处理后的 Pt/K/MgAl$_2$O$_4$ 单原子催化剂在 CH$_4$ 氧化中表现出优异的稳定性，而 Pt/MgAl$_2$O$_4$ 纳米催化剂由于 Pt 纳米颗粒的生长而迅速失活。这项工作为利用传统的大比表面积载体制备热稳定和高活性单原子催化剂铺平了道路。

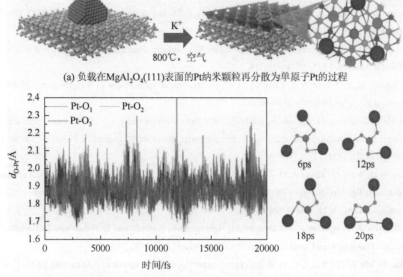

(a) 负载在MgAl$_2$O$_4$(111)表面的Pt纳米颗粒再分散为单原子Pt的过程

(b) 在1074K下持续20ps过程中Pt和相邻O原子（表示为O$_1$、O$_2$和O$_3$）之间的动态距离

图 3.23　基于 DFT 和分子动力学模拟优化的单原子 Pt 结构（彩图扫封底二维码）[107]

此外，钙钛矿型半导体[如碘化铅甲胺（CH$_3$NH$_3$PbI$_3$）]、含 N 半导体（如 TaON）和最近报道的电子化合物（electrides）等新型光催化材料的特性也得到持续的关注[108]。其中，电子化合物主要是指电子浓度决定其晶体结构的一类化合物，它们不遵循化合价规律，但满足一定的电子浓度要求，可用明确的化学式来表示，然而其实际组成在一定的范围变动。以含ⅠA族和ⅤA族的 Ru/BaCeO$_{3-x}$N$_y$H$_z$ 为例[109]，单其化学组成就给研究者开发其在合成氨方面的应用带来一些遐想和思考。研究发现，其催化氨合成是通过晶格 N 和 H$^+$ 调制的马尔斯-范克雷维伦（Mars-van Krevelen）机制（过渡金属氮化物表面上的晶格 N 原子可被还原为 NH$_3$，产生的 N 空位将化学吸附 N$_2$，使电化学氮还原反应持续发生）起作用的，独特的反应机理使其比 BaCeO$_3$ 基催化剂的活性提高了 8～218 倍，并降低了氨合成的活化能（46～62kJ/mol）。可以预见，在不远的将来，随着对催化的不断深入研究，研究者对催化机理的认识将更加深入，也将进一步推动催化剂的制备、设计及应用。

参 考 文 献

[1] Fujishima A, Honda K. Electrochemical photolysis of water at a semiconductor electrode[J]. Nature, 1972, 238: 37-38.

[2] Carey J H, Lawrence J, Tosine H M. Photo-dechlorination of PCBs in presence of titanium-dioxide in aqueous suspensions[J]. Bulletin of Environmental Contamination and Toxicology, 1976, 16(6): 697-701.

[3] Halmann M, Ulman M, Aurian-blajeni B. Photoelectrochemical reduction of carbonoxides[J]. Solar Energy, 1983, 31(4): 429-431.

[4] Oregan B, Gratzel M. A low-cost, high-efficiency solar-cell based on dye-sensitized colloidal TiO$_2$ films[J]. Nature, 1991, 353(6346): 737-740.

[5] Linsebigler A L, Lu G, Yates J T. Photocatalysis on TiO$_2$ surfaces: Principles, mechanisms, and selected results[J]. Chemical Reviews, 1995, 95(3): 735-758.

[6] Hoffmann M R, Martin S T, Choi W, et al. Environmental applications of semiconductor photocatalysis[J]. Chemical Reviews, 1995, 95(1): 69-96.

[7] Kumar S G, Devi L G. Review on modified TiO$_2$ photocatalysis under UV/Visible light: Selected results and related mechanisms on interfacial charge carrier transfer dynamics[J]. Journal of Physical Chemistry A, 2011, 115(46): 13211-13241.

[8] Feng N D, Wang Q, Zheng A M, et al. Understanding the high photocatalytic activity of (B, Ag)-codoped TiO$_2$ under solar-light irradiation with XPS, solid-State NMR, and DFT calculations[J]. Journal of the American Chemical Society, 2013, 135(4): 1607-1616.

[9] In S, Orlov A, Berg R, et al. Effective visible light-activated B-doped and B, N-codoped TiO$_2$ photocatalysts[J]. Journal of the American Chemical Society, 2007, 129(45): 13790-13791.

[10] Zhao W, Ma W H, Chen C C, et al. Efficient degradation of toxic organic pollutants with Ni$_2$O$_3$/TiO$_{2-x}$B$_x$ under visible irradiation[J]. Journal of the American Chemical Society, 2004, 126(15): 4782-4783.

[11] Feng N D, Zheng A M, Wang Q, et al. Boron environments in B-doped and (B, N)-codoped TiO$_2$ photocatalysts: A

combined solid-state NMR and theoretical calculation study[J]. Journal of Physical Chemistry C, 2011, 115(6): 2709-2719.

[12] Chen X B, Liu L, Yu P Y, et al. Increasing solar absorption for photocatalysis with black hydrogenated titanium dioxide nanocrystals[J]. Science, 2011, 331(6018): 746-750.

[13] Liu G, Yin L C, Wang J Q, et al. A red anatase TiO_2 photocatalyst for solar energy conversion[J]. Energy & Environmental Science, 2012, 5(11): 9603-9610.

[14] Duan Y D, Fu N Q, Liu Q P, et al. Sn-doped TiO_2 photoanode for dye-sensitized solar cells[J]. Journal of Physical Chemistry C, 2012, 116(16): 8888-8893.

[15] He J F, Liu Q H, Sun Z H, et al. High photocatalytic activity of rutile TiO_2 induced by iodine doping[J]. Journal of Physical Chemistry C, 2010, 114(13): 6035-6038.

[16] Yang H G, Sun C H, Qiao S Z, et al. Anatase TiO_2 single crystals with a large percentage of reactive facets[J]. Nature, 2008, 453(7195): 638-641.

[17] Jiao W, Wang L Z, Liu G, et al. Hollow anatase TiO_2 single crystals and mesocrystals with dominant {101} facets for improved photocatalysis activity and tuned reaction preference[J]. ACS Catalysis, 2012, 2(9): 1854-1859.

[18] Liu G, Pan J, Yin L C, et al. Heteroatom-modulated switching of photocatalytic hydrogen and oxygen evolution preferences of anatase TiO_2 microspheres[J]. Advanced Functional Materials, 2012, 22(15): 3233-3238.

[19] Liu G, Yang H G, Pan J, et al. Titanium dioxide crystals with tailored facets[J]. Chemical Reviews, 2014, 114(19): 9559-9612.

[20] Pan J, Liu G, Lu G Q, et al. On the true photoreactivity order of {001}, {010}, and {101} facets of anatase TiO_2 crystals[J]. Angewandte Chemie International Edition, 2011, 50(9): 2133-2137.

[21] Lin H, Li L, Zhao M, et al. Synthesis of high-quality brookite TiO_2 single-crystalline nanosheets with specific facets exposed: Tuning catalysts from inert to highly reactive[J]. Journal of the American Chemical Society, 2012, 134(20): 8328-8331.

[22] Setvín M, Aschauer U, Scheiber P, et al. Reaction of O_2 with subsurface oxygen vacancies on TiO_2 anatase (101)[J]. Science, 2013, 341(6149): 988-991.

[23] Pan X, Zhao Y, Liu S, et al. Comparing graphene-TiO_2 nanowire and graphene-TiO_2 nanoparticle composite photocatalysts[J]. ACS Applied Materials & Interfaces, 2012, 4(8): 3944-3950.

[24] Tsukamoto D, Shiraishi Y, Sugano Y, et al. Gold nanoparticles located at the interface of anatase/rutile TiO_2 particles as active plasmonic photocatalysts for aerobic oxidation[J]. Journal of the American Chemical Society, 2012, 134(14): 6309-6315.

[25] Cao Y, He T, Chen Y, et al. Fabrication of rutile TiO_2-Sn/anatase TiO_2-N heterostructure and its application in visible-light photocatalysis[J]. Journal of Physical Chemistry C, 2010, 114(8): 3627-3633.

[26] Zabel P, Dittrich T, Funes M, et al. Charge separation at Pd-porphyrin/TiO_2 interfaces[J]. Journal of Physical Chemistry C, 2009, 113(50): 21090-21096.

[27] Song Y Y, Schmidt-Stein F, Bauer S, et al. Amphiphilic TiO_2 nanotube arrays: An actively controllable drug delivery system[J]. Journal of the American Chemical Society, 2009, 131(12): 4230-4232.

[28] Cao Y Q, He T, Zhao L S, et al. Structure and phase transition behavior of Sn^{4+}-doped TiO_2 nanoparticles[J]. Journal of Physical Chemistry C, 2009, 113(42): 18121-18124.

[29] Xiong Z G, Zhao X S. Nitrogen-doped titanate-anatase core-shell nanobelts with exposed {101} anatase facets and enhanced visible light photocatalytic activity[J]. Journal of the American Chemical Society, 2012, 134(13): 5754-5757.

[30]　Tao J, Luttrell T, Batzill M. A two-dimensional phase of TiO$_2$ with a reduced bandgap[J]. Nature Chemistry, 2011, 3(4): 296-300.

[31]　Giocondi J, Rohrer G. The influence of the dipolar field effect on the photochemical reactivity of Sr$_2$Nb$_2$O$_7$ and BaTiO$_3$ microcrystals[J]. Topics in Catalysis, 2008, 49(1-2): 18-23.

[32]　Lazzeri M, Selloni A. Stress-driven reconstruction of an oxide surface: The anatase TiO$_2$(001)-(1×4)surface[J]. Physical Review Letters, 2001, 87(26): 266105.

[33]　Oshikiri M, Boero M. Water molecule adsorption properties on the BiVO$_4$ (100)surface[J]. Journal of Physical Chemistry B, 2006, 110(18): 9188-9194.

[34]　Roeffaers M B J, Sels B F, Uji-i H, et al. Spatially resolved observation of crystal-face-dependent catalysis by single turnover counting[J]. Nature, 2006, 439(7076): 572-575.

[35]　Ye L Q, Liu J Y, Tian L H, et al. The replacement of {101} by {010} facets inhibits the photocatalytic activity of anatase TiO$_2$[J]. Applied Catalysis B: Environmental, 2013, 134-135: 60-65.

[36]　Wu L, Yang B X, Yang X H, et al. On the synergistic effect of hydrohalic acids in the shape-controlled synthesis of anatase TiO$_2$ single crystals[J]. CrystEngComm, 2013, 15(17): 3252-3255.

[37]　Ramamoorthy M, Vanderbilt D, Kingsmith R D. First-principles calculations of the energetics of stoichiometric TiO$_2$ surfaces[J]. Physical Review B, 1994, 49(23): 16721-16727.

[38]　Lazzeri M, Vittadini A, Selloni A. Structure and energetics of stoichiometric TiO$_2$ anatase surfaces[J]. Physical Review B, 2001, 63(15): 155409.

[39]　Roy N, Sohn Y, Pradhan D. Synergy of low-energy {101} and high-energy {001} TiO$_2$ crystal facets for enhanced photocatalysis[J]. ACS Nano, 2013, 7(3): 2532-2540.

[40]　Kashiwaya S, Olivier C, Majimel J, et al. Nickel oxide selectively deposited on the {101} facet of anatase TiO$_2$ nanocrystal bipyramids for enhanced photocatalysis[J]. ACS Applied Nano Materials, 2019, 2(8): 4793-4803.

[41]　Cheng Q, Yuan Y J, Tang R, et al. Rapid hydroxyl radical generation on (001)-facet-exposed ultrathin anatase TiO$_2$ nanosheets for enhanced photocatalytic lignocellulose-to-H2 conversion[J]. ACS Catalysis, 2022, 12(3): 2118-2125.

[42]　Du J, Lai X Y, Yang N L, et al. Hierarchically ordered macro-mesoporous TiO$_2$-graphene composite films: Improved mass transfer, reduced charge recombination, and their enhanced photocatalytic activities[J]. ACS Nano, 2011, 5(1): 590-596.

[43]　Deák P, Aradi B L, Frauenheim T. Band lineup and charge carrier separation in mixed rutile-anatase systems[J]. Journal of Physical Chemistry C, 2011, 115(8): 3443-3446.

[44]　Scanlon D O, Dunnill C W, Buckeridge J, et al. Band alignment of rutile and anatase TiO$_2$[J]. Nature Materials, 2013, 12(9): 798-801.

[45]　Liu I, Lawton L A, Robertson P K J. Mechanistic studies of the photocatalytic oxidation of microcystin-LR: An investigation of byproducts of the decomposition process[J]. Environmental Science & Technology, 2003, 37(14): 3214-3219.

[46]　Grela M A, Coronel M E J, Colussi A J. Quantitative spin-trapping studies of weakly illuminated titanium dioxide sols. Implications for the mechanism of photocatalysis[J]. Journal of Physical Chemistry, 1996, 100(42): 16940-16946.

[47]　Ishibashi K I, Fujishima A, Watanabe T, et al. Quantum yields of active oxidative species formed on TiO$_2$ photocatalyst[J]. Journal of Photochemistry and Photobiology A—Chemistry, 2000, 134(1-2): 139-142.

[48]　Liu L, Jiang Y, Zhao H, et al. Engineering coexposed {001} and {101} facets in oxygen-deficient TiO$_2$

nanocrystals for enhanced CO_2 photoreduction under visible light[J]. ACS Catalysis, 2016, 6(2): 1097-1108.

[49]　Qu J, Wang Y, Mu X, et al. Determination of crystallographic orientation and exposed facets of titanium oxide nanocrystals[J]. Advanced Materials, 2022, 34: 2203320.

[50]　Yun Y, Buragohain P, Li M, et al. Intrinsic ferroelectricity in Y-doped HfO_2 thin films[J]. Nature Materials, 2022, (8): 21.

[51]　Ding D, Huang Y, Zhou C, et al. Facet-controlling agents free synthesis of hematite crystals with high-index planes: Excellent photodegradation performance and mechanism insight[J]. ACS Applied Materials & Interfaces, 2016, 8(1): 142-151.

[52]　Shan L W, Ding J, Sun W L, et al. Core-shell heterostructured $BiVO_4/BiVO_4$: Eu^{3+} with improved photocatalytic activity[J]. Journal of Inorganic and Organometallic Polymers and Materials, 2017, 27: 1750-1759.

[53]　Wang Q M, Li Y, Zeng Z, et al. Relationship between crystal structure and luminescent properties of novel red emissive $BiVO_4$: Eu^{3+} and its photocatalytic performance[J]. Journal of Nanoparticle Research, 2012, 14(8): 1076.

[54]　Shan L W, Wang G L, Suriyaprakash J, et al. Solar light driven pure water splitting of B-doped $BiVO_4$ synthesized via a sol-gel method[J]. Journal of Alloys and Compounds, 2015, 636: 131-137.

[55]　Lu C, Li X, Wu Q, et al. Constructing surface plasmon resonance on Bi_2WO_6 to boost high-selective CO_2 reduction for methane[J]. ACS Nano, 2021, 15(2): 3529-3539.

[56]　Zang Y, Gong L, Mei L, et al. Bi_2WO_6 semiconductor nanoplates for tumor radiosensitization through high-Z effects and radiocatalysis[J]. ACS Applied Materials & Interfaces, 2019, 11(21): 18942-18952.

[57]　Fu H B, Pan C S, Yao W Q, et al. Visible-light-induced degradation of rhodamine B by nanosized Bi_2WO_6[J]. Journal of Physical Chemistry B, 2005, 109(47): 22432-22439.

[58]　Tian N, Zhang Y H, Huang H W, et al. Influences of Gd substitution on the crystal structure and visible-light-driven photocatalytic performance of Bi_2WO_6[J]. Journal of Physical Chemistry C, 2014, 118(29): 15640-15648.

[59]　Crane M, Frost R L, Williams P A, et al. Raman spectroscopy of the molybdate minerals chillagite (tungsteinian wulfenite-I4), stolzite, scheelite, wolframite and wulfenite[J]. Journal of Raman Spectroscopy, 2002, 33(1): 62-66.

[60]　Zhang L W, Man Y, Zhu Y F. Effects of Mo replacement on the structure and visible-light-induced photocatalytic performances of Bi_2WO_6 photocatalyst[J]. ACS Catalysis, 2011, 1(8): 841-848.

[61]　Zhu S B, Xu T G, Fu H B, et al. Synergetic effect of Bi_2WO_6 photocatalyst with C60 and enhanced photoactivity under visible irradiation[J]. Environmental Science & Technology, 2007, 41(17): 6234-6239.

[62]　Shang M, Wang W Z, Sun S M, et al. Bi_2WO_6 nanocrystals with high photocatalytic activities under visible light[J]. Journal of Physical Chemistry C, 2008, 112(28): 10407-10411.

[63]　Sun S M, Wang W Z, Zhang L. Bi_2WO_6 quantum dots decorated reduced graphene oxide: Improved charge separation and enhanced photoconversion efficiency[J]. Journal of Physical Chemistry C, 2013, 117(18): 9113-9120.

[64]　Ding X, Zhao K, Zhang L Z. Enhanced photocatalytic removal of sodium pentachlorophenate with self-doped Bi_2WO_6 under visible light by generating more superoxide ions[J]. Environmental Science & Technology, 2014, 48(10): 5823-5831.

[65]　Saison T, Gras P, Chemin N, et al. New insights into Bi_2WO_6 properties as a visible-light photocatalyst[J]. Journal of Physical Chemistry C, 2013, 117(44): 22656-22666.

[66]　Karthik R, Vinoth Kumar J, Chen S M, et al. Investigation on the electrocatalytic determination and photocatalytic degradation of neurotoxicity drug clioquinol by $Sn(MoO_4)_2$ nanoplates[J]. ACS Applied Materials & Interfaces,

2017, 9(31): 26582-26592.

[67] Biswas R, Mete S, Mandal M, et al. Novel green approach for fabrication of $Ag_2CrO_4/TiO_2/Au/r$-GO hybrid biofilm for visible light-driven photocatalytic performance[J]. Journal of Physical Chemistry C, 2020, 124(5): 3373-3388.

[68] Kudo A, Omori K, Kato H. A novel aqueous process for preparation of crystal form-controlled and highly crystalline $BiVO_4$ powder from layered vanadates at room temperature and its photocatalytic and photophysical properties[J]. Journal of the American Chemical Society, 1999, 121(49): 11459-11467.

[69] Harada H, Hosoki C, Kudo A. Overall water splitting by sonophotocatalytic reaction: The role of powdered photocatalyst and an attempt to decompose water using a visible-light sensitive photocatalyst[J]. Journal of Photochemistry and Photobiology A—Chemistry, 2001, 141(2-3): 219-224.

[70] Galembeck A, Alves O L. Bismuth vanadate synthesis by metallo-organic decomposition: Thermal decomposition study and particle size control[J]. Journal of Materials Science, 2002, 37(10): 1923-1927.

[71] Kohtani S, Koshiko M, Kudo A, et al. Photodegradation of 4-alkylphenols using $BiVO_4$ photocatalyst under irradiation with visible light from a solar simulator[J]. Applied Catalysis B: Environmental, 2003, 46(3): 573-586.

[72] Rullens F, Laschewsky A, Devillers M. Bulk and thin films of bismuth vanadates prepared from hybrid materials made from an organic polymer and inorganic salts[J]. Chemistry of Materials, 2006, 18(3): 771-777.

[73] Zhang L, Chen D R, Jiao X L. Monoclinic structured $BiVO_4$ nanosheets: Hydrothermal preparation, formation mechanism, and coloristic and photocatalytic properties[J]. Journal of Physical Chemistry B, 2006, 110(6): 2668-2673.

[74] Zhang X, Ai Z H, Jia F L, et al. Selective synthesis and visible-light photocatalytic activities of $BiVO_4$ with different crystalline phases[J]. Materials Chemistry and Physics, 2007, 103(1): 162-167.

[75] Zhou L, Wang W Z, Zhang L S, et al. Single-crystalline $BiVO_4$ microtubes with square cross-sections: Microstructure, growth mechanism, and photocatalytic property[J]. Journal of Physical Chemistry C, 2007, 111(37): 13659-13664.

[76] Ge L. Novel visible-light-driven $Pt/BiVO_4$ photocatalyst for efficient degradation of methyl orange[J]. Journal of Molecular Catalysis A—Chemical, 2008, 282(1-2): 62-66.

[77] Li G S, Zhang D Q, Yu J C. Ordered mesoporous $BiVO_4$ through nanocasting: A superior visible light-driven photocatalyst[J]. Chemistry of Materials, 2008, 20(12): 3983-3992.

[78] Ke D N, Peng T Y, Ma L, et al. Effects of hydrothermal temperature on the microstructures of $BiVO_4$ and its photocatalytic O_2 evolution activity under visible light[J]. Inorganic Chemistry, 2009, 48(11): 4685-4691.

[79] Sun Y F, Wu C Z, Long R, et al. Synthetic loosely packed monoclinic $BiVO_4$ nanoellipsoids with novel multiresponses to visible light, trace gas and temperature[J]. Chemical Communications, 2009, (30): 4542-4544.

[80] Huang C M, Pan G T, Peng P Y, et al. In situ DRIFT study of photocatalytic degradation of gaseous isopropanol over $BiVO_4$ under indoor illumination[J]. Journal of Molecular Catalysis A—Chemical, 2010, 327(1-2): 38-44.

[81] Zhou M, Zhang S, Sun Y, et al. C-oriented and {010} facets exposed $BiVO_4$ nanowall films: Template-free fabrication and their enhanced photoelectrochemical properties[J]. Chemistry—An Asian Journal, 2010, 5(12): 2515-2523.

[82] Wang M, Che Y S, Niu C, et al. Effective visible light-active boron and europium co-doped $BiVO_4$ synthesized by sol-gel method for photodegradion of methyl orange[J]. Journal of Hazardous Materials, 2013, 262: 447-455.

[83] Li R G, Han H X, Zhang F X, et al. Highly efficient photocatalysts constructed by rational assembly of dual-cocatalysts separately on different facets of $BiVO_4$[J]. Energy & Environmental Science, 2014, 7(4):

1369-1376.

[84]　Ji K M, Deng J G, Zang H J, et al. Fabrication and high photocatalytic performance of noble metal nanoparticles supported on 3DOM InVO₄-BiVO₄ for the visible-light-driven degradation of rhodamine B and methylene blue[J]. Applied Catalysis B: Environmental, 2015, 165: 285-295.

[85]　Wang W Z, Meng S, Tan M, et al. Synthesis and the enhanced visible-light-driven photocatalytic activity of BiVO₄ nanocrystals coupled with Ag nanoparticles[J]. Applied Physics A, 2015, 118(4): 1347-1355.

[86]　Zhang C, Shi Y, Si Y, et al. Improved carrier lifetime in BiVO₄ by spin protection[J]. Nano Letters, 2022, 22: 6334-6341.

[87]　Gao F, Chen X Y, Yin K B, et al. Visible-light photocatalytic properties of weak magnetic BiFeO₃ nanoparticles[J]. Advanced Materials, 2007, 19(19): 2889-2892.

[88]　Radmilovic A, Smart T J, Ping Y, et al. Combined experimental and theoretical investigations of n-type BiFeO₃ for use as a photoanode in a photoelectrochemical cell[J]. Chemistry of Materials, 2020, 32(7): 3262-3270.

[89]　Zhen C, Yu J C, Liu G, et al. Selective deposition of redox co-catalyst(s)to improve the photocatalytic activity of single-domain ferroelectric PbTiO₃ nanoplates[J]. Chemical Communications, 2014, 50(72): 10416-10419.

[90]　Chatterjee K, Dos R R, Harada J K, et al. Durable multimetal oxychloride intergrowths for visible light-driven water splitting[J]. Chemistry of Materials, 2021, 33(1): 347-358.

[91]　Wang R, Wang Z, Zhang L, et al. Computation-aided discovery and synthesis of 2D PrOBr photocatalyst[J]. ACS Energy Letters, 2022: 1980-1986.

[92]　Rukenstein P, Teitelboim A, Volokh M, et al. Charge transfer dynamics in CdS and CdSe@CdS based hybrid nanorods tipped with both PbS and Pt[J]. Journal of Physical Chemistry C, 2016, 120(28): 15453-15459.

[93]　金荣. CdS 纳米片、纳米棒组装分级结构的可控合成及其光催化性质[D]. 西安: 陕西师范大学, 2012.

[94]　Teter D M, Hemley R J. Low-compressibility carbon nitrides[J]. Science, 1996, 271(5245): 53-55.

[95]　Liu G, Niu P, Sun C H, et al. Unique electronic structure induced high photoreactivity of sulfur-doped graphitic C₃N₄[J]. Journal of the American Chemical Society, 2010, 132(33): 11642-11648.

[96]　Wang X, Maeda K, Thomas A, et al. A metal-free polymeric photocatalyst for hydrogen production from water under visible light[J]. Nature Materials, 2009, 8(1): 76-80.

[97]　Zhang J, Jing B, Tang Z, et al. Experimental and DFT insights into the visible-light driving metal-free C₃N₅ activated persulfate system for efficient water purification[J]. Applied Catalysis B: Environmental, 2021, 289: 120023.

[98]　Qi S, Fan Y, Wang J, et al. Metal-free highly efficient photocatalysts for overall water splitting: C₃N₅ multilayers[J]. Nanoscale, 2020, 12(1): 306-315.

[99]　Xu H Q, Hu J, Wang D, et al. Visible-light photoreduction of CO₂ in a metal-organic framework: Boosting electron-hole separation via electron trap states[J]. Journal of the American Chemical Society, 2015, 137(42): 13440-13443.

[100]　Feng L, Yuan S, Zhang L L, et al. Creating hierarchical pores by controlled linker thermolysis in multivariate metal-organic frameworks[J]. Journal of the American Chemical Society, 2018, 140(6): 2363-2372.

[101]　Xia Q, Wang H, Huang B, et al. State-of-the-art advances and challenges of iron-based metal organic frameworks from attractive features, synthesis to multifunctional applications[J]. Small, 2019, 15(2): 1803088.

[102]　Zhang W, Wu Z Y, Jiang H L, et al. Nanowire-directed templating synthesis of metal-organic framework nanofibers and their derived porous doped carbon nanofibers for enhanced electrocatalysis[J]. Journal of the American Chemical Society, 2014, 136(41): 14385-14388.

[103] Rice A M, Leith G A, Ejegbavwo O A, et al. Heterometallic metal-organic frameworks (MOFs): The advent of improving the energy landscape[J]. ACS Energy Letters, 2019, 4(8): 1938-1946.

[104] Zhang F, Hao H, Dong X, et al. Olefin-linked covalent organic framework nanotubes based on triazine for selective oxidation of sulfides with O_2 powered by blue light[J]. Applied Catalysis B: Environmental, 2022, 305: 121027.

[105] Qiao B, Wang A, Yang X, et al. Single-atom catalysis of CO oxidation using Pt_1/FeO_x[J]. Nature Chemistry, 2011, 3(8): 634-641.

[106] Zhang L, Long R, Zhang Y, et al. Direct observation of dynamic bond evolution in single-atom Pt/C_3N_4 catalysts[J]. Angewandte Chemie International Edition, 2020, 59(15): 6224-6229.

[107] Li H, Wan Q, Du C, et al. Vapor-phase self-assembly for generating thermally stable single atom catalysts[J]. Chem, 2022, 8(3): 731-748.

[108] Hosono H, Kitano M. Advances in materials and applications of inorganic electrides[J]. Chemical Reviews, 2021, 121(5): 3121-3185.

[109] Kitano M, Kujirai J, Ogasawara K, et al. Low-temperature synthesis of perovskite oxynitride-hydrides as ammonia synthesis catalysts[J]. Journal of the American Chemical Society, 2019, 141(51): 20344-20353.

第4章 不同形貌的 BiVO₄ 光催化性能评价

4.1 概　　述

光催化剂的形貌工程一直是人们积极研究的课题[1-3]，被认为是一个基础性和技术性的问题[4-10]。在很多应用中，控制具有不同原子排列和电子结构的特定面的晶体生长是必不可少的[11-15]，不同晶面的化学性质不同[16-19]。国内外研究者已经对某些晶面是否有利于还原反应或氧化反应的问题进行了深入的评估和研究[20-23]。Yang 等[24]突破了对 TiO₂ 晶体晶面依赖性的研究，在不同的晶面之间，从电子和空穴的空间分离角度来考虑导带和价带的电位能级差异。晶体生长面的择优暴露与生长过程中晶体面的表面能密切相关，因此，在晶体生长过程中通过添加表面活性剂可以调控晶面的择优暴露（图 4.1）。不加表面活性剂，晶体将沿着金字塔逐渐升高的方向生长，最终导致表面能高的 *B* 面逐渐缩小，表面能低的 *A* 面则呈现择优暴

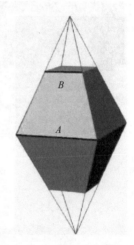

图 4.1　晶体生长模型[25]

露。可以通过将特定的表面活性剂吸附在表面能高的 *B* 面上的方式抑制其缩小，从而使晶面得以调控。

采用精准制备、理论模拟和先进表征的三位一体研究方法有助于更准确地理解光催化剂的本征物理性质，加速通过界面/晶面合理设计来实现高性能光催化反应的进程。例如，Li 等[26]合成了(010)晶面择优暴露的 BiVO₄（图 4.2），进一步通过负载氧化物或贵金属（质量分数为 5%）实现了光生载流子的有效分离；同时深刻剖析了不同晶面所具有的不同性质，(010)晶面以产生光生电子为主，(110)晶面则择优溢出光生空穴。

实际上，通过引入特定离子、表面活性剂分子或者控制溶液酸碱性可有效控制半导体特定晶面的生长，形成具有特定形貌和暴露晶面的光催化剂，这也发展成为光催化领域普适性的可控合成方法。Baral 等[27]所制备的(040)/(110)晶面协同的 BiVO₄(040)还原面暴露比例较高（≈58%），证实了(040)/(110)晶面协同的热力学激子分离机制（图 4.3）。

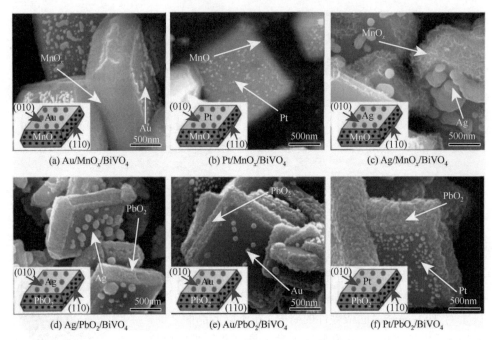

图 4.2　BiVO₄ 表面双组分光沉积 SEM 图像[26]

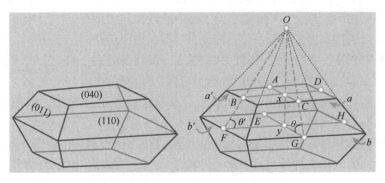

图 4.3　(040)/(110)晶面协同的 BiVO₄ 晶面图解和平衡模型[27]

　　光生电子和空穴聚集在不同暴露晶面上。光生电子富集的还原晶面更利于还原反应，光生空穴富集的氧化晶面更利于氧化反应。表观反应活性取决于氧化反应和还原反应中最慢的反应，因此，不同的光催化反应中表现出的活性差异很可能是由晶面电荷分离性质决定的。此外，晶面之间的转变也引起了研究者的注意。Au 为晶面之间转变较为合适的研究对象。Sun 等[28]研究的 Au 颗粒从(110)晶面束缚的菱形十二面体开始，经过一系列(hhl)晶面（h>l）束缚的多面体，转化为(111)晶面束缚的四面体，这些转变在能量下坡反应中发生[图 4.4（a）]，h/l 的变化会改变晶面角[图 4.4（b）]。这些多面体可以沿某些晶体方向延伸，无须改变晶面密勒指数。对于较大的 h/l，菱形十二面体的 3 个相邻四方面随着 h/l 的降低逐渐合并为 1 个三角形面（更接近四面体的面）[图 4.4（c）]。图 4.4（d）为相应的(110)、(771)、(441)、(221)、(554)和(111)晶面的原子结构。

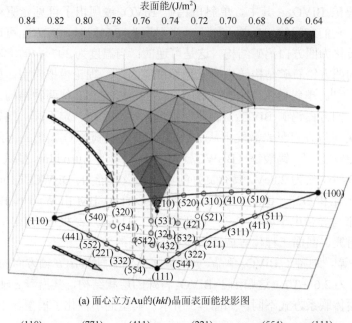

(a) 面心立方Au的(hkl)晶面表面能投影图

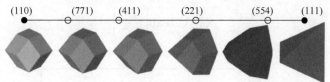

(b) 从(110)晶面经由(hhl)晶面到(111)晶面演变对应的三维模型

(c) 相应多面体沿[111]方向的投影，3个相邻的四方面逐渐合并为1个三角形面

(d) 相应的(110)、(771)、(441)、(221)、(554)和(111)晶面的原子结构

图 4.4　菱形十二面体到四面体纳米颗粒形状转变的晶体学分析（彩图扫封底二维码）[28]

4.2　晶体结构与光催化活性

已报道的 $BiVO_4$ 主要有三种晶型：单斜白钨矿 $BiVO_4$、四方锆石矿 $BiVO_4$ 和四方白钨矿 $BiVO_4$。其中，单斜白钨矿 $BiVO_4$ 展现出了可见光驱动的光催化活性[29-33]，它们之间的相变关系如下：当温度为 255℃时，$BiVO_4$ 可以由单斜白钨矿结构转化为四方白钨矿结构，这是可逆的；当温度为 397~497℃时，单斜白钨矿结构向四方锆石矿结构转化，这是不可逆的[30]。理论模拟表明，施加压力也会引起相变[34]。单斜白钨矿 $BiVO_4$ 的带隙为 2.4eV，和其他两种结构（四方锆石矿 $BiVO_4$、四方白钨矿 $BiVO_4$）相比，光催化性质存在一定不同，例如，单斜白钨矿 $BiVO_4$ 可以在可见光激发下从 $AgNO_3$ 水溶液中制备 O_2，但四方结构 $BiVO_4$ 光催化性能较差[30]。钨酸铋（Bi_2WO_6）作为最简单的 Aurivillius 型氧化物之一，带隙比 TiO_2 小，约为 2.8eV，具有良好的可见光吸收能力。Bi_2WO_6 的价带由 O2p、Bi6s 轨道杂化和 O2p、Bi6p、W5d 轨道杂化形成，CBM 由 W5d 和 Bi6p 轨道构成[35]，价带与导带电子结构丰富，易于调控，对比已广泛报道的 $BiVO_4$，其基本电子结构研究、晶面工程化等调控必将引起广泛的关注。

Rettie 等[36]制备了 $BiVO_4$ 单晶，并研究了其沿 c 轴和 a、b 轴方向的电阻特性，发现 ρ_c/ρ_{ab} 为 2.6~3.7，这归因于 $BiVO_4$ 特殊的层状结构，其沿着 c 轴或 a、b 轴方向的多面体联系方式不同。如图 4.5 所示，典型的小极化子模型如下[37]：

$$\rho(T) \propto T\exp\left(\frac{E_a}{k_aT}\right) \tag{4.1}$$

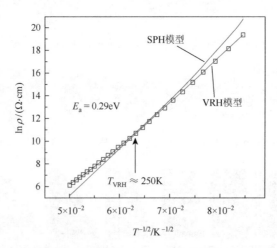

图 4.5　小极化子跳跃（small polaron hopping，SPH）和变程跳跃（variable range hopping，VRH）
模型[36]

电阻与温度之间的关系满足埃夫罗斯–什科尔夫斯基（Efros-Shkolvskii）模型[36]：

$$\rho(T) \propto \exp\left(\frac{1}{T^{1/2}}\right) \tag{4.2}$$

BiVO₄ 在可见光区具有较强的光吸收性能，具有光分解水和降解有机难降解污染物的性能，也是值得关注、有潜力的半导体材料之一。Rossell 等[38]研究了商业单斜白钨矿 BiVO₄ 颗粒，发现其粒径为数纳米到数微米。单斜白钨矿 BiVO₄ 沿[100]方向的晶体结构示意图如图 4.6（a）所示。Bi 原子分离使钒氧四面体之间处于孤立状态。Bi³⁺和 V⁵⁺都沿 c 轴方向位移，形成交替的上位移和下位移，因此更易形成层状结构 BiVO₄ 材料。沿 a 轴单斜白钨矿 BiVO₄ 的 HAADF-STEM 原子分辨率图像如图 4.6（b）所示，VO₄ 和 BiO₈ 层状结构特性较为明显。由于 Bi 与 V 的原子数相差较大，图 4.6（b）中亮点为 Bi 原子，暗点为 V 原子。V 在一个扭曲的四面体的中心，箭头显示中心对称位置 Bi³⁺和 V⁵⁺的位移。Rossell 等[38]利用能量损失谱表征了从 BiVO₄ 表面到近表面 24nm 范围内 VL₂,₃ 能级移动情况，发现在表面和体内存在着约 1.2eV 的能量移动。表面还原壳的厚度约为 5nm，图 4.6（b）所示的插图为对应的 SAED 花样。

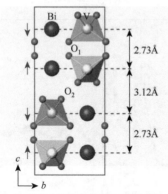 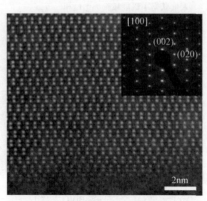

(a) 沿a轴方向单斜白钨矿BiVO₄结构图　　　(b) 沿a轴方向单斜白钨矿BiVO₄晶体结构的
　　　　　　　　　　　　　　　　　　　　　　　HAADF-STEM原子分辨率图像

图 4.6　单斜白钨矿 BiVO₄ 晶体结构及原子分辨率图像（彩图扫封底二维码）[38]

基于 HAADF-STEM 模式下的电子能量损失谱技术，Abdi 等[39]研究了单斜白钨矿 BiVO₄ 表面到内部的梯度变化，认为本征氧空位对 BiVO₄ 性能影响关键（图 4.7）。通过单斜白钨矿 BiVO₄ 颗粒边缘的 HAADF-STEM 图像，发现 BiVO₄ 并没有结构变化。比对 V₂O₃、VO₂、V₂O₅ 和单斜白钨矿 BiVO₄ 电子能量损失谱，发现在其表面的 V 存在多种价态。Kho 等[40]认为氧空位对光生载流子传输起有害作用。对于这种不一致的学术观点，急需一种强有力的手段澄清氧空位在纳米尺度的分布及相应的影响。

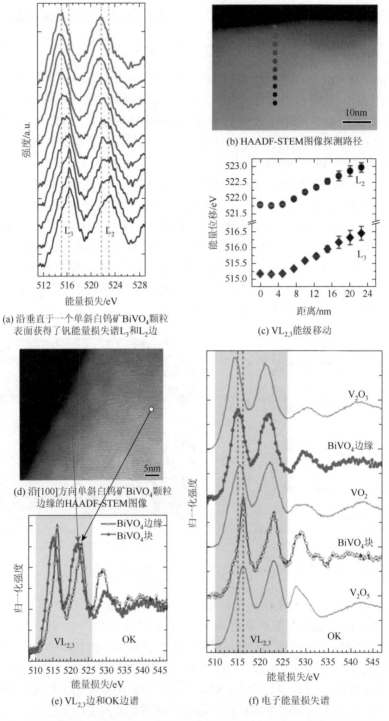

(a) 沿垂直于一个单斜白钨矿BiVO₄颗粒
表面获得了钒能量损失谱L₃和L₂边

(b) HAADF-STEM图像探测路径

(c) VL₂,₃能级移动

(d) 沿[100]方向单斜白钨矿BiVO₄颗粒
边缘的HAADF-STEM图像

(e) VL₂,₃边和OK边谱

(f) 电子能量损失谱

图 4.7　单斜白钨矿 BiVO₄ 晶体显微结构及电子能量损失谱（彩图扫封底二维码）[38]

Yao 和 Ye[41]研究了单斜白钨矿 BiVO$_4$ 的能带色散（band dispersion）与态密度之间的关系，发现单斜白钨矿 BiVO$_4$ 的 VBM 和 CBM 位于倒空间 G 点和 Z-V 区域。对于 BiVO$_4$，HOMO 主要由 Bi6s 和 O2p 轨道组成。Bi6s 轨道对 HOMO 波函数投影的权重为 10%。单斜白钨矿 BiVO$_4$ 的导带为 1.5～7.4eV。上导带为 5～7.4eV，主要由 Bi6p 和 O2p 轨道组成。在 5eV 以下的能带主要由 V3d 轨道组成，Bi 和 O 的贡献很小。V3d 轨道峰在 1.5～3.5eV 和 3.5～5eV 处被分裂为两个峰，这与四方 VO$_4$ 晶体场分裂有关，具有四方对称的 V 离子存在晶体场效应，分裂为 t$_{2g}$ 和 e$_g$ 态。Laraib 等[42]也研究了单斜白钨矿 BiVO$_4$ 的能带结构与态密度之间的关系（图 4.8），发现其 CBM 主要由 V4d 和 O2p 轨道的反键组合而成，将电子添加到这些导带状态导致 V—O 键伸长，V—O 键长的改变一方面降低了结构的对称性，另一方面有可能形成 BiVO$_4$ 晶体结构转变的驱动力。

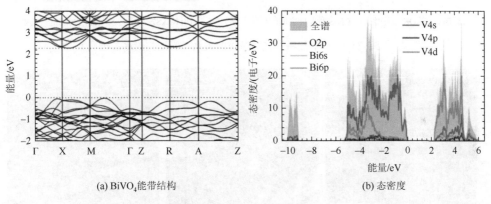

(a) BiVO$_4$能带结构　　　　　　　(b) 态密度

图 4.8　BiVO$_4$能带结构及态密度图（彩图扫封底二维码）[42]

基于共振非弹性 X 射线散射（resonant inelastic X-ray scattering，RIXS），研究者探讨了 BiVO$_4$ 的发射能与激发能之间的关系[43]。在间接带隙情况下，随着激发能增加，在吸收阈值附近发生了发射能的蓝移现象[图 4.9（a）]。与之相反，在直接带隙情况下，随着激发能增加，在吸收阈值附近发生了发射能的红移现象。如图 4.9（b）所示，随着激发能增加，发射边移到更高的能量位置，进而证明了半导体 BiVO$_4$ 的能带类型为间接型跃迁。

极性半导体内部场导致光生电子-空穴分离，电子-空穴复合概率降低，因此晶体的极性对光催化反应有显著的影响。如图 4.10 所示，Munprom 等[44]对比了 BiVO$_4$ 晶粒边界与畴结构，研究了晶粒边界与畴结构的还原特性。极化相反的区域在空间区域相交的表面上形成了非平衡的电荷分布，电子被吸引到正电荷聚集的畴一侧，促进了还原反应进行；空穴则被吸引到带负电荷的畴一侧，促进了氧化反应进行[45-47]。Ag 还原反应发生后，图 4.10 中呈现出亮白色区域，白色虚线表示相同的畴壁，D 为畴对比度。图 4.10（b）中 Ag 箭头指明了还原 Ag 的三个畴。由于限制了光生载流子复合的概率，光生载流子分离效率和氧化还原反应产物相应增加，极化畴可以形成较优良的纳米结构[48]。可以通过光化学反应将溶液中 Ag^+ 还原成金属 Ag[49]，Ag 会择优形成在 $BiVO_4$ 的某些特定晶面上（图 4.11）。

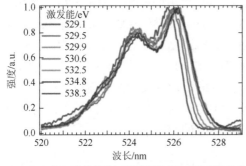

(a) $BiVO_4$的OK边发射谱与X射线激发能之间的变化关系

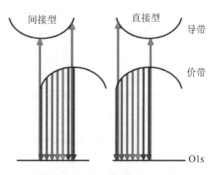

(b) RIXS发射能与激发能之间的依赖关系

图 4.9　$BiVO_4$ 中 X 射线激发能与带边的关系（彩图扫封底二维码）[43]

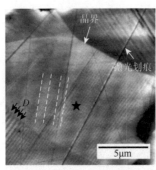

(a) $BiVO_4$反应前AFM图像

(b) 光化学反应后$BiVO_4$的AFM图像

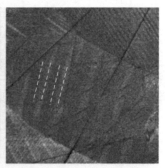

(c) $BiVO_4$反应前压电力显微镜图像

图 4.10　不同情况下 $BiVO_4$ 的原子力显微镜（atomic force microscope，AFM）图像[44]

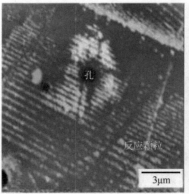

(a) 区域1还原反应后压电力显微镜图像

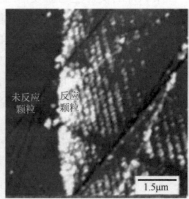

(b) 区域2还原反应后压电力显微镜图像

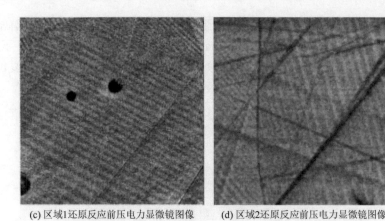

(c) 区域1还原反应前压电力显微镜图像　　(d) 区域2还原反应前压电力显微镜图像

图 4.11　光化学反应 1min 后不同区域的形貌图[44]

　　BiVO₄ 晶体表面的离子将根据其与表面的远近而发生不同程度的弛豫，靠近表面的离子移动较大，距离表面较远的离子移动较小。BiVO₄ 晶体表面与内部的离子运动是不均匀的，因此存在应变梯度，并有可能在近表面区域产生净偶极矩（图 4.12），这也称为表面压电效应。

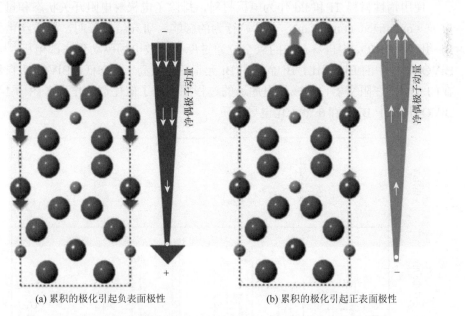

(a) 累积的极化引起负表面极性　　　　　(b) 累积的极化引起正表面极性

图 4.12　BiVO₄ 中原子位移导致的极化（彩图扫封底二维码）[44]

　　以 BiVO₄ 为代表的 Bi 系氧化物拥有氧空位，并且 Bi 离子易被还原成 Bi 金属，如何利用其中的氧空位和 Bi 离子在电场下发生自还原的特性呢？研究发现，上述自还原现象可以排除外加电极对电阻丝的影响,进而帮助研究者理解常温下的量子电导现象。考虑到上述背景,Zhao 等[50]以 $BiVO_4$ 为介质材料设计了对电极依赖性弱的阻变器件,其三明治结构如图 4.13 所示。他们还测试了在复位过程中电导与 $Ti/BiVO_4/FTO$ 器件的偏压的函数关系,获得了对应的 I-V 曲线。

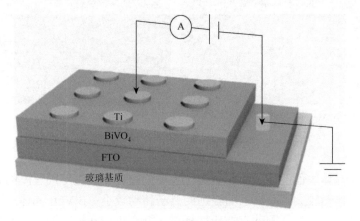

图 4.13　$Ti/BiVO_4/FTO$ 器件的结构[50]

使用惰性材料 Ti 和 Pd 作为电极材料,排除了电极对电阻开关状态和量子化电导(quantized conductance,QC)行为的影响。研究结果表明,导电丝由元素 Bi 组成,$BiVO_4$ 中自身存在的氧空位通过库仑力被电场驱动到底部电极[50],与 $BiVO_4$ 基体中的 Bi^{3+} 相比,Bi 金属中 Bi 元素的浓度高、价态低。$BiVO_4$ 中自然存在的氧空位在阻变器件形成导电通道的过程中起到了催化剂的作用(图 4.14),$BiVO_4$ 基质中 Bi 丝存在量子化电导性质。

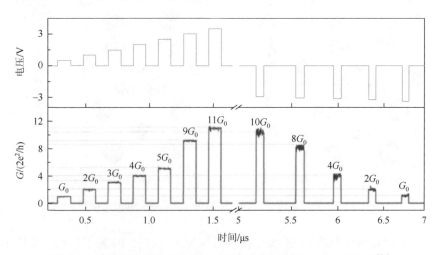

图 4.14　施加几百纳秒带宽的脉冲电压下器件的量子化电导行为[50]

物质的基本物性依赖于其具体的结构特征。例如，光催化剂上不同晶面的反应特性与表面原子结构有关。表面原子的排列和配位随晶面取向的变化而变化。最近的研究进一步表明，光催化剂的反应特性由最终封闭的晶面控制[10]。由于 BiVO₄ 具有合适的带隙（$E_g = 2.4eV$），研究者对 BiVO₄ 不同表面的反应特性进行了一系列的实验和理论研究[51, 52]。半导体的光催化过程包括三个方面：激发、本体扩散和光生载流子向半导体表面转移[53-55]。由于 BiVO₄ 具有较差的电荷传输性能，其光催化活性通常较低。为了探究不同形貌的电荷传输特性，研究者合成了单斜白钨矿 BiVO₄，并对单斜白钨矿 BiVO₄ 进行了板、球、片、丝、管和截断八面体结构的研究[56-60]。在一些研究中已经报道了主要暴露面为(001)晶面、次要暴露面为(110)晶面的单斜白钨矿 BiVO₄ 的光催化活性高于主要暴露面为(110)晶面、次要暴露面为(001)晶面的单斜白钨矿 BiVO₄[61]。但是迄今为止，还没有用完全暴露面为(110)晶面的单斜白钨矿 BiVO₄ 来表征其表面相关结构的电位能级和载流子传输特性。因此，研究者应该致力于探索和研究具有不同终止面的单斜白钨矿 BiVO₄ 的光催化性能的起因。

本书通过一步水热法制备了单斜白钨矿 BiVO₄ 纳米片，通过调控前驱体溶液 pH 对单斜白钨矿 BiVO₄ 进行表面调控，制备了不同(010)和(110)晶面暴露比例的单斜白钨矿 BiVO₄，采用 XRD、SEM、漫反射光谱、TEM 和 XPS 等测试方法对其进行表征，通过气相色谱法测定 O_2 产量和模拟太阳光照射下百里酚蓝降解效率，并探索其光生电子–空穴对的有效分离效率及光催化性能。

4.3　物相结构与形貌表征

图 4.15 是在不同前驱体溶液 pH 条件下制备的单斜白钨矿 BiVO₄ 的 XRD 图谱。根据 XRD 图谱可知，BiVO₄ 样品的衍射峰均与标准 BiVO₄（ICSD：14-0688，$a = 5.195$Å，$b = 11.70$Å，$c = 5.092$Å）相对应，说明制备的样品都是单斜白钨矿 BiVO₄[62-64]。在衍射角 2θ 为 28.8°处出现的特征衍射峰与单斜白钨矿 BiVO₄ 一致。在整个制备过程中，BiVO₄ 的晶体内部结构没有因调节前驱体溶液 pH 而发生变化。制备的所有 BiVO₄ 样品具有良好的结晶性，在单斜白钨矿 BiVO₄ 图谱中没有检测到其他相或杂质的衍射峰，表明已经获得纯单斜白钨矿 BiVO₄ 样品。

图 4.16 显示了在不同前驱体溶液 pH 下制备的单斜白钨矿 BiVO₄ 的 SEM 图像。从图中可以看出，不同前驱体溶液 pH 下制备的单斜白钨矿 BiVO₄ 样品具有不同的表面形貌特征。从图 4.16（a）中可以看出，当前驱体溶液的 pH 为 7 时，B18-7 样品由板状颗粒组成。从图 4.16（b）中可以看出，当前驱体溶液

的 pH 增加到 9 时，B18-9 样品的每个颗粒都似一个截角双锥体。从图 4.16（c）中可以看出，当前驱体溶液的 pH 进一步增加至 12 时，B18-12 样品展现出双锥体形貌。

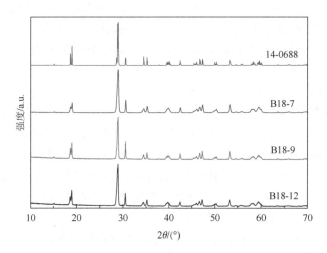

图 4.15　单斜白钨矿 BiVO₄ 的 XRD 图谱

(a) B18-7　　　　(b) B18-9　　　　(c) B18-12

图 4.16　单斜白钨矿 BiVO₄ 样品的 SEM 图像

　　图 4.17 显示了在不同前驱体溶液 pH 下制备的单斜白钨矿 BiVO₄ 的 TEM 图像。作者通过 TEM 进一步检测了所制备单斜白钨矿 BiVO₄（B18-7、B18-9 和 B18-12 样品）的微观表面形貌。从图 4.17（a）中看出，B18-7 样品具有轮廓清晰的板状形貌，其矩形轮廓的对角线长度为 1.5～2μm。从图 4.17（b）中看出，B18-9 样品的颗粒似截角双锥体的形貌，其长度为 2～3μm。从图 4.17（c）中看出，B18-12 样品展现出双锥体形貌。图 4.17（d）显示了 B18-12 样品双锥体颗粒尖端的 HRTEM 图像[图 4.17（c）矩形部分]，晶格间距为 0.293nm，对应单斜白钨矿 BiVO₄(040) 晶面，表示单斜白钨矿 BiVO₄ 晶体沿 b 轴方向生长。也就是说，与 B18-7 样品相比，B18-9 和 B18-12 样品都沿着箭头方向进一步生长，这揭示了单斜白钨矿 BiVO₄

从板状变成截角双锥体再变成双锥体颗粒的形成过程。SEM 和 TEM 结果表明，改变前驱体溶液的 pH 可以有效调节单斜白钨矿 BiVO₄的表面形貌。

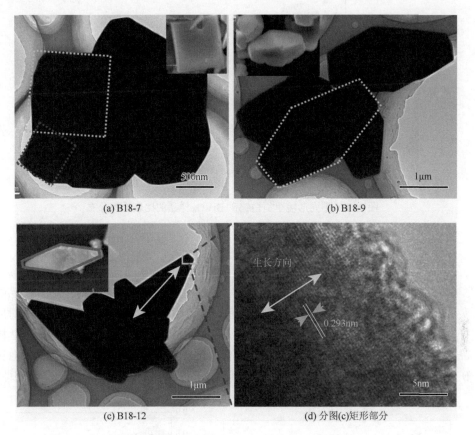

(a) B18-7 　　　　　　　　　　　　(b) B18-9

(c) B18-12 　　　　　　　　　　(d) 分图(c)矩形部分

图 4.17　单斜白钨矿 BiVO₄样品的 TEM 图像

4.4　比表面积

图 4.18 为不同形貌单斜白钨矿 BiVO₄的比表面积分布。从图中可以看出，随着前驱体溶液 pH 的增加，单斜白钨矿 BiVO₄的比表面积逐渐减小，B18-7 样品的比表面积最大。这意味着板状单斜白钨矿 BiVO₄可以提供更多的吸附表面和更多的反应活性位点，有利于光生电荷迅速扩散并转移到单斜白钨矿 BiVO₄光催化剂的表面。此外，大的比表面积也有利于有效地收集光能并使光生电子-空穴对分离效率更高，由此推测板状单斜白钨矿 BiVO₄光催化材料具有较强的吸附能力和降解有机污染物的能力。

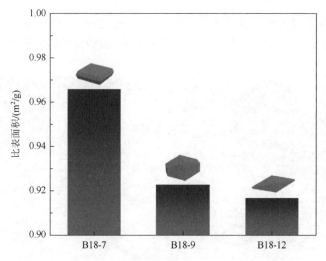

图 4.18　不同形貌单斜白钨矿 BiVO$_4$ 样品的比表面积分布

4.5　荧 光 光 谱

图 4.19 为制备的不同(010)或(110)晶面暴露比例的单斜白钨矿 BiVO$_4$ 样品的荧光光谱图。一般来说，较低的荧光强度表示光生电荷的复合概率较低，这对应样品较高的光催化反应活性[65]。图 4.19（a）的结果表明，与 B18-9 和 B18-12 样品相比，B18-7 样品具有更低的荧光强度，推测(010)晶面高暴露比例的单斜白钨矿 BiVO$_4$ 具有较低的光生载流子的复合概率，B18-7 样品有更优异的光催化活性。

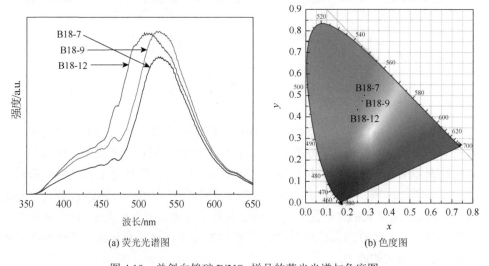

(a) 荧光光谱图　　　　　　　　　　　　　(b) 色度图

图 4.19　单斜白钨矿 BiVO$_4$ 样品的荧光光谱与色度图

如图 4.19（b）所示，将不同(010)或(110)晶面暴露比例的单斜白钨矿 BiVO₄ 样品的荧光光谱映射到色度图上，随着单斜白钨矿 BiVO₄ 的(110)晶面暴露比例增加，单斜白钨矿 BiVO₄ 样品荧光发射峰蓝移，且 B18-12 样品蓝移得更明显，推测 B18-12 样品的荧光发射峰蓝移是(010)与(110)晶面的电子结构差异导致的，具体细节仍有待于进一步深入研究。

4.6　价　带　谱

图 4.20（a）展示了不同(010)或(110)晶面暴露比例的单斜白钨矿 BiVO₄ 的 VBM。从图中可以看出，在不同的(010)或(110)晶面暴露比例情况下，单斜白钨矿 BiVO₄ 样品具有不同的 VBM。B18-7、B18-9 和 B18-12 样品的 VBM 分别为 1.97eV、2.31eV 和 2.62eV，显然，(110)晶面暴露比例越高，单斜白钨矿 BiVO₄ 晶体的 VBM 越高。这些结果说明双锥体单斜白钨矿 BiVO₄ 具有比板状和截角双锥体单斜白钨矿 BiVO₄ 更高的 VBM，表明不同的暴露面具有不同的表面原子排列和配位情况，从而导致晶面的导带和价带能级不同。据报道，单斜白钨矿 BiVO₄(010)和 (110)晶面具有不同的光生载流子分离效率，这由这些晶面的能级不同所致[26, 58, 66]。因此，VBM 的变化源于不同晶面的不同表面上原子密度和电子结构的差异。图 4.20（b）展示了样品的荧光发射峰值与 VBM 之间的关系，荧光发射与 VBM 和 CBM 之间的辐射复合和跃迁有关。从图中可以看出，VBM 越大，荧光发射峰值越小，表明单斜白钨矿 BiVO₄ 样品的荧光发射峰值与 VBM 呈明显的负相关性，这可能归因于(110)晶面具有较高能级。

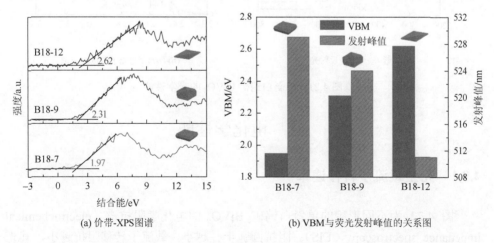

(a) 价带-XPS图谱　　　　　　　　　　(b) VBM与荧光发射峰值的关系图

图 4.20　单斜白钨矿 BiVO₄ 样品的价带与发射峰之间的关系（彩图扫封底二维码）

4.7　光　学　性　能

如图 4.21 所示，通过调节前驱体溶液 pH，对制备的不同形貌单斜白钨矿 $BiVO_4$ 进行了紫外-可见漫反射光谱分析。从图 4.21（a）中可以看出，所有的单斜白钨矿 $BiVO_4$ 样品都表现出较优异的吸收能力，其吸收边几乎相同，都位于 536nm 的位置。为了确定单斜白钨矿 $BiVO_4$ 样品的带间跃迁类型，估算了单斜白钨矿 $BiVO_4$ 半导体的带隙（E_g），计算结果表明 $BiVO_4$ 是直接跃迁类型（对 $BiVO_4$ 跃迁类型有不同观点，见图 4.9），参数 n 取 1[67]。根据 Tauc 公式可以计算出所制备的不同形貌的单斜白钨矿 $BiVO_4$ 样品的带隙，如图 4.21（b）所示。估算 B18-7、B18-9 和 B18-12 样品的带隙分别为 2.43eV、2.43eV 和 2.44eV。与板状单斜白钨矿 $BiVO_4$ 和截角双锥体单斜白钨矿 $BiVO_4$ 样品相比，双锥体单斜白钨矿 $BiVO_4$ 样品的吸收光谱有细微的差别，带隙略有增加。这个结果表明，所有单斜白钨矿 $BiVO_4$ 样品对可见光响应的差异不是影响光催化活性的关键因素。

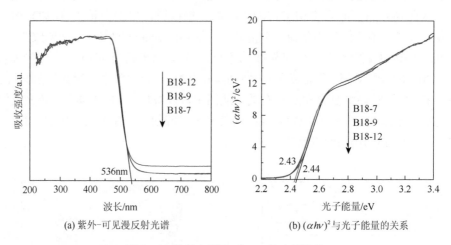

(a) 紫外-可见漫反射光谱　　　　　　　　(b) $(\alpha h\nu)^2$ 与光子能量的关系

图 4.21　单斜白钨矿 $BiVO_4$ 的光学性能

4.8　电化学性能

4.8.1　光生载流子转移速率

图 4.22 为不同形貌的单斜白钨矿 $BiVO_4$ 的电化学阻抗谱（electrochemical impedance spectroscopy，EIS）。阻抗圆弧半径越小，载流子转移阻抗越小，其光生载流子转移速率越高[68]。从图 4.22 中可以看出，EIS 的大小顺序是板状单斜白

钨矿 BiVO₄＜截角双锥体单斜白钨矿 BiVO₄＜双锥体单斜白钨矿 BiVO₄。与截角双锥体单斜白钨矿 BiVO₄ 和双锥体单斜白钨矿 BiVO₄ 样品相比，板状单斜白钨矿 BiVO₄ 样品具有更小的圆弧半径。这个 EIS 结果表明，(010)晶面的暴露比例小的单斜白钨矿 BiVO₄ 样品能在一定程度上促进光生电子和空穴在单斜白钨矿 BiVO₄ 半导体表面上的电荷转移。

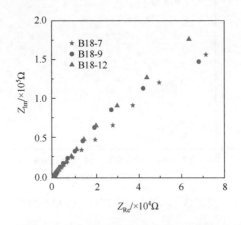

图 4.22　单斜白钨矿 BiVO₄ 的 EIS 图

4.8.2　导带电位

如图 4.23 所示，单斜白钨矿 BiVO₄ 的莫特-肖特基（Mott-Schottky，M-S）曲线斜率为正，表明单斜白钨矿 BiVO₄ 是 n 型半导体[69]。对所有单斜白钨矿 BiVO₄ 样品的 M-S 曲线作切线，其与 x 轴的交点即样品的平带电位（V_{fb}）。由图 4.23 可以估算板状、截角双锥体和双锥体单斜白钨矿 BiVO₄ 样品的平带电位分别为 –0.49V、–0.41V 和–0.39V（vs. NHE），这个趋势与单斜白钨矿 BiVO₄ 样品的 VBM 结果一致。据报道，n 型半导体的导带电位近似等于平带电位[70]。随着(010)晶面暴露比例的增加，单斜白钨矿 BiVO₄ 样品的导带发生负偏移。这种负偏移可以通过增强单斜白钨矿 BiVO₄ 界面处的能带弯曲来有效地抑制光生电子-空穴对的复合[71]。此外，根据图 4.23 还可以计算板状、截角双锥体和双锥体单斜白钨矿 BiVO₄ 样品的载流子浓度。载流子浓度的计算公式如下[72]：

$$N_d = \left(\frac{2}{e\varepsilon_r\varepsilon_0}\right)\left(\frac{dC^{-2}}{dV}\right)^{-1} \tag{4.3}$$

式中，N_d 为载流子浓度；e 为电子电荷；ε_r 为相对介电常数[32]；ε_0 为真空介电常数。根据式（4.3）得板状、截角双锥体和双锥体单斜白钨矿 BiVO₄ 样品的载流子浓度分别为 $1.12×10^{19}cm^{-3}$、$1.73×10^{19}cm^{-3}$ 和 $2.57×10^{19}cm^{-3}$。双锥体单斜白钨

矿 $BiVO_4$ 样品的载流子浓度是板状单斜白钨矿 $BiVO_4$ 样品的两倍多。推断(110)暴露晶面的载流子浓度不是能够有效增强光催化活性的主要因素。

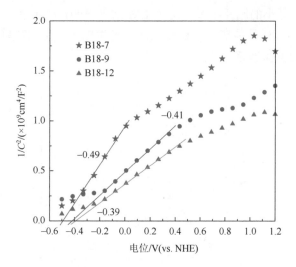

图 4.23 单斜白钨矿 $BiVO_4$ 的 M-S 曲线

4.9 晶体生长分析

图 4.24 是单斜白钨矿 $BiVO_4$ 从板状形貌变成截角双锥体形貌再变成双锥体形貌过程的晶体生长示意图（描绘了单斜白钨矿 $BiVO_4$ 晶体中(010)和(110)晶面的演变过程）。首先，$Bi(NO_3)_3 \cdot 5H_2O$ 在 HNO_3 溶液中发生水解反应生成 $BiONO_3$：

$$Bi(NO_3)_3 + H_2O \longrightarrow 2H^+ + 2NO_3^- + BiONO_3 \tag{4.4}$$

然后，加入 NH_4VO_3 溶液，$BiONO_3$ 与加入的 VO_3^- 反应生成沉淀物 $BiVO_4$：

$$BiONO_3 + VO_3^- \longrightarrow BiVO_4 + NO_3^- \tag{4.5}$$

图 4.24 单斜白钨矿 $BiVO_4$ 形貌变化过程示意图

由 SEM 和 TEM 分析结果可知，单斜白钨矿 $BiVO_4$ 晶体沿着 b 轴生长，随着前驱体溶液 pH 的增加，单斜白钨矿 $BiVO_4$(110)晶面的暴露比例增大，直到前驱体溶液 pH 至 12 得到完全暴露面为(110)晶面的单斜白钨矿 $BiVO_4$。这表明改变前驱体溶液 pH 可以有效调节单斜白钨矿 $BiVO_4$ 的形貌。

4.10　光催化性能

4.10.1　光催化分解水产氧性能

图 4.25 比较了不同形貌单斜白钨矿 $BiVO_4$ 样品在 0.02mol/L 的 $AgNO_3$ 溶液中随太阳光照射的 O_2 产量。根据价带分析，B18-7、B18-9 和 B18-12 样品的价带均高于 O_2/H_2O 的电位（1.23eV），因此，单斜白钨矿 $BiVO_4$ 样品理论上都可以通过光催化分解水产生 O_2。从图 4.25（a）中可以看出，随着太阳光照射时间的增加，所有单斜白钨矿 $BiVO_4$ 样品的 O_2 产量都在增加，B18-7 样品的 O_2 产量最多，B18-12 样品的 O_2 产量最小。图 4.25（b）是根据动力学方程得出的不同形貌单斜白钨矿 $BiVO_4$ 样品的反应速率常数。从图 4.25（b）中可以看出，在模拟太阳光照射下 360min 后，B18-7 样品比 B18-12 样品产生 O_2 的反应速率常数更高，表明板状单斜白钨矿 $BiVO_4$ 样品具有优异的光催化分解水产生 O_2 的能力，约为双锥体单斜白钨矿 $BiVO_4$ 样品的 4 倍。

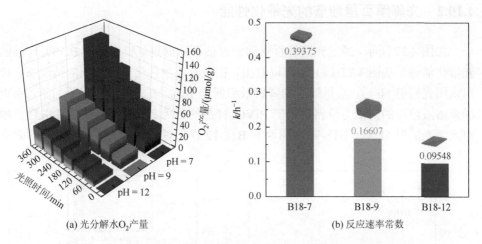

(a) 光分解水O_2产量　　　　　　　　　　(b) 反应速率常数

图 4.25　单斜白钨矿 $BiVO_4$ 样品的光催化性能（彩图扫封底二维码）

在过去的研究工作中，单斜白钨矿 $BiVO_4$ 的(110)晶面被认为是光生空穴的起源。光生空穴产生 O_2 的反应如下：

$$4OH^- + 4h^+ \longrightarrow 2H_2O + O_2 \tag{4.6}$$

从图 4.26 中可以观察到，随着单斜白钨矿 $BiVO_4$ 样品的(010)/[(010) + (110)]晶面暴露比例的减小，其光分解水的 O_2 产量减少，说明 O_2 产量与单斜白钨矿 $BiVO_4$ 样品的(010)/[(010) + (110)]晶面暴露比例有关。单斜白钨矿 $BiVO_4$ 样品的

(110)晶面暴露比例的增加不是提高产氧活性能力的原因，即(110)晶面暴露比例的增加不能有效地促进单斜白钨矿 $BiVO_4$ 样品产生 O_2。

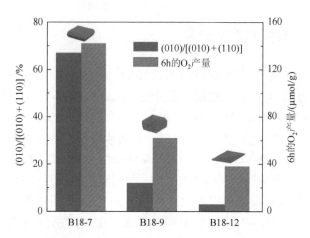

图 4.26 单斜白钨矿 $BiVO_4$ 样品的 O_2 产量与(010)晶面的关系

4.10.2 光降解百里酚蓝的光催化性能

如图 4.27 所示，通过光降解百里酚蓝评估不同形貌单斜白钨矿 $BiVO_4$ 样品的光催化活性。从图 4.27（a）中可以看出，在没有添加任何光催化剂的情况下，模拟太阳光照射 5h 后，百里酚蓝的降解效率低于 10%。在模拟太阳光照射下，百里酚蓝溶液浓度的降低与单斜白钨矿 $BiVO_4$ 样品的形貌之间存在一定的相关性。模拟太阳光照射 5h 后，B18-7、B18-9 和 B18-12 样品对百里酚蓝的光催化降解效率

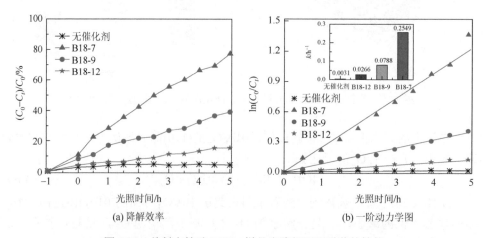

图 4.27 单斜白钨矿 $BiVO_4$ 样品光降解百里酚蓝的性能

分别为 77.2%、39.1% 和 15.4%。采用一阶动力学方程消除百里酚蓝对光催化活性的影响，如图 4.27（b）所示。与 B18-9 和 B18-12 样品相比较，B18-7 样品的反应速率常数较高。这些结果表明，在相同的测试条件下，板状单斜白钨矿 BiVO₄ 样品的光催化活性高于截角双锥体单斜白钨矿 BiVO₄ 和双锥体单斜白钨矿 BiVO₄ 样品，而且单斜白钨矿 BiVO₄ 的(010)和(110)晶面在光分解水产生 O₂ 和光降解百里酚蓝等光催化性能测试方面起着相同的作用，这可能与光生空穴的有效分离密切相关。

4.11　光催化机理

从图 4.28（a）中可以看出，单斜白钨矿 BiVO₄ 的 UPS 图中有两个截断光电信号，分别在 –0.40eV 和 13.72eV 位置。UPS 图中 HeI 的激发能为 21.22eV。基于能量换算关系：0eV（vs.NHE）等于 –4.44eV（vs.真空能级）[73]，可以计算出板状单斜白钨矿 BiVO₄ 样品的价带电位为 2.66eV。如图 4.28（b）所示，由于板状单斜白钨矿 BiVO₄ 样品的带隙为 2.43eV，可以推算出其导带电位为 0.23eV。从图 4.28（b）中还可以看出，双锥体单斜白钨矿 BiVO₄ 样品的价带电位为 3.34eV，与板状单斜白钨矿 BiVO₄ 样品相比，双锥体单斜白钨矿 BiVO₄ 样品电位更正。这表明不同暴露晶面的单斜白钨矿 BiVO₄ 样品相邻的(010)和(110)晶面具有不同的能带结构，使得光生电子和空穴分别积聚在(110)和(010)晶面上，这个结构特征提供的驱动力有效地促进了电荷分离。EIS 的顺序是：板状单斜白钨矿 BiVO₄＜截角双锥体单斜白钨矿 BiVO₄＜双锥体单斜白钨矿 BiVO₄。据报道，板状单斜白钨矿 BiVO₄ 具有比截角双锥体单斜白钨矿 BiVO₄ 更长的载流子寿命[27]，这表明与板状单斜白钨矿 BiVO₄ 相比，截角双锥体单斜白钨矿 BiVO₄ 和双锥体单斜白钨矿 BiVO₄ 的光生电荷更容易复合。BiVO₄ 的(110)晶面对电子俘获能力强，因此其载流子的复合概率高，进而阻碍了(110)晶面暴露比例增加的情况下 BiVO₄ 光催化性能的改善。因此，调控单斜白钨矿 BiVO₄(110)晶面暴露比例是改善光催化性能的有效方法。根据单斜白钨矿 BiVO₄ 的带隙、价带电位和导带电位推导出来的机理图如图 4.28（c）所示。根据机理图看出，合理的(110)和(010)晶面暴露比例有利于构建合适的内电场，通过势能差可以进一步促进光生电子和空穴的分离，降低光生电荷的复合效率，增强单斜白钨矿 BiVO₄ 的光催化活性。

通过一步水热法并调节前驱体溶液 pH 成功制备了不同形貌[不同(010)和(110)晶面暴露比例]的单斜白钨矿 BiVO₄。随着单斜白钨矿 BiVO₄(010)晶面暴露比例的增加，其光生载流子的转移效率提高，导带电位更负。光分解水产生 O₂ 和光降解百里酚蓝等光催化性能的测试表明，板状单斜白钨矿 BiVO₄ 具有更强的光催化反应活性。不同形貌单斜白钨矿 $BiVO_4$ 光催化活性的差异归因于以(110)晶面为主导和以(010)晶面为主导的单斜白钨矿 $BiVO_4$ 的不同载流子分离效率。此外，具有次导(110)晶面和主导(010)晶面的单斜白钨矿 $BiVO_4$ 可能会提供(010)和(110)晶面之间的电位差，这对于有效分离载流子并进一步增强其光催化活性至关重要。

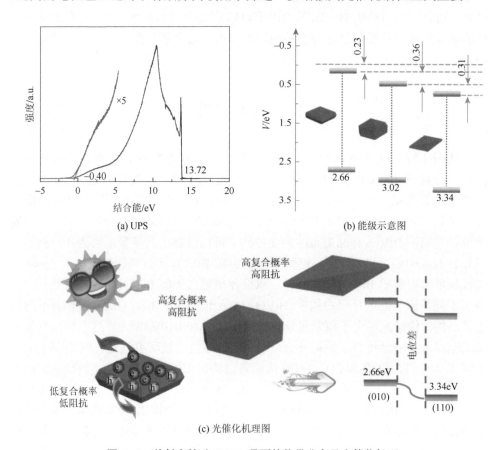

(a) UPS

(b) 能级示意图

(c) 光催化机理图

图 4.28 单斜白钨矿 $BiVO_4$ 晶面的价带分布及光催化机理

参 考 文 献

[1] Wang Y, Sun H J, Tan S J, et al. Role of point defects on the reactivity of reconstructed anatase titanium dioxide(001) surface[J]. Nature Communications, 2013, 4: 2214.

[2] Roy N, Sohn Y, Pradhan D. Synergy of low-energy {101} and high-energy {001} TiO₂ crystal facets for enhanced photocatalysis[J]. ACS Nano, 2013, 7(3): 2532-2540.

[3] Yang S J, Lin Y K, Pu Y C, et al. Crystal facet dependent energy band structures of polyhedral Cu₂O nanocrystals and their application in solar fuel production[J]. The Journal of Physical Chemistry Letters, 2022, 13: 6298-6305.

[4] Peng X, Manna L, Yang W, et al. Shape control of CdSe nanocrystals[J]. Nature, 2000, 404(6773): 59-61.

[5]　Selloni A. Crystal growth: Anatase shows its reactive side[J]. Nature Materials, 2008, 7(8): 613-615.

[6]　Poovaragan S, Sundaram R, Magdalane C M, et al. Photocatalytic activity and humidity sensor studies of magnetically reusable $FeWO_4$-WO_3 composite nanoparticles[J]. Journal of Nanoscience and Nanotechnology, 2019, 19(2): 859-866.

[7]　Shen B, Huang L, Shen J, et al. Crystal structure engineering in multimetallic high-index facet nanocatalysts[J]. Proceedings of the National Academy of Sciences of the United States of America, 2021, 118(26): e2105722118.

[8]　Tachikawa T, Ochi T, Kobori Y. Crystal-face-dependent charge dynamics on a $BiVO_4$ photocatalyst revealed by single-particle spectroelectrochemistry[J]. ACS Catalysis, 2016, 6(4): 2250-2256.

[9]　Zhang B, Wang D, Hou Y, et al. Facet-dependent catalytic activity of platinum nanocrystals for triiodide reduction in dye-sensitized solar cells[J]. Scientific Reports, 2013, 3: 1836.

[10]　Zhang Y Y, Guo Y P, Duan H N, et al. Facile synthesis of V^{4+} self-doped, [010] oriented $BiVO_4$ nanorods with highly efficient visible light-induced photocatalytic activity[J]. Physical Chemistry Chemical Physics, 2014, 16(44): 24519-24526.

[11]　Liu G, Yang H G, Pan J, et al. Titanium dioxide crystals with tailored facets[J]. Chemical Reviews, 2014, 114(19): 9559-9612.

[12]　Wang S, Liu G, Wang L. Crystal facet engineering of photoelectrodes for photoelectrochemical water splitting[J]. Chemical Reviews, 2019, 119(8): 5192-5247.

[13]　Roy P, Berger S, Schmuki P. TiO_2 nanotubes: Synthesis and applications[J]. Angewandte Chemie International Edition, 2011, 50(13): 2904-2939.

[14]　Xiong Z G, Zhao X S. Nitrogen-doped titanate-anatase core-shell nanobelts with exposed {101} anatase facets and enhanced visible light photocatalytic activity[J]. Journal of the American Chemical Society, 2012, 134(13): 5754-5757.

[15]　Rajan P I, Vijaya J J, Jesudoss S K, et al. Green-fuel-mediated synthesis of self-assembled NiO nano-sticks for dual applications—Photocatalytic activity on Rose Bengal dye and antimicrobial action on bacterial strains[J]. Materials Research Express, 2017, 4(8): 085030.

[16]　Zhang Q, Xu J, Yan D P, et al. The in situ shape-controlled synthesis and structure-activity relationship of Pd nanocrystal catalysts supported on layered double hydroxide[J]. Catalysis Science & Technology, 2013, 3(8): 2016-2024.

[17]　Zheng X, Feng L, Dou Y, et al. High carrier separation efficiency in morphology-controlled BiOBr/C schottky junctions for photocatalytic overall water splitting[J]. ACS Nano, 2021, 15(8): 13209-13219.

[18]　Liu L, Sun Y, Cui X, et al. Bottom-up growth of homogeneous Moiré superlattices in bismuth oxychloride spiral nanosheets[J]. Nature Communications, 2019, 10(1): 4472.

[19]　Wang Z, Chu Z, Dong C, et al. Ultrathin BiOX(X = Cl, Br, I)nanosheets with exposed(001)facets for photocatalysis[J]. ACS Applied Nano Materials, 2020, 3(2): 1981-1991.

[20]　Hermans Y, Murcia-López S, Klein A, et al. $BiVO_4$ surface reduction upon water exposure[J]. ACS Energy Letters, 2019, 4(10): 2522-2528.

[21]　Huang M, He W, Xu Z, et al. Enhanced catalytic mechanism of twin-structured $BiVO_4$[J]. The Journal of Physical Chemistry Letters, 2021, 12(43): 10610-10615.

[22]　Xue X, Chen R, Chen H, et al. Oxygen vacancy engineering promoted photocatalytic ammonia synthesis on ultrathin two-dimensional bismuth oxybromide nanosheets[J]. Nano Letters, 2018, 18(11): 7372-7377.

[23]　Tsuchimochi T, Takaoki K, Nishiguchi K, et al. First-principles investigation on the heterostructure photocatalyst

comprising BiVO₄ and few-layer black phosphorus[J]. Journal of Physical Chemistry C, 2021, 125(40): 21840-21850.

[24] Yang H G, Sun C H, Qiao S Z, et al. Anatase TiO₂ single crystals with a large percentage of reactive facets[J]. Nature, 2008, 453(7195): 638-641.

[25] Barnard A S, Curtiss L A. Prediction of TiO₂ nanoparticle phase and shape transitions controlled by surface chemistry[J]. Nano Letters, 2005, 5(7): 1261-1266.

[26] Li R, Zhang F, Wang D, et al. Spatial separation of photogenerated electrons and holes among (010) and (110) crystal facets of BiVO₄[J]. Nature Communications, 2013, 4: 1432-1438.

[27] Baral B, Sahoo D P, Parida K. Discriminatory {040}-reduction facet/Ag⁰ schottky barrier coupled {040/110}-BiVO₄@Ag@CoAl-LDH Z-scheme isotype heterostructure[J]. Inorganic Chemistry, 2021, 60(3): 1698-1715.

[28] Sun M, Cheng Z, Chen W, et al. Understanding symmetry breaking at the single-particle level via the growth of tetrahedron-shaped nanocrystals from higher-symmetry precursors[J]. ACS Nano, 2021, 15(10): 15953-15961.

[29] Park Y, McDonald K J, Choi K S. Progress in bismuth vanadate photoanodes for use in solar water oxidation[J]. Chemical Society Reviews, 2013, 42(6): 2321-2337.

[30] Tokunaga S, Kato H, Kudo A. Selective preparation of monoclinic and tetragonal BiVO₄ with scheelite structure and their photocatalytic properties[J]. Chemistry of Materials, 2001, 13(12): 4624-4628.

[31] Shan L W, Mi J B, Dong L M, et al. Enhanced photocatalytic properties of silver oxide loaded bismuth vanadate[J]. Chinese Journal of Chemical Engineering, 2014, 22(8): 909-913.

[32] Barawi M, Gomez-Mendoza M, Oropeza F E, et al. Laser-reduced BiVO₄ for enhanced photoelectrochemical water splitting[J]. ACS Applied Materials & Interfaces, 2022, 14: 33200-33210.

[33] Cheng C, Fang Q, Fernandez-Alberti S, et al. Controlling charge carrier trapping and recombination in BiVO₄ with the oxygen vacancy oxidation state[J]. The Journal of Physical Chemistry Letters, 2021, 12(14): 3514-3521.

[34] Sánchez-Martín J, Errandonea D, Pellicer-Porres J, et al. Phase transitions of BiVO₄ under high pressure and high temperature[J]. Journal of Physical Chemistry C, 2022, 126: 7755-7763.

[35] Fu H B, Pan C S, Yao W Q, et al. Visible-light-induced degradation of rhodamine B by nanosized Bi₂WO₆[J]. Journal of Physical Chemistry B, 2005, 109(47): 22432-22439.

[36] Rettie A J E, Lee H C, Marshall L G, et al. Combined charge carrier transport and photoelectrochemical characterization of BiVO₄ single crystals: Intrinsic behavior of a complex metal oxide[J]. Journal of the American Chemical Society, 2013, 135(30): 11389-11396.

[37] Zhang L, Su Y, Wang W Z. Internal electric fields within the photocatalysts[J]. Progress in Chemistry, 2016, 28(4): 415-427.

[38] Rossell M D, Agrawal P, Borgschulte A, et al. Direct evidence of surface reduction in monoclinic BiVO₄[J]. Chemistry of Materials, 2015, 27(10): 3593-3600.

[39] Abdi F F, Savenije T J, May M M, et al. The origin of slow carrier transport in BiVO₄ thin film photoanodes: A time-resolved microwave conductivity study[J]. The Journal of Physical Chemistry Letters, 2013, 4(16): 2752-2757.

[40] Kho Y K, Teoh W Y, Iwase A, et al. Flame preparation of visible-light-responsive BiVO₄ oxygen evolution photocatalysts with subsequent activation via aqueous route[J]. ACS Applied Materials & Interfaces, 2011, 3(6): 1997-2004.

[41] Yao W F, Ye J H. Photophysical and photocatalytic properties of Ca₁₋ₓBiₓVₓMo₁₋ₓO₄ solid solutions[J]. Journal of Physical Chemistry B, 2006, 110(23): 11188-11195.

[42] Laraib I, Carneiro M A, Janotti A. Effects of doping on the crystal structure of BiVO₄[J]. The Journal of Physical Chemistry C, 2019, 123(44): 26752-26757.

[43] Cooper J K, Gul S, Toma F M, et al. Indirect bandgap and optical properties of monoclinic bismuth vanadate[J]. Journal of Physical Chemistry C, 2015, 119(6): 2969-2974.

[44] Munprom R, Salvador P A, Rohrer G S. Polar domains at the surface of centrosymmetric BiVO₄[J]. Chemistry of Materials, 2014, 26(9): 2774-2776.

[45] Giocondi J L, Rohrer G S. Spatially selective photochemical reduction of silver on the surface of ferroelectric barium titanate[J]. Chemistry of Materials, 2001, 13(2): 241-242.

[46] Giocondi J, Rohrer G. The influence of the dipolar field effect on the photochemical reactivity of Sr₂Nb₂O₇ and BaTiO₃ microcrystals[J]. Topics in Catalysis, 2008, 49(1-2): 18-23.

[47] Giocondi J, Salvador P, Rohrer G. The origin of photochemical anisotropy in SrTiO₃[J]. Topics in Catalysis, 2007, 44(4): 529-533.

[48] Kalinin S V, Bonnell D A, Alvarez T, et al. Atomic polarization and local reactivity on ferroelectric surfaces: A new route toward complex nanostructures[J]. Nano Letters, 2002, 2(6): 589-593.

[49] Herrmann J M, Disdier J, Pichat P. Photocatalytic deposition of silver on powder titania: Consequences for the recovery of silver[J]. Journal of Catalysis, 1988, 113(1): 72-81.

[50] Zhao M, Yan X, Ren L, et al. The role of oxygen vacancies in the high cycling endurance and quantum conductance in BiVO₄-based resistive switching memory[J]. InfoMat, 2020, 2(5): 960-967.

[51] Lardhi S, Cavallo L, Harb M. Significant impact of exposed facets on the BiVO₄ material performance for photocatalytic water splitting reactions[J]. The Journal of Physical Chemistry Letters, 2020, 11(14): 5497-5503.

[52] Lee D, Wang W, Zhou C, et al. The impact of surface composition on the interfacial energetics and photoelectrochemical properties of BiVO₄[J]. Nature Energy, 2021, 6(3): 287-294.

[53] Linsebigler A L, Lu G, Yates J T. Photocatalysis on TiO₂ surfaces: Principles, mechanisms, and selected results[J]. Chemical Reviews, 1995, 95(3): 735-758.

[54] Pan J, Liu G, Lu G Q, et al. On the true photoreactivity order of {001}, {010}, and {101} facets of anatase TiO₂ crystals[J]. Angewandte Chemie International Edition, 2011, 50(9): 2133-2137.

[55] Xiong Z G, Wu H, Zhang L H, et al. Synthesis of TiO₂ with controllable ratio of anatase to rutile[J]. Journal of Physical Chemistry A, 2014, 2(24): 9291-9297.

[56] Yu J, Kudo A. Effects of structural variation on the photocatalytic performance of hydrothermally synthesized BiVO₄[J]. Advanced Functional Materials, 2006, 16(16): 2163-2169.

[57] Castillo N C, Heel A, Graule T, et al. Flame-assisted synthesis of nanoscale, amorphous and crystalline, spherical BiVO₄ with visible-light photocatalytic activity[J]. Applied Catalysis B: Environmental, 2010, 95(3-4): 335-347.

[58] Tan H L, Wen X M, Amal R, et al. BiVO₄ (010) and (110) relative exposure extent: Governing factor of surface charge population and photocatalytic activity[J]. The Journal of Physical Chemistry Letters, 2016, 7: 1400-1405.

[59] Sun S M, Wang W Z, Li D Z, et al. Solar light driven pure water splitting on quantum sized BiVO₄ without any cocatalyst[J]. ACS Catalysis, 2014, 4: 3498-3503.

[60] Xu J, Bian Z Y, Xin X, et al. Size dependence of nanosheet BiVO₄ with oxygen vacancies and exposed {001} facets on the photodegradation of oxytetracycline[J]. Chemical Engineering Journal, 2018, 337: 684-696.

[61] Tan H L, Amal R, Ng Y H. Alternative strategies in improving the photocatalytic and photoelectrochemical activities of visible light-driven BiVO₄: A review[J]. Journal of Materials Chemistry A, 2017, 5(32): 16498-16521.

[62] Yang M, He H, Liao A, et al. Boosted water oxidation activity and kinetics on BiVO₄ photoanodes with

multihigh-index crystal facets[J]. Inorganic Chemistry, 2018, 57(24): 15280-15288.

[63] Li B, Chen S, Huang D, et al. PDI supermolecule-encapsulated 3D BiVO₄ toward unobstructed interfacial charge transfer for enhanced visible-light photocatalytic activity[J]. Journal of Physical Chemistry C, 2021, 125(34): 18693-18707.

[64] Zhang K, Lu Y, Zou Q, et al. Tuning selectivity of photoelectrochemical water oxidation via facet-engineered interfacial energetics[J]. ACS Energy Letters, 2021, 6(11): 4071-4078.

[65] Shan L W, Ding J, Sun W L, et al. Enhanced photocatalytic activity and reaction mechanism of Ag-doped α-Bi₂O₃ {100} nanosheets[J]. Inorganic and Nano-Metal Chemistry, 2017, 47: 1625-1634.

[66] Li P, Chen X Y, He H C, et al. Polyhedral 30-faceted BiVO₄ microcrystals predominantly enclosed by high-index planes promoting photocatalytic water-splitting activity[J]. Advanced Materials, 2018, 30(1): 1703119.

[67] Sun J X, Chen G, Wu J Z, et al. Bismuth vanadate hollow spheres: Bubble template synthesis and enhanced photocatalytic properties for photodegradation[J]. Applied Catalysis B: Environmental, 2013, 132-133(1): 304-314.

[68] Barzgar V M, Kahraman A, Kaya S. Increasing charge separation property and water oxidation activity of BiVO₄ photoanodes via a postsynthetic treatment[J]. Journal of Physical Chemistry C, 2020, 124(2): 1337-1345.

[69] Fang W, Jiang Z, Yu L, et al. Novel dodecahedron BiVO₄: YVO₄ solid solution with enhanced charge separation on adjacent exposed facets for highly efficient overall water splitting[J]. Journal of Catalysis, 2017, 352: 155-159.

[70] Jia X M, Cao J, Lin H L, et al. Transforming type-Ⅰ to type-Ⅱ heterostructure photocatalyst via energy band engineering: A case study of I-BiOCl/I-BiOBr[J]. Applied Catalysis B: Environmental, 2017, 204: 505-514.

[71] Wang G M, Wang H Y, Ling Y C, et al. Hydrogen-treated TiO₂ nanowire arrays for photoelectrochemical water splitting[J]. Nano Letters, 2011, 11(7): 3026-3033.

[72] Zhang G, Zhang L, Liu Y, et al. Substitution boosts charge separation for high solar-driven photocatalytic performance[J]. ACS Applied Materials & Interfaces, 2016, 8(40): 26783-26793.

[73] Liu J, Liu Y, Liu N Y, et al. Metal-free efficient photocatalyst for stable visible water splitting via a two-electron pathway[J]. Science, 2015, 347(6225): 970-974.

第 5 章　BiVO₄ 光催化剂设计及光催化活性研究

不断累积的环境问题（包括水污染和环境污染等）引起了研究者的广泛关注，随之兴起的是利用太阳能研究可见光驱动半导体光催化降解有机污染物[1-5]。该技术应用的一个关键问题是如何提高半导体光生载流子分离效率[6-9]。这也成为为解决环境污染问题而受到关注的问题[10]。因为 BiVO₄ 具有合适的带隙、价带和导带位置[11-13]，所以最近关于 BiVO₄ 的一些精彩工作相继被报道[14-18]。铋系化合物光催化材料有较强的可见光吸收能力和较高的光催化活性[19, 20]，其独特的层状结构由 Bi-V-O 单元平行于 c 轴方向堆积而成，类似 Bi₂O₃ 和 VO₅ 二元构造物，起着二维光催化作用，其光催化活性也会因层间分子或离子的变化而有所区别。Kudo 等[21]在 1999 年报道了 BiVO₄ 具有较强的可见光催化产氧能力，逐渐成为近期催化材料的研究热点（在 450nm 处 OER 的量子效率可以达到 9%）。

众所周知，半导体完成光催化过程要经历若干步骤，如合适波长的光激发、体扩散、载流子到表面的转移等[22-25]。然而，BiVO₄ 中的 VO₄ 四面体并不相互连接，这会降低载流子传输性能[26, 27]。随之出现的问题是光生电子和空穴容易在 BiVO₄ 颗粒内部或表面复合。其中一个解决方法是在 BiVO₄ 晶格位掺杂金属元素[28, 29]，然而掺杂常常使晶体热稳定性下降，也会导致掺杂位置成为载流子复合中心[30]。将两种半导体进行耦合并形成异质结，构筑能带位置匹配的半导体之间的异质界面成为增强载流子分离的一种有效手段[31]，典型的例子如 BiVO₄/ZnFe₂O₄[32]、BiVO₄/CuCr₂O₄[33]和 BiVO₄/Bi₂O₃[34-36]等。在热动力学平衡的界面处，增强的光催化活性可通过有效的能带排列解释[37]。然而，传统制备方法也存在一些不足，如异质结不均一[38]、合成工艺复杂、不满足工业化需求等。组装异质结通常至少需要两个步骤：首先，合成基体材料；然后，在基体材料上生长第二相。作为典型的层状材料，BiOX（X 为卤族元素）经常由水热法合成[39, 40]。本章将 BiVO₄ 与 BiOX 进行合理组装，并以 BiVO₄ 为基体进行新颖的异质结构造及合理的表征，改进传统制备方法，获得高质量异质结，实现在可见光照射下电子-空穴对高效分离的目的。

5.1　多孔结构 BiVO₄

Gallo 等[41]在未添加任何表面活性剂的条件下，控制反应前驱液 pH 为 1.5，所制得的 BiVO₄ 样品的颗粒形貌不规则，粒径为 0.4～2μm。在同样的反应前驱液 pH 和水热条件下，向反应前驱液中加入表面活性剂十二胺（dodecylamine，DA），所制得的 BiVO$_4$ 样品则由大量的橄榄球状多孔微米颗粒构成，每个微米颗粒表面都随机分布着大量的介孔和大孔（直径为 10～60nm）。以 DA 为表面活性剂，将反应前驱液的 pH 增加至 3，所制得的 BiVO$_4$ 样品仍为橄榄球状多孔微米颗粒。当进一步将反应前驱液的 pH 增加至 7 时，所制得的 BiVO$_4$ 样品则由粒径较均一的短棒状纳米颗粒构成。将这些短棒状纳米颗粒放大后可以看到其表面有很多小的球形纳米颗粒（直径为 4～8nm）。Cheng 等[42]通过近似的方法获得了相似的 BiVO$_4$ 样品，并观察到类似的现象。当反应前驱液的 pH 增加至 11 时，所得 BiVO$_4$ 样品绝大部分为球形颗粒，这些颗粒由大量多孔 Bi$_4$V$_2$O$_{11}$ 微米片堆积而成。

上述结果表明，在以 DA 为表面活性剂的条件下，强酸性的反应前驱液有助于形成三斜相橄榄球状多孔结构 BiVO$_4$，并在一定程度上可以调控产物的化学成分。固定反应前驱液的 pH 为 1.5，将表面活性剂 DA 用油胺（oleylamine，OL）或油酸（oleic acid，OA）替换，对最终产物的颗粒形貌和孔结构影响不大。这一结论进一步印证了反应前驱液的 pH 是影响所得 BiVO$_4$ 样品的形貌和孔结构的主要因素之一。在反应前驱液 pH 相同的条件下，向反应前驱液中添加表面活性剂（DA、OL 或 OA）所制得的 BiVO$_4$ 样品和不加任何表面活性剂所得的 BiVO$_4$ 样品在形貌和孔结构方面均差别很大。显然，表面活性剂对橄榄球状多孔结构 BiVO$_4$ 的形成也起着重要的作用。

从 BiVO$_4$ 样品的 HRTEM 图像（图 5.1）上可以看到清晰的晶格条纹，从而计算出 BiVO$_4$ 样品的(121)晶面间距约为 0.31nm，与标准 BiVO$_4$ 样品的(121)晶面间距（0.308nm）十分接近；BiVO-DA-11 样品（Bi$_4$V$_2$O$_{11}$）的(113)晶面间距（0.31nm）也与标准 Bi$_4$V$_2$O$_{11}$ 样品的(113)晶面间距（0.312nm）相吻合。

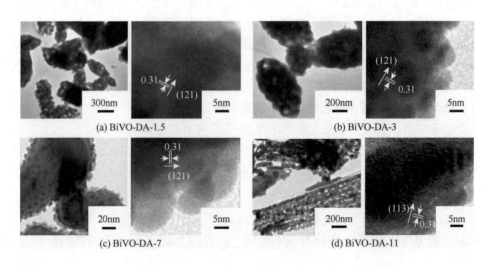

(a) BiVO-DA-1.5　　　　　　　　　　　(b) BiVO-DA-3

(c) BiVO-DA-7　　　　　　　　　　　(d) BiVO-DA-11

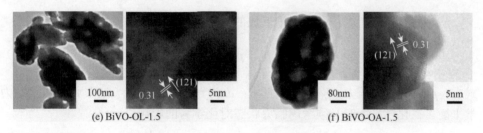

(e) BiVO-OL-1.5　　　　　　　　　　(f) BiVO-OA-1.5

图 5.1　BiVO₄样品的 HRTEM 图像[41]

多孔结构 BiVO₄具有大的比表面积（图 5.2），反应活性位较传统 BiVO₄明显提高，因此表现出较高的光催化活性。多孔结构有利于促进光催化反应的动力学（图 5.3）。多孔结构能有效缩短光生空穴的移动距离以发生光催化反应，从而可以增强 BiVO₄光催化活性[15]。Luo 等[43]也设计了多孔结构 BiVO₄调控光催化性能。Chang 等[44]将纳米多孔结构 BiVO₄与 n 型 Co₃O₄半导体复合，减少了光生电子-空穴对的复合概率，明显增强了 BiVO₄的光电活性。

(a)　　　　　　　　　　　　　　　　(b)

图 5.2　多孔结构 BiVO₄的 FESEM 图像[45]

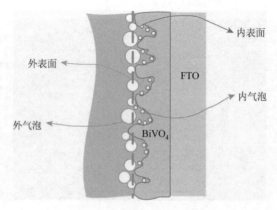

图 5.3　多孔光阳极表面分为内表面和外表面[45]

从热力学角度考虑，在液体中形成的气泡的压力（p_b）为

$$p_b = p + \frac{2\gamma}{d} \tag{5.1}$$

式中，p 为液体的压力；γ 为表面张力；d 为气泡半径。式（5.1）代表了体系力学平衡。在化学平衡时必须考虑临界状态对化学势的影响：

$$\mu(T, p) = \mu_b(T, p_b) = \mu_b\left(T, p + \frac{2\gamma}{d}\right) \tag{5.2}$$

式中，μ 和 μ_b 分别为液相和气相的化学势。在方程的右侧分别代表了热和力学的平衡。在一定温度下，随着 p_b 增加，化学势增加。气泡尺寸满足特定值，即达到临界直径。当气泡内部带有电荷时，力学平衡发生了如下改变：

$$p_b = p + \frac{2\gamma}{d} - \frac{q^2}{32\pi^2 \varepsilon_0 \varepsilon_r d^4} \tag{5.3}$$

式中，q 为电荷电量；ε_r 为液体介电常数。

对于明显大于临界直径的气泡，考虑数学中的指数关系，式（5.3）中最后一项是相当小的，可以忽略。一些研究认为 $BiVO_4$ 孔壁存在大量的带电中心，可以作为气泡的生长核。

Zhou 等[46]基于模板法设计出 $Mo:BiVO_4$ 三维有序大孔-介孔结构（图 5.4），这种设计理念获得的多孔结构可以改变光的散射能力，进一步提高光吸收性能（图 5.5），结合对载流子转移路径的改善，从而获得优异的光电流密度。根据 EIS 等电化学分析，这种增强主要来源于有效的电荷收集和利用。这些结果表明了三维有序大孔-介孔结构在太阳能转换中的应用前景，从组成调控和形态创新两方面产生协同放大效应，有助于创造出更高效实用的光电极。

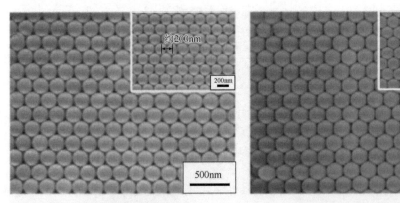

(a) 后处理3min的PS模板变形情况　　　　　　　　　　(b) 后处理10min的PS模板变形情况

(c) 基于图 (a) 的模板的微观形貌　　　　　　(d) 基于图 (b) 的模板的微观形貌

图 5.4 典型的 SEM 图像[46]

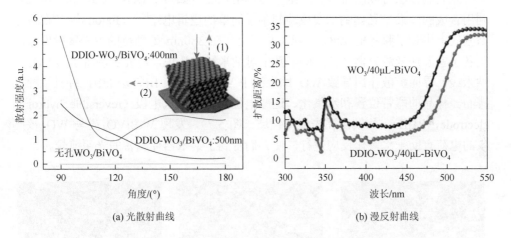

(a) 光散射曲线　　　　　　　　　(b) 漫反射曲线

图 5.5 WO₃/BiVO₄ 阳极的光学性能[47]

在光催化过程中，光线遇到颗粒后还会受到散射作用。米散射（Mie scattering）理论是由德国物理学家 Mie 于 1908 年提出的，属于散射的一种情况，当微粒半径接近或者大于入射光线的波长 λ 时，大部分入射光线会沿着前进的方向进行散射。Mie 散射截面如下：

$$\delta_{scat} = \frac{\lambda^2}{2\pi} \sum_{n=0}^{\infty} 2n+1 \left(\left| a_n \right|^2 - \left| b_n \right|^2 \right) \tag{5.4}$$

$$Q_{scat} = \frac{\delta_{scat}}{\pi r^2} \tag{5.5}$$

5.2　BiVO₄纳米线及纳米管

材料的性能不仅与其尺寸有关，维度、表面结构、暴露晶面等众多与形貌相关的因素对其性能也有着不可忽视的影响。当半导体材料的尺寸达到纳米量级时，维度成为影响材料性能的关键因素。随着材料尺寸进入纳米量级，晶体的周期性结构逐步遭到破坏，在维度上产生了约束作用，进而对材料的基本特性产生了影响，并衍生出许多新的现象和性能。继 1991 年取得碳纳米管的重大发现后，一维纳米结构逐渐引起了研究者的密切关注。化学气相沉积法、水热法、模板法、激光剥蚀法、催化生长法等一系列制备方法被广泛应用于一维纳米材料合成。关于各种一维纳米结构的合成、组装及性质研究已成为纳米科学中十分重要的发展方向。

激光剥蚀法可以制备多种一维半导体纳米线，如 Si、GaN、GaP 等。研究者利用合成的一维半导体纳米线成功制备了简单的逻辑电路[48]。Eaton 等[49]在蓝宝石基底上生长了整齐的 ZnO 阵列，并利用其在 380nm 处独特的荧光发射现象，制备了室温纳米激光器（图 5.6）。基于对纳米线的认识，研究者制备了 BiVO₄基纳米线，界面扩散作用导致 WO₃纳米线中 W 元素进入 BiVO₄壳中，并且呈梯度排布。样品的能带位置和水氧化、还原电位参考可逆氢电极（reversible hydrogen electrode，RHE），将其用在光催化领域（图 5.7），发现 W:BiVO₄壳与 WO₃核产生的电荷有助于水氧化反应进行，使人们看到了纳米器件制备的光明前景。

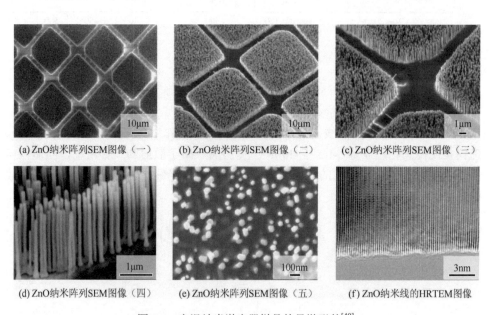

(a) ZnO纳米阵列SEM图像（一）　　(b) ZnO纳米阵列SEM图像（二）　　(c) ZnO纳米阵列SEM图像（三）

(d) ZnO纳米阵列SEM图像（四）　　(e) ZnO纳米阵列SEM图像（五）　　(f) ZnO纳米线的HRTEM图像

图 5.6　室温纳米激光器样品的显微形貌[49]

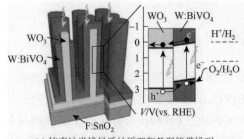

(a) 核壳纳米线异质结原理和Ⅱ型能带排列

(b) 左侧是WO₃纳米线SEM图像，右侧是WO₃纳米线TEM图像（纳米线直径为75nm）

(c) WO₃/W:BiVO₄核壳纳米线（W: BiVO₄壳平均厚度为60nm）

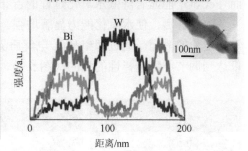

(d) WO₃/W: BiVO₄核壳纳米线能量色散X射线谱（X-ray energy dispersive spectrum，EDS）结果

图 5.7　WO₃/W:BiVO₄核壳纳米线光阳极[50]

如前所述，改变材料的维度能明显改变其相关物理特性。He 等[51]合成了管径为 500nm 的 BiVO₄ 材料（图 5.8），通过 Cu 掺杂显著改善了光催化产氧能力，这可能与 BiVO₄ 纳米管的空穴氧化能力提高有关[52]。BiVO₄ 粉体的导带低于或接近 NHE，一般情况下被认为没有还原 H⁺产生 H₂ 的能力或还原 H⁺产生 H₂ 的能力较弱；量子化的 BiVO₄ 纳米管由于其导带位置的升高及量子化效应等因素，阴极电流密度得到改善[53]，因此其光生电子的还原能力增强，产氢效率提高，同时其可见光（波长为 500～900nm）吸收能力大幅增强。

(a) Cu掺杂BiVO₄纳米管的TEM图像

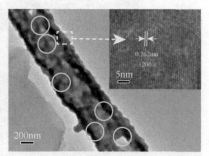

(b) Cu掺杂BiVO₄纳米管的HRTEM图像

图 5.8　Cu 掺杂 BiVO₄ 纳米管的微观结构[51]

5.3　BiVO₄晶面工程化

　　水氧化动力学已成为太阳能水裂解反应制氢的瓶颈。Qi 等[18]通过在 BiVO₄晶面原位选择性光沉积共催化剂来解决 BiVO₄的水氧化速率较慢的问题。共催化剂分别是 Ir 纳米颗粒和 FeCoO$_x$，其中，FeCoO$_x$ 为 FeOOH 与 CoOOH 形成的复合材料。研究表明，原位沉积在 BiVO₄晶面上的 Ir 对牺牲剂离子有较强的还原能力，而 FeCoO$_x$ 能显著降低水氧化过程的吉布斯自由能势垒，共催化剂促进了电子转移及电荷分离，使水氧化能力显著增强。Zhang 等[54]研究了具有相同热力学上水氧化能力的晶面，通过调整晶面/电解质界面形成的界面能来调节水氧化动力学，以达到调节产物选择性的目的（图 5.9）。

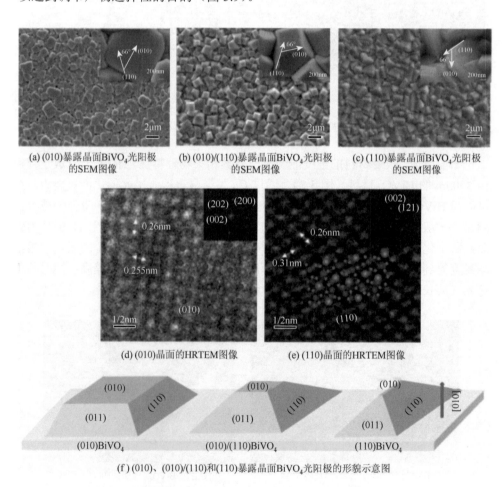

(a) (010)暴露晶面BiVO₄光阳极的SEM图像　　(b) (010)/(110)暴露晶面BiVO₄光阳极的SEM图像　　(c) (110)暴露晶面BiVO₄光阳极的SEM图像

(d) (010)晶面的HRTEM图像　　(e) (110)晶面的HRTEM图像

(f) (010)、(010)/(110)和(110)暴露晶面BiVO₄光阳极的形貌示意图

图 5.9　BiVO₄光阳极的形貌及结构表征[54]

基于形貌规则的 BiVO₄，Zhong 等[55]合成了 CoOₓ/BiVO₄异质结，通过 SEM、TEM、STEM 和 EDS 等对其进行了表征，利用软化学手段进一步合成了 NiO/CoOₓ/BiVO₄（图 5.10），并进行了 200 次循环测试，其表现出较好的稳定性，实现了 1.5%的太阳能到氢的转换效率。

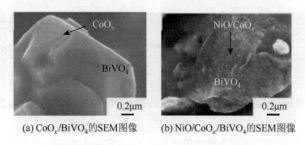

(a) CoOₓ/BiVO₄的SEM图像　　　(b) NiO/CoOₓ/BiVO₄的SEM图像

图 5.10　CoOₓ/BiVO₄与 NiO/CoOₓ/BiVO₄的 SEM 图像[55]

对组分相对简单的晶体进行生长研究是对复杂组分晶体生长研究的基础，Pd 纳米晶体是一个较好的研究对象。龙冉[56]制备了 Pd 纳米晶体，并对其催化性能的晶面依赖性进行了研究。他认为较慢的进样速度可以促进八面体的生成，但是得到的纳米晶体的尺寸分布比较宽，这是由于进样早期阶段就发生部分成核，在持续进样的过程中一直生长。为了优化产物的尺寸分布，他首先快速进样得到大量均一的晶种，然后缓慢进样促进 Pd(111)晶面的生成，这与用截角八面体作为晶种的过程类似。他还利用动力学控制的原子添加方式操纵晶面的生长，将产物的尺寸控制在一个很小的范围内。

在 0.2mmol/L 的 PdCl₂与 0.1mol/L 的 HClO₄混合溶液中，Tian 等[57]在玻碳电极上直接电沉积二十四面体 Pd 纳米晶体。先施加-0.10～1.20V 的电位，Pd 纳米晶核生成；再施加方波电位，Pd 纳米晶核逐步生成二十四面体 Pd 纳米晶体（图 5.11）。

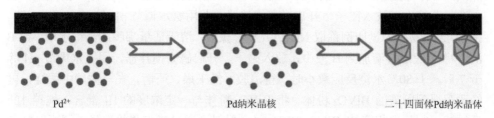

Pd²⁺　　　　　　　　　Pd纳米晶核　　　　　二十四面体Pd纳米晶体

图 5.11　电沉积法制备二十四面体 Pd 纳米晶体[57]

在 0.1mmol/L 的 PdCl₂与 0.1mol/L 的 HClO₄混合溶液中，Yu 等[58]进一步调整方波电位的上限为 1.00V、1.01V、1.02V、1.03V 和 1.04V，分别得到了不同晶面

暴露特征的 Pd 纳米晶体（图 5.12）。通过有机小分子电催化氧化反应性研究证明了 Pd 纳米晶体模型作为纳米催化剂的有效性及可控性。具有相同密勒指数的 Pd 纳米晶体显示出与本体 Pd 单晶平面显著不同的催化性能。这种差异归因于纳米晶体边缘所具有的特殊催化功能。

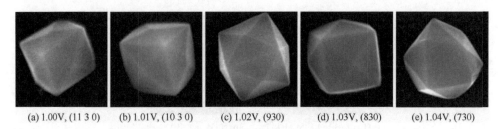

(a) 1.00V, (11 3 0)　　　(b) 1.01V, (10 3 0)　　　(c) 1.02V, (930)　　　(d) 1.03V, (830)　　　(e) 1.04V, (730)

图 5.12　不同方波电位得到的 Pd 纳米晶体的 SEM 图像[58]

纳米晶体的不同晶面有着不同的原子排列方式及电子态，能够极大地影响小分子在其表面的吸附状态。不同的吸附状态对反应的活性及选择性都有着重要的影响。研究表明，Pd 纳米晶体的表面结构调控手段丰富，能够进行定制化设计及制备。掌握在一定范围内某类催化反应的晶面依赖性，研究催化剂的表面结构与催化反应性能之间的关系，就可以根据相关催化反应的选择性差异进行合理的设计。

5.4　BiVO₄/BiOX(001)

最近，本书作者进行了一些复合光催化剂的制备及相关光催化性能的研究，如 BiVO₄/BiOI(001)。以五水硝酸铋[Bi(NO₃)₃·5H₂O]和偏钒酸铵（NH₄VO₃）为主要原料，物质的量比例为 1 : 1。按 1 : 2 的物质的量比例称取 Bi(NO₃)₃·5H₂O 和柠檬酸，将柠檬酸加入先用适量的 1mol/L 稀硝酸溶解的 Bi(NO₃)₃·5H₂O 溶液中，加入适量蒸馏水，放入磁子，开启磁力搅拌器，并用氨水调节 pH 等于 7，得 A 液。按 1 : 2 的物质的量比例称取 NH₄VO₃ 和柠檬酸，溶于适量沸腾的蒸馏水中，得 B 液。将 A 液缓慢滴加到 B 液中，放入磁子，开启磁力搅拌器，用氨水调节 pH 等于 7 后，于 80℃水浴反应数小时，得溶胶。经干燥、研磨，在马弗炉中煅烧，再经研磨得到所需的 BiVO₄ 粉体。将 BiVO₄ 粉体与一定浓度的 HI 混合，搅拌 12h 后过滤，制备出相应的 BiVO₄/BiOI 复合材料（通过氢卤酸的选择，还可以制备 BiVO₄/BiOBr 和 BiVO₄/BiOCl）。根据 BiVO₄ 与 HI 的物质的量比例，它们被命名为 CM1、CM2 和 CM3。所制备的 BiVO₄/BiOI 和 BiOI 粉末需要在一定温度下干燥 12h，图 5.13 概述了 BiVO₄/BiOI 异质结的典型制造工艺。

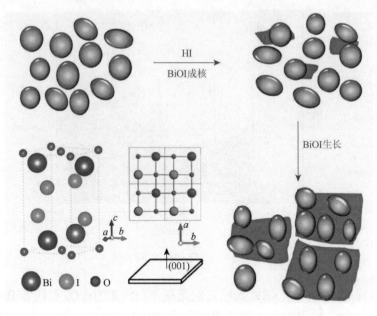

图 5.13　BiVO₄/BiOI 异质结制备工艺流程简图（彩图扫封底二维码）

在初始阶段，一部分 BiVO₄ 被溶液中的 H^+ 溶解（式 5.6）。BiO^+ 能通过 Bi^{3+} 的逐步水解产生［反应（5.7）］。在这个过程中，因为 BiOI 具有较小的溶度积常数，所以会逐步生成 BiOI［反应（5.8）］。因此 HI 的另外一个功能是提供 I^-，并与 BiO^+ 反应生成 BiOI。随着二维 BiOI 纳米片的逐步生长，成功地合成了 BiVO₄/BiOI 异质结[59]。

$$BiVO_4 + 8H^+ \longrightarrow Bi^{3+} + V^{5+} + 4H_2O \qquad (5.6)$$

$$Bi^{3+} + H_2O \longrightarrow BiO^+ + 2H^+ \qquad (5.7)$$

$$BiO^+ + I^- \longrightarrow BiOI \qquad (5.8)$$

总体来说，第一步主要是晶格 Bi^{3+} 进入溶液和第二相 BiOX 催化剂的成核；第二步是第二相 BiOX 催化剂的生长，同时形成 BiVO₄/BiOX 异质结。在图 5.14 中可以看到，CM2 样品中出现了 Bi4f、O1s、I3d 和 V2p 等，从成分上符合对 BiVO₄/BiOI 的设计，进一步的结构证明通过 XRD 来实现。

作者也对制备的 BiVO₄、BiOI、CM1、CM2 和 CM3 等样品进行了 XRD 图谱实验，感兴趣的读者可以参阅文献[59]。白钨矿 BiVO₄ 存在单斜相和四方相，它们的区别是单斜相衍射峰在 $2\theta = 18.58°$、$35.8°$ 和 $46.8°$ 处是分裂的[60]，上述提及的衍射分裂峰均被发现，表明该样品属于单斜白钨矿 BiVO₄（ICSD：14-0688）。在制备的 BiOI 中没有发现 α-Bi₂O₃ 的特征峰，表明 α-Bi₂O₃ 向 BiOI 的转变过程很彻底。最终样品的衍射峰与四方 BiOI 的特征峰匹配（ICSD：10-0445）。对于

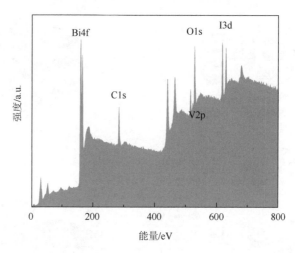

图 5.14   CM2 样品的 XPS 图

三个复合样品，相应的 XRD 表明它们是单斜白钨矿 BiVO$_4$ 和四方 BiOI 组成。在复合相的制备过程中存在着从 BiVO$_4$ 到 BiOI 的化学转变，随着 HI 使用量的增加，BiOI 的(102)峰呈现逐步增强的趋势。此外，在复合相中没有发现杂质相，表明没有其他反应存在。BiVO$_4$ 和 BiOI 之间的比例关系也可通过 $(I_{102})_{tet} \times 100\%/((I_{102})_{tet} + (I_{-121})_{mon})$ 估算，其中，$(I_{-121})_{mon}$ 和 $(I_{102})_{tet}$ 分别是 BiVO$_4$ 和 BiOI 的主峰强度。计算结果表明，CM1、CM2 和 CM3 中 BiOI 所占比例分别约为 18.6%、27.5%和 36.4%。

图 5.15（a）为典型单斜白钨矿 BiVO$_4$ 的 TEM 图像，BiVO$_4$ 由大小和形状不同的颗粒组成，但大多数单个颗粒粒径小于 200nm。SAED 模式［图 5.15（b）］表明，衍射环起源于多晶 BiVO$_4$(110)、(130)和(220)晶面的贡献，这与相应的 XRD 结果基本吻合。仔细观察和分析 BiVO$_4$/BiOI 的形态，发现它是由纳米颗粒和纳米片等复合结构形成的［图 5.15（c）中纳米片的尺度为 0.5～1μm］。

图 5.15（d）给出了代表性 BiOI 纳米片的 TEM 图像，很明显观察到了花卉图案，这是因为薄的 BiOI 纳米片容易变形并产生应变。BiOI 纳米片的晶面间距为 0.282nm［图 5.15（e）］，这与 BiOI(110)晶面间距相匹配。通过进一步的快速傅里叶变换（fast Fourier transform，FFT）处理，得到了清晰的 SAED 花样，它们对应于 BiOI 的(110)晶面。结果表明，BiOI 催化剂呈现单晶体的结构特征，并且沿[001]带轴方向择优取向。HRTEM 图像和相应的 FFT 模式有力地表明，BiOI 纳米片的生长沿[100]和[010]方向。如图 5.15（f）所示，BiOI 沿[001]投影的晶体结构表明，BiOI 具有层状结构，相邻层之间依靠 I 相接。BiOI 较大的层空间结构使相邻的原子产生偶极子，有利于产生的电子与空穴实现有效分离，促进光催化反应[61]。作者对 BiVO$_4$/BiOI(001)、BiVO$_4$ 和 BiOI(001)样品进行了可见光吸

收性能分析。BiVO₄具有较强的紫外和可见光吸收能力，并且具有陡峭的吸收边。BiOI(001)的吸收边延长至约 650nm。BiVO₄ 和 BiOI(001)的陡峭吸收边表明，可见光吸收起源于能带跃迁，而非杂质能级[62]。此外，BiVO₄/BiOI(001)也表现出了较强的可见光吸收能力，这是由 BiOI 导致的。BiVO₄/BiOI(001)也呈现了双吸收边特征，分别约为 640nm 和 520nm，表明 BiVO₄ 和 BiOI(001)共存。

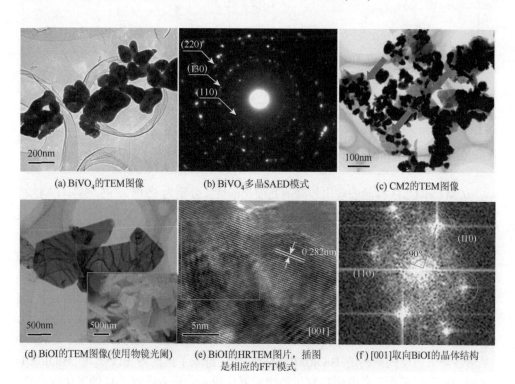

(a) BiVO₄的TEM图像   (b) BiVO₄多晶SAED模式   (c) CM2的TEM图像

(d) BiOI的TEM图像(使用物镜光阑)   (e) BiOI的HRTEM图片，插图   (f) [001]取向BiOI的晶体结构
                                   是相应的FFT模式

图 5.15   BiVO₄/BiOI(001)、BiVO₄ 和 BiOI(001)样品的微观结构

通过 Tauc 公式计算 BiVO₄ 和 BiOI(001)的紫外-可见光谱可得到它们的带隙[63]。BiVO₄ 的带隙约为 2.52eV（图 5.16），与报道的结果吻合[64, 65]。BiOI(001)的带隙约为 1.86eV，接近以前的报道[66, 67]。这可能是尺寸效应（更薄的厚度）导致的[68, 69]。BiVO₄ 和 BiOI(001)能被可见光激发产生光生电子-空穴对，在缺乏 BiOI(001)的情况下，由于 BiVO₄ 具有较差的载流子输运特性[26]，这些电子和空穴也许发生再复合。为证明所制备样品的光催化活性，作者进行了对 RhB 的光催化降解实验（展示图略）。RhB 初始浓度为 20mg/L，催化剂用量为 1g/L。在特征波长 $\lambda = 552$nm 处测定 RhB 浓度变化量。据观察，在没有光催化剂时，RhB 没有明显的降解。对 BiVO₄ 或 BiOI(001)样品，100min 后 RhB 去除率约为 50%。

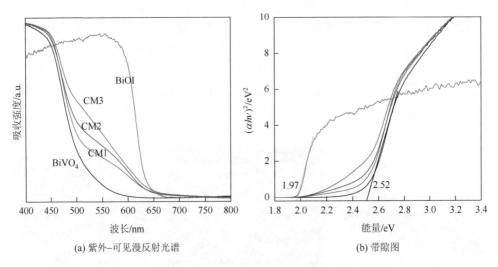

(a) 紫外–可见漫反射光谱　　　　　　　　　　(b) 带隙图

图 5.16　BiVO₄/BiOI(001)、BiVO₄ 和 BiOI(001)样品的光学性能（彩图扫封底二维码）

CM1 和 CM3 样品表现出较高的光催化活性（分别为 65.9%、85.7%）。CM2 样品取得了最高的光催化活性（80min 后 RhB 剩余 6.5%）。三个复合样品均比组成复合相的单相材料的活性高，这与载流子有效分离有关。它表明 BiOI(001)改善了 BiVO₄ 的载流子传输性能，导致光催化活性较高。RhB 光催化降解与反应时间遵循一级动力学模型，也可以通过线性回归计算 $\ln(C_0/C_t)$ 与光照时间 t 的关系（展示图略）。通过线性拟合计算得到不同催化剂的反应速率常数，表明 CM2 样品的反应速率常数（$0.0317min^{-1}$）明显高于 CM1 样品（$0.0095min^{-1}$）和 CM3 样品（$0.0173min^{-1}$），也明显高于 BiVO₄ 样品（$0.00032min^{-1}$）和 BiOI(001)样品（$0.0047min^{-1}$）。CM3 样品活性降低可能的原因是 BiOI(001)含量增加，抑制了传输到 BiVO₄ 和 BiOI(001)之间的界面可见光。考虑到 I^- 可以被空穴氧化成 I_3^-，作者进行了 I^- 的氧化性研究，如图 5.17 所示，CM2 样品具有明显更强的光催化氧化 I^- 的能力。

作者还原位构造了 BiVO₄/BiOCl(001)异质结[70]。图 5.18 为 BiVO₄/BiOCl(001)异质结的 HAADF-STEM 图像。从图中可以看出，BiVO₄ 与 BiOCl(001)之间形成了良好的界面结构。

通过水解 Bi(NO₃)₃·5H₂O，Zhang 等[71]利用 TiO₂ 纳米颗粒与 BiOI 纳米片制备了 BiOI/TiO₂ 异质结。TiO₂ 纳米颗粒附着在厚度约 10nm 的 BiOI 纳米片上。BiOI 纳米片也可以与纳米化 ZnTiO₃ 复合形成异质结[72]。BiOI/ZnTiO₃ 异质结 HRTEM 图像表明其具有较好的界面结构。此外，BiOI 纳米片还可以与 AgI 复合形成异质结[73]。通过复合，异质结的光催化效率得到大幅提升，这与载流子复合概率的明显下降密切相关。以上若干报道能进一步证明，原位生成的 BiOX 可以与 BiVO₄ 等很多基体材料形成良好的界面结构。

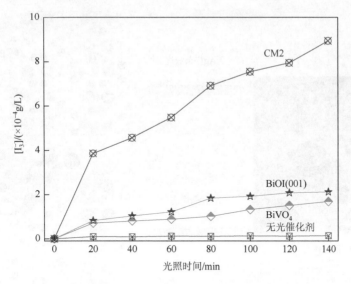

图 5.17　可见光（λ＞420nm）下 I⁻ 的光催化氧化率

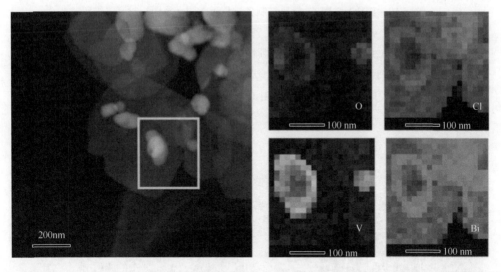

图 5.18　BiVO₄/BiOCl(001)异质结的 HAADF-STEM 图像及元素 O、Cl、V 和 Bi 的图像

5.5　BiVO₄/β-Bi₂O₃

与制备一般异质结材料不同，本节设计的 BiVO₄/β-Bi₂O₃ 异质结是由 Ag 掺杂 BiVO₄ 生成的。该制备过程示意图如图 5.19 所示，具体制备细节可参考文献[74]。

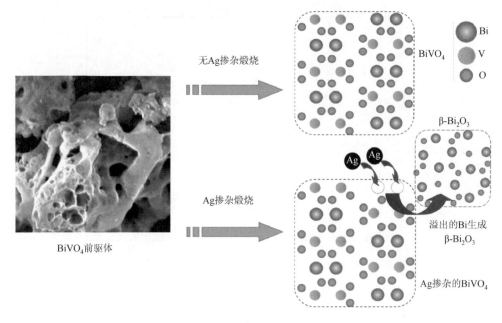

图 5.19　BiVO$_4$/β-Bi$_2$O$_3$ 异质结制备过程示意图（彩图扫封底二维码）

从图 5.20（a）中可以看出，大量颗粒聚集位置主要为 BiVO$_4$ 颗粒；图 5.20（b）中圆形区域为掺杂 Ag 后生长出的片状结构；从图 5.20（d）中可以看出，掺杂 Ag 后生长出的片状结构为典型的 β-Bi$_2$O$_3$。可能发生的缺陷反应如下：

$$Ag_2O \xrightarrow{\ BiVO_4\ } Ag''_{Bi} + O^\times_O + V^{\bullet\bullet}_O \tag{5.9}$$

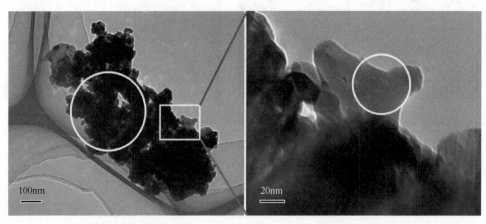

(a) BiVO$_4$/β-Bi$_2$O$_3$的TEM图像　　　　　　　　(b) 图(a)所示矩形区域放大图

(c) 图(a)所示圆形区域SAED图　　　　　(d) 图(b)所示圆形区域SAED图

图 5.20　BiVO₄/β-Bi₂O₃ 的显微结构

5.6　BiVO₄/BiVO₄: Er³⁺, Yb³⁺

为了探索设计新颖的异质结制备方法，本节采用 Er³⁺, Yb³⁺掺杂 BiVO₄（记为 BiVO₄: Er³⁺, Yb³⁺）颗粒的外层，形成颗粒内部为 BiVO₄、颗粒外部为 BiVO₄: Er³⁺, Yb³⁺ 层的特殊结构。如图 5.21 所示，BiVO₄: Er³⁺, Yb³⁺样品在可见光区域 520nm 和 660nm 处可以观察到新吸收峰，这些新吸收峰分别对应于 Er³⁺物种的 4f 电子的 $^2H_{11/2} \rightarrow ^4I_{15/2}$ 和 $^4F_{9/2} \rightarrow ^4I_{15/2}$ 跃迁状态[75, 76]，这种典型的上转换发射效应可形成红外光激发下的光催化活性[77]。图中，U002 指稀土离子的添加量（质量分数）为 0.2%，以此类推。

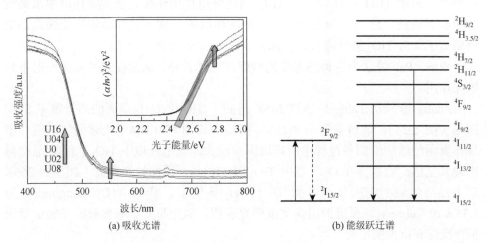

(a) 吸收光谱　　　　　　　　　　(b) 能级跃迁谱

图 5.21　BiVO₄/BiVO₄: Er³⁺, Yb³⁺的光学性能

　　图 5.22 为 BiVO$_4$/BiVO$_4$: Er^{3+}, Yb^{3+}的 XPS 图。Ar$^+$刻蚀前，Er^{3+}, Yb^{3+}的光电子峰均较为明显；Ar$^+$刻蚀 60s 后，Er^{3+}, Yb^{3+}的光电子峰均明显减弱或消失，说明制备的 BiVO$_4$/BiVO$_4$: Er^{3+}, Yb^{3+}颗粒的外部壳层为 BiVO$_4$: Er^{3+}, Yb^{3+}，内部为 BiVO$_4$。

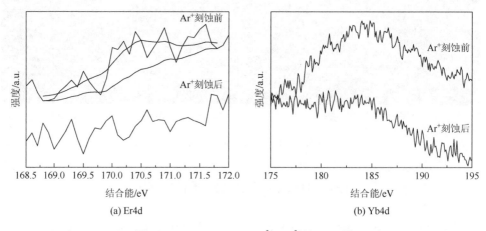

图 5.22　BiVO$_4$/BiVO$_4$: Er^{3+}, Yb^{3+}的 XPS 图

5.7　光催化机理

　　2011 年，Pan 等[78]发现与 TiO$_2$ 表面羟基（OH$_{br}$）键合的水在染料敏化过程中起着至关重要的作用（图 5.23）。研究表明，与水结合可提高 TiO$_2$ 表面的极化和酸度，形成 H$_3$O$^+$···O$_{br}^-$ 结构，H$_3$O$^+$通过静电作用连接。在大气环境中水蒸气含量相对较低，这一过程很慢；在水溶液环境中，这一过程会明显加快。当染料阳离子加入 TiO$_2$ 悬浮液后，它们取代 H$_3$O$^+$并形成 Rn = n$^+$Et$_2$···O$_{br}^-$ 结构。基于这个理解，Pan 等认为这种静电吸附将促进电子转移，从而促进可见光照射下的敏化作用。

　　Zhang 等[79]从 120K 加热到 266K 得到了 TiO$_2$ 的(110)晶面的高分辨率 STM 图像（图 5.24），隧道电压为 1.25V，隧道电流约为 0.1nA。上述研究表明，半导体表面的结构受制备过程中的环境影响较大，真空环境中 TiO$_2$ 的(110)晶面易出现氧空位，而暴露在 O$_2$ 气氛中 TiO$_2$ 的(110)晶面重新被氧覆盖，加热到 266K 后上部终结氧的密度显著增加［在 6L O$_2$ 条件下，其中，1L（Langmuir）为 1.33×10^{-6}mbar·s］。最近的诸多文献研究表明，氧空位对半导体载流子输运及光催化反应有巨大的影响[80-86]。

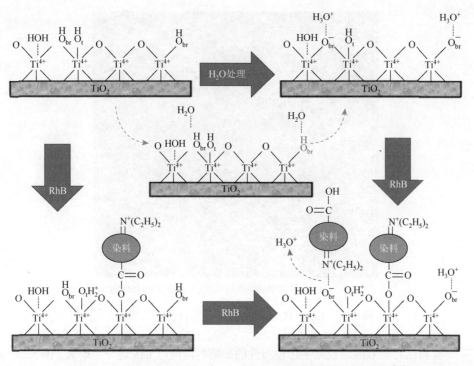

图 5.23　以水为介质调控 TiO₂表面和 RhB 敏化剂分子吸附模型[78]

O$_{br}$为桥氧；O$_t$为终结氧

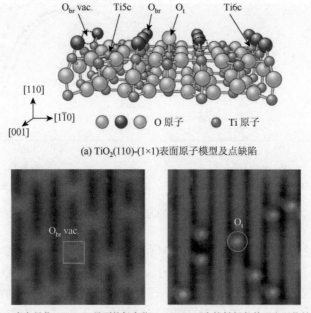

(a) TiO₂(110)-(1×1)表面原子模型及点缺陷

(b) 真空晶化TiO₂(110)晶面的氧空位　　(c) 120K下在接触氧条件下出现终结氧

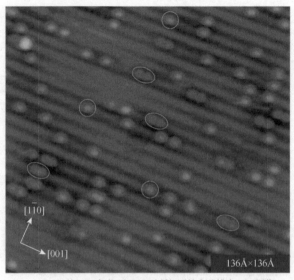

(d) 从120K加热到266K后所得到的高分辨率STM图像

图 5.24　TiO₂(110)晶面的结构（彩图扫封底二维码）[79]

异质结界面效应对载流子传输特性的影响可以通过 EIS 进一步研究。图 5.25（a）给出了奈奎斯特（Nyquist）图形式的 EIS 结果（频率为 0.1Hz～100kHz）。

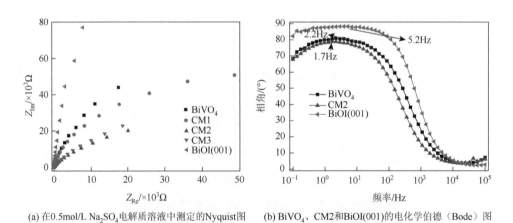

(a) 在0.5mol/L Na₂SO₄电解质溶液中测定的Nyquist图　　(b) BiVO₄、CM2和BiOI(001)的电化学伯德（Bode）图

图 5.25　BiVO₄/BiOI(001)、BiVO₄ 和 BiOI(001)样品的电化学性能

EIS 的测量条件是偏置电压为 1.23V 和可见光照射[从 FTO 的背面用可见光照射（λ>420nm），频率为 0.1Hz～1MHz]。EIS 测试采用三电极系统，光阳极为工作电极，因此交流阻抗 Nyquist 圆弧半径可以反映电极表面与电解质溶液之间电荷转移动力学[87]。不同光催化剂的圆弧半径符合如下顺序：BiOI(001)>BiVO₄>

CM1＞CM3＞CM2。EIS 研究表明，CM2 样品呈现最有效光阳极与电解质溶液的电荷传输效率。从 BiVO₄、CM2 和 BiOI(001)样品的 Bode 图看出，特征峰的最大频率（f_{max}）与样品的组成关系密切。一般来说，f_{max} 与复合时电子寿命时间常数（τ_n）关系[46, 88]如下：

$$\tau_n = 1 / (2\pi f_{max}) \qquad\qquad (5.10)$$

如图 5.25（b）所示，形成 BiVO₄/BiOI(001)异质结使频率明显下降，这表明上述异质结的载流子复合过程相对于单相更慢。该样品的光生载流子有更多的机会从光触媒转移到 FTO 或电解质溶液。EIS 结果也证实，BiVO₄/BiOI(001)更有利于减少光生载流子复合造成的损失。为理解 BiVO₄ 和 BiOI(001)的能带排列关系，此处进行了价带补偿（ΔE_V）计算分析[37, 89]，具体的表达形式参考式（1.12），其中，ΔE_{CL} 是 Bi4f（BiVO₄）和 Bi4f（BiOI）之间的能量差值，它是通过表征异质结样品获得的；$(4f\text{-VBM})_{mon}$ 和 $(4f\text{-VBM})_{tet}$ 分别是根据 BiVO₄ 和 BiOI 的测试值获得的。通过上述三个样品的实验数据[图 5.26（a）～（c）]能观察到，BiVO₄ 和 BiOI(001)中的 Bi4f 之间的差值与 BiVO₄/BiOI(001)中两相 Bi4f 之间的差值有所不同。BiVO₄ 的 Bi4f 7/2 结合能为 159.75eV[图 5.26（a）]，这与 Chala 等[90]报道的结果匹配。BiOI(001)的 Bi4f 7/2 结合能为 159.52eV[图 5.26（b）]。此外，BiVO₄/BiOI(001)中 Bi4f 形状具有不对称性，这是由于其 Bi 元素来源于不同的组分。我们使用若干参数去拟合组成上述复合物的两种单相材料，拟合复杂的 Bi4f XPS 时所用的参数有最大半高宽、峰面积比例和拟合背底等。对于拟合出的相应峰，结合能为 160.95eV 的 Bi4f 7/2 属于 BiVO₄ 中的 Bi 元素，结合能为 158.81eV 的 Bi4f 7/2 属于 BiOI(001)中的 Bi 元素，略低于 BiOI(001)中的 Bi 元素结合能。复合相中 BiOI(001)的 Bi4f 7/2 结合能降低与 Dai 等[91]报道的 BiOI/TiO₂ 体系中 Bi4f 峰位置降低较为一致。在 TiO₂/ZnO 体系中也能观察到相似的现象，Zn2p 3/2 结合能相对于纯相材料明显下降[89]。分析这个现象背后的原因，一种较为合理的解释是两种材料在异质结中产生了界面效应。

能带排列也可通过测试两种单相的平带电位来解释，这种方法对这种界面效应无能为力。通过线性拟合价带边缘基准线获得它们的交点为 VBM，结果表明 BiVO₄ 和 BiOI(001)分别为 1.65eV 和 1.31eV。随后计算得到 BiVO₄ 和 BiOI(001)的(4f-VBM)分别为 158.11eV 和 158.19eV。BiVO₄/BiOI(001)异质结中 Bi4f 差值明显大于两个纯相之间的 Bi4f 差值，这个差值被定义为 ΔE_{CL}，等于 2.14eV。因此，BiVO₄/BiOI(001)异质结中 BiVO₄ 和 BiOI(001)的 VBM 差值被确定为 2.22eV，此值稍大于已报道的两种化合物 BiVO₄ 和 BiOI(001)之间的 VBM 差值[91, 92]。再计算出 BiVO₄ 和 BiOI(001)之间的 CBM 差值为 1.56eV。其中，ΔE_{CL} 是 CM2 中 Bi4f 能级补偿值。BiVO₄ 和 BiOI(001)的 VBM 通过基线与价带边外推交点获得。BiVO₄/BiOI(001)异质结中两种单相能带排列的计算结果如图 5.26（d）所示。在热力学平衡状态下，两种半导体形成内电场，因此在 p 型 BiOI 区具有负电荷；在 n 型 BiVO$_4$ 区具有正电荷。在可见光照射下，BiOI(001) 和 BiVO$_4$ 可以激发光生电子和空穴。在耦合半导体界面产生的电位差是光生载流子分离的驱动力，进而提高光催化活性[91, 93]。光生电子流向 BiOI(001) 遇到阻力，流向 BiVO$_4$ 是受到电位驱动而自发进行的；光生空穴受到电位作用而流向 BiOI(001)。因此，光生电子-空穴对在 n-BiVO$_4$/p-BiOI(001) 界面处有效分离，电子-空穴对的复合概率大大降低。活性最高的 CM2 可以归因于通过异质结实现了有效的电荷分离。此外，相比单组分，上述异质结中电子寿命延长也有利于光催化活性的提高。

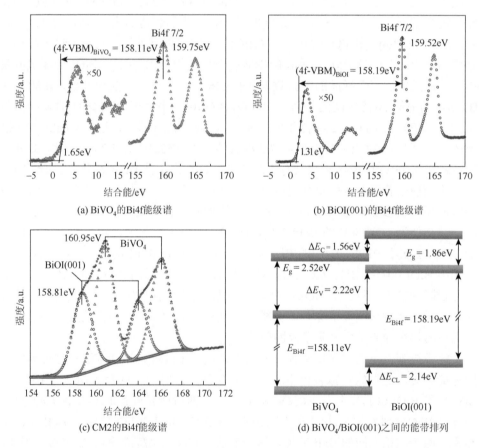

图 5.26　BiVO$_4$、BiOI(001) 和 CM2 样品的 Bi4f 能级谱及 BiVO$_4$/BiOI(001) 之间的能带排列

BiVO$_4$ 和 BiOI(001) 形成的 p-n 结可以产生协同作用，促进光生电子和空穴的高效分离。作者原位构造了 BiVO$_4$/BiOCl(001) 异质结[70]，利用上述方法研究了 BiVO$_4$ 与 BiOCl(001) 之间的能带排列机制（图 5.27）。

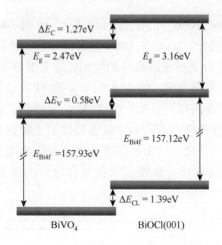

图 5.27　BiVO₄/BiOCl(001)异质结的能带排列机制

为确定光生载流子的流动特性，表面光电压（surface photovoltage，SPV）分析也是一种较为有效的手段。产生在半导体空间电荷区域的电子-空穴对在内电场的作用下很容易分离，关闭激光前后会产生 SPV 信号的急剧变化，以此来推断光生载流子的流动特性。

Fan 等[94]对比了 Bi_2O_3/$BaTiO_3$ 异质结与机械混合 Bi_2O_3 与 $BaTiO_3$ 样品的 SPV，如图 5.28 所示，机械混合 Bi_2O_3 与 $BaTiO_3$ 样品的 SPV 远低于 Bi_2O_3/$BaTiO_3$ 异质结样品。这表明异质结内的光致电荷分离比机械混合物更容易。这一结果进一步证实了界面电场的存在。

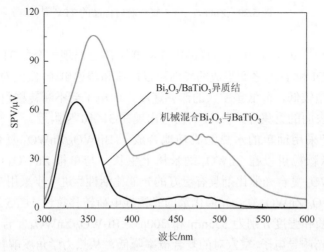

图 5.28　Bi_2O_3 与 $BaTiO_3$ 处于不同状态下的 SPV [94]

　　Jiang 等[95] 以 ZnO/BiOI 异质结为模型，通过瞬态光电压（transient photovoltage，TPV）研究了 ZnO 与 BiOI 复合前后的光电压变化情况（图 5.29）。图中，0.05、0.1、0.15 分别指相应组分的比例。与单组分相比，ZnO 与 BiOI 复合后 TPV 急剧增加。研究也表明，位于 3×10^{-7}s 的 TPV 信号峰应归因于内电场促进光生电子–空穴对分离的作用。第一个 TPV 信号峰后，在催化剂表面的电子由于再复合导致电荷浓度降低。空穴的漂移速度比电子慢得多，在催化剂表面富集相应的正电荷信号。电荷之间的相互作用会强烈地影响电子的扩散，所以在这个过程中电荷载体运输速度慢，致使二次再复合进程出现了一个位于 4×10^{-2}s 的 TPV 信号峰。

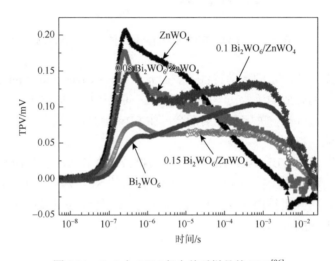

图 5.29　ZnO 与 BiOI 复合前后样品的 TPV[96]

　　Zhang 等[71]发现 BiOI/TiO$_2$ 样品中 3×10^{-6}s 附近出现一个负 TPV 信号，这可能是由于 BiOI 和 TiO$_2$ 之间形成的界面可以捕获和传递电子–空穴对。BiOI 和 TiO$_2$ 之间接触势垒较低，降低了空穴的漂移速度，而电子会不断转移到颗粒表面。因此，电子在表面的富集导致负 TPV 信号出现在 3×10^{-6}s 附近。

　　He 等[96]采用简单的水热法成功地合成了 Bi$_2$WO$_6$/ZnWO$_4$ 复合光催化剂，Bi$_2$WO$_6$ 纳米颗粒可以在 ZnWO$_4$ 纳米棒上生长。与单根 ZnWO$_4$ 纳米棒相比，Bi$_2$WO$_6$/ZnWO$_4$ 复合光催化剂具有更好的光催化活性。进一步采用 TPV 技术详细研究了 Bi$_2$WO$_6$/ZnWO$_4$ 复合光催化剂的光诱导电荷转移特性（图 5.29），其中，激光脉冲的波长和强度分别为 355nm 和 200μJ。Bi$_2$WO$_6$/ZnWO$_4$ 复合光催化剂的良好界面导致光诱导电子–空穴对的复合概率降低，从热力学角度解释了电子–空穴对分离增强光催化活性的机理，并提出了能带排列构型（图 5.30）。

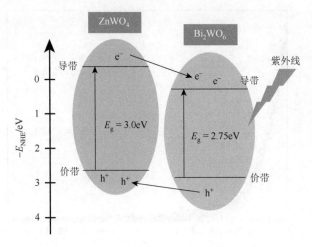

图 5.30　Bi₂WO₆/ZnWO₄异质结的能带位置[96]

　　一般来说，瞬态光致发光（transient fluorescence photoluminescence，TPL）动力学可以提供关于辐射和非辐射弛豫过程的信息[97]，因此光生载流子寿命也被认为对材料的光催化性能起着关键作用。整个衰减曲线可以很好地拟合到由式（5.11）组成的二阶指数衰减模型[98, 99]：

$$I(t) = A_1 \exp\left(\frac{-t}{\tau_1}\right) + A_2 \exp\left(\frac{-t}{\tau_2}\right) + B \tag{5.11}$$

式中，I 为发光强度；A_1、A_2 和 B 为常数；t 为时间；τ_1 和 τ_2 为载流子的寿命。载流子的平均寿命为

$$\tau^* = \left(A_1\tau_1^2 + A_2\tau_2^2\right) / \left(A_1\tau_1 + A_2\tau_2\right) \tag{5.12}$$

　　Zheng 等[100]以 MoS₂/CdS 异质结为模型研究了 TPL 动力学行为。从图 5.31 中可以看出，MoS₂/CdS 异质结与 CdS 中光生电子的衰减速率出现了差别。MoS₂/CdS 的辐射复合寿命（τ_1）比 CdS 长，这表明 MoS₂ 与 CdS 复合后的光生电子和空穴的复合概率受到一定程度的抑制。衰减时间（τ_2）通常被认为是俘获电子和空穴的间接复合（与其他物质的反应）寿命。研究发现，MoS₂/CdS 异质结的衰减时间（τ_2）比 CdS 短，表明其反应速度快。通过式（5.12）可以计算出 CdS 的载流子平均寿命为 2.5465ns，高于 MoS₂/CdS 异质结的载流子平均寿命（1.2020ns）。这可能是由于 CdS 本身的导电性较弱，需要更长的时间进行电子转移。当 CdS 与 MoS₂ 结合后，MoS₂/CdS 异质结的电导率进一步提高，电子转移时间缩短。此外，MoS₂/CdS 异质结中电子寿命的缩短可能也与 MoS₂ 与 CdS 界面处电子发生了非辐射猝灭，从而形成新的电子转移路径有关。

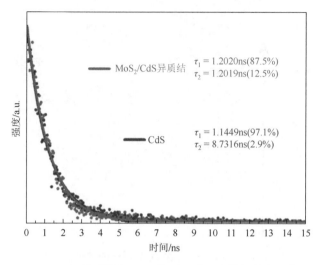

图 5.31　MoS$_2$/CdS 异质结与 CdS 的 TPL 谱（彩图扫封底二维码）[100]

　　如前所述，采用 Er^{3+}, Yb^{3+}掺杂制备了 BiVO$_4$/BiVO$_4$: Er^{3+}, Yb^{3+}核壳结构。当用红外线激发样品外部壳层时，Er^{3+}物种会发生从 ^{2}H$_{11/2}$ 的电子跃迁到 ^{4}I$_{15/2}$ 和从 ^{4}F$_{9/2}$ 的电子跃迁到 ^{4}I$_{15/2}$ 的激发状态，进而形成红外响应的特性。另外，核与壳之间的组成不同进一步导致其导带与价带的电位不同，因此对光催化性能的改善起到促进作用（图 5.32）。

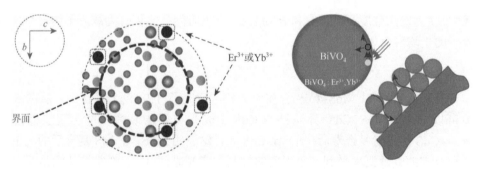

图 5.32　BiVO$_4$/BiVO$_4$: Er^{3+}, Yb^{3+}的结构及上转换示意图（彩图扫封底二维码）

　　光催化技术在环境治理和能源转化与存储等领域具有广阔的应用前景。例如，通过构筑合理的结构来增强光催化效率是基于 p-n 异质结（或其他结，其载流子转移方式有差别）有效的电荷分离，使氧化空穴从一个半导体流向另一个半导体，使还原电子在界面电场作用下沿相反方向流动。这个简单的策略可以用来构建活性较高的光催化剂。目前新颖的调控技术层出不穷，但如何控制光生载流子复合速率、如何增加光催化剂的使用寿命仍是重点关注的问题，实际上绝大多数光催化剂的光催化效率还无法满足实际应用的需求。因此，如何提高光催化剂的光催化效率和稳定性仍然是摆在研究者面前的重要课题。

参 考 文 献

[1] Xiong Z G, Wu H, Zhang L H, et al. Synthesis of TiO₂ with controllable ratio of anatase to rutile[J]. Journal of Materials Chemistry A, 2014, 2(24): 9291-9297.

[2] Singh P, Mondal K, Sharma A. Reusable electrospun mesoporous ZnO nanofiber mats for photocatalytic degradation of polycyclic aromatic hydrocarbon dyes in wastewater[J]. Journal of Colloid and Interface Science, 2013, 394: 208-215.

[3] Tada H, Mitsui T, Kiyonaga T, et al. All-solid-state Z-scheme in CdS-Au-TiO₂ three-component nanojunction system[J]. Nature Materials, 2006, 5(10): 782-786.

[4] Chen X B, Liu L, Yu P Y, et al. Increasing solar absorption for photocatalysis with black hydrogenated titanium dioxide nanocrystals[J]. Science, 2011, 331(6018): 746-750.

[5] Ma Y F, Jiang H Q, Zhang X C, et al. Synthesis of hierarchical m-BiVO₄ particles via hydro-solvothermal method and their photocatalytic properties[J]. Ceramics International, 2014, 40(10): 16485-16493.

[6] Zhou M, Wu H B, Bao J, et al. Ordered macroporous BiVO₄ architectures with controllable dual porosity for efficient solar water splitting[J]. Angewandte Chemie International Edition, 2013, 125(33): 8741-8745.

[7] Kudo A, Miseki Y. Heterogeneous photocatalyst materials for water splitting[J]. Chemical Society Reviews, 2009, 38(1): 253-278.

[8] Zhou J, Tian G, Chen Y, et al. Growth rate controlled synthesis of hierarchical Bi₂S₃/In₂S₃ core/shell microspheres with enhanced photocatalytic activity[J]. Scientific Reports, 2014, 4: 4027.

[9] Sarkar D, Ghosh C K, Mukherjee S, et al. Three dimensional Ag₂O/TiO₂ type-II (p-n) nanoheterojunctions for superior photocatalytic activity[J]. ACS Applied Materials & Interfaces, 2013, 5(2): 331-337.

[10] Asahi R, Morikawa T, Ohwaki T, et al. Visible-light photocatalysis in nitrogen-doped titanium oxides[J]. Science, 2001, 293(5528): 269-271.

[11] Li J Q, Guo Z Y, Liu H, et al. Two-step hydrothermal process for synthesis of F-doped BiVO₄ spheres with enhanced photocatalytic activity[J]. Journal of Alloys and Compounds, 2013, 581: 40-45.

[12] Wang M, Che Y S, Niu C, et al. Lanthanum and boron co-doped BiVO₄ with enhanced visible light photocatalytic activity for degradation of methyl orange[J]. Journal of Rare Earths, 2013, 31(9): 878-884.

[13] Shan L W, Wang G L, Suriyaprakash J, et al. Solar light driven pure water splitting of B-doped BiVO₄ synthesized via a sol-gel method[J]. Journal of Alloys and Compounds, 2015, 636: 131-137.

[14] Zhong D K, Choi S, Gamelin D R. Near-complete suppression of surface recombination in solar photoelectrolysis by "Co-Pi" catalyst-modified W: BiVO₄[J]. Journal of the American Chemical Society, 2011, 133(45): 18370-18377.

[15] Kim T W, Choi K S. Nanoporous BiVO₄ photoanodes with dual-layer oxygen evolution catalysts for solar water splitting[J]. Science, 2014, 343(6174): 990-994.

[16] Tang D, Zhang H C, Huang H, et al. Carbon quantum dots enhance the photocatalytic performance of BiVO₄ with different exposed facets[J]. Dalton Transactions, 2013, 42(18): 6285-6289.

[17] Zhang C, Shi Y, Si Y, et al. Improved carrier lifetime in BiVO₄ by spin protection[J]. Nano Letters, 2022, 22: 6334-6341.

[18] Qi Y, Zhang J, Kong Y, et al. Unraveling of cocatalysts photodeposited selectively on facets of BiVO₄ to boost solar water splitting[J]. Nature Communications, 2022, 13(1): 484.

[19] Barawi M, Gomez-Mendoza M, Oropeza F E, et al. Laser-reduced BiVO₄ for enhanced photoelectrochemical water splitting[J]. ACS Applied Materials & Interfaces, 2022, 14: 33200-33210.

[20] Xu X, Xu Y, Xu F, et al. Black BiVO₄: Size tailored synthesis, rich oxygen vacancies, and sodium storage performance[J]. Journal of Materials Chemistry A, 2020, 8(4): 1636-1645.

[21] Kudo A, Omori K, Kato H. A novel aqueous process for preparation of crystal form-controlled and highly crystalline BiVO₄ powder from layered vanadates at room temperature and its photocatalytic and photophysical properties[J]. Journal of the American Chemical Society, 1999, 121(49): 11459-11467.

[22] Hoffmann M R, Martin S T, Choi W, et al. Environmental applications of semiconductor photocatalysis[J]. Chemical Reviews, 1995, 95(1): 69-96.

[23] Linsebigler A L, Lu G, Yates J T. Photocatalysis on TiO₂ surfaces: Principles, mechanisms, and selected results[J]. Chemical Reviews, 1995, 95(3): 735-758.

[24] Pan J, Liu G, Lu G Q, et al. On the true photoreactivity order of {001}, {010}, and {101} facets of anatase TiO₂ crystals[J]. Angewandte Chemie International Edition, 2011, 50(9): 2133-2137.

[25] Mondal K, Bhattacharyya S, Sharma A. Photocatalytic degradation of naphthalene by electrospun mesoporous carbon-doped anatase TiO₂ nanofiber mats[J]. Industrial & Engineering Chemistry Research, 2014, 53(49): 18900-18909.

[26] Liang Y Q, Tsubota T, Mooij L P A, et al. Highly improved quantum efficiencies for thin film BiVO₄ photoanodes[J]. Journal of Physical Chemistry C, 2011, 115(35): 17594-17598.

[27] Walsh A, Yan Y, Huda M N, et al. Band edge electronic structure of BiVO₄: Elucidating the role of the Bi s and V d orbitals[J]. Chemistry of Materials, 2009, 21(3): 547-551.

[28] Holland K, Dutter M R, Lawrence D J, et al. Photoelectrochemical performance of W-doped BiVO₄ thin films deposited by spray pyrolysis[J]. Journal of Photonics for Energy, 2014, 4: 88220F.

[29] Fathimah S S, Rao P P, James V, et al. Probing structural variation and multifunctionality in niobium doped bismuth vanadate materials[J]. Dalton Transactions, 2014, 43(42): 15851-15860.

[30] Choi W, Termin A, Hoffmann M R. The role of metal ion dopants in quantum-sized TiO₂: Correlation between photoreactivity and charge carrier recombination dynamics[J]. Journal of Physical Chemistry, 1994, 98(51): 13669-13679.

[31] Hong X P, Kim J, Shi S F, et al. Ultrafast charge transfer in atomically thin MoS₂/WS₂ heterostructures[J]. Nature Nanotechnology, 2014, 9: 682-686.

[32] Zhang W Q, Wang M, Zhao W J, et al. Magnetic composite photocatalyst ZnFe₂O₄/BiVO₄: Synthesis, characterization, and visible-light photocatalytic activity[J]. Dalton Transactions, 2013, 42(43): 15464-15474.

[33] Bajaj R, Sharma M, Bahadur D. Visible light-driven novel nanocomposite (BiVO₄/CuCr₂O₄) for efficient degradation of organic dye[J]. Dalton Transactions, 2013, 42(19): 6736-6744.

[34] Guan M L, Ma D K, Hu S W, et al. From hollow olive-shaped BiVO₄ to n-p core-shell BiVO₄@Bi₂O₃ microspheres: Controlled synthesis and enhanced visible-light-responsive photocatalytic properties[J]. Inorganic Chemistry, 2011, 50(3): 800-805.

[35] Li L Z, Yan B. BiVO₄/Bi₂O₃ submicrometer sphere composite: Microstructure and photocatalytic activity under visible-light irradiation[J]. Journal of Alloys and Compounds, 2009, 476(1-2): 624-628.

[36] Chen L, Zhang Q, Huang R, et al. Porous peanut-like Bi₂O₃-BiVO₄ composites with heterojunctions: One-step

synthesis and their photocatalytic properties[J]. Dalton Transactions, 2012, 41(31): 9513-9518.

[37]　Scanlon D O, Dunnill C W, Buckeridge J, et al. Band alignment of rutile and anatase TiO_2[J]. Nature Materials, 2013, 12(9): 798-801.

[38]　Gao X H, Wu H B, Zheng L X, et al. Formation of mesoporous heterostructured $BiVO_4/Bi_2S_3$ hollow discoids with enhanced photoactivity[J]. Angewandte Chemie International Edition, 2014, 53(23): 5917-5921.

[39]　Kim W J, Pradhan D, Min B K, et al. Adsorption/photocatalytic activity and fundamental natures of BiOCl and $BiOCl_xI_{1-x}$ prepared in water and ethylene glycol environments, and Ag and Au-doping effects[J]. Applied Catalysis B: Environmental, 2014, 147: 711-725.

[40]　Shenawi-Khalil S, Uvarov V, Kritsman Y, et al. A new family of $BiO(Cl_xBr_{1-x})$visible light sensitive photocatalysts[J]. Catalysis Communications, 2011, 12: 1136-1141.

[41]　Gallo P, Amann-Winkel K, Angell C A, et al. Water: A tale of two liquids[J]. Chemical Reviews, 2016, 116(13): 7463-7500.

[42]　Cheng C, Li S, Thomas A, et al. Functional graphene nanomaterials based architectures: Biointeractions, fabrications, and emerging biological applications[J]. Chemical Reviews, 2017, 117(3): 1826-1914.

[43]　Luo W J, Li Z S, Yu T, et al. Effects of surface electrochemical pretreatment on the photoelectrochemical performance of Mo-doped $BiVO_4$[J]. Journal of Physical Chemistry C, 2012, 116(8): 5076-5081.

[44]　Chang X X, Wang T, Zhang P, et al. Enhanced surface reaction kinetics and charge separation of p-n Heterojunction $Co_3O_4/BiVO_4$ photoanodes[J]. Journal of the American Chemical Society, 2015, 137(26): 8356-8359.

[45]　Hernández S, Barbero G, Saracco G, et al. Considerations on oxygen bubble formation and evolution on $BiVO_4$ porous anodes used in water splitting photoelectrochemical cells[J]. Journal of Physical Chemistry C, 2015, 119(18): 9916-9925.

[46]　Zhou M, Bao J, Xu Y, et al. Photoelectrodes based upon Mo: $BiVO_4$ inverse opals for photoelectrochemical water splitting[J]. ACS Nano, 2014, 8(7): 7088-7098.

[47]　Ma M, Kim J K, Zhang K, et al. Double-deck inverse opal photoanodes: Efficient light absorption and charge separation in heterojunction[J]. Chemistry of Materials, 2014, 26(19): 5592-5597.

[48]　Hermann J, DiStasio R A, Tkatchenko A. First-principles models for van der waals interactions in molecules and materials: Concepts, theory, and applications[J]. Chemical Reviews, 2017, 117(6): 4714-4758.

[49]　Eaton S W, Fu A, Wong A B, et al. Semiconductor nanowire lasers[J]. Nature Reviews Materials, 2016, 1(6): 16028.

[50]　Rao P M, Cai L L, Liu C, et al. Simultaneously efficient light absorption and charge separation in $WO_3/BiVO_4$ core/shell nanowire photoanode for photoelectrochemical water oxidation[J]. Nano Letters, 2014, 14(2): 1099-1105.

[51]　He B, Li Z, Zhao D, et al. Fabrication of porous Cu-doped $BiVO_4$ nanotubes as efficient oxygen-evolving photocatalysts[J]. ACS Applied Nano Materials, 2018, 1(6): 2589-2599.

[52]　Wang W, Yu Y, An T, et al. Visible-light-driven photocatalytic inactivation of E. coli K-12 by bismuth vanadate nanotubes: Bactericidal performance and mechanism[J]. Environmental Science & Technology, 2012, 46(8): 4599-4606.

[53]　Sun S M, Wang W Z, Li D Z, et al. Solar light driven pure water splitting on quantum sized $BiVO_4$ without any cocatalyst[J]. ACS Catalysis, 2014, 4: 3498-3503.

[54]　Zhang K, Lu Y, Zou Q, et al. Tuning selectivity of photoelectrochemical water oxidation via facet-engineered

interfacial energetics[J]. ACS Energy Letters, 2021, 6(11): 4071-4078.

[55]   Zhong M, Hisatomi T, Kuang Y B, et al. Surface modification of CoOx loaded BiVO4 photoanodes with ultrathin p-Type NiO layers for improved solar water oxidation[J]. Journal of the American Chemical Society, 2015, 137(15): 5053-5060.

[56]   龙冉. 钯纳米晶体的可控合成及其催化性能的晶面依赖性研究[D]. 合肥: 中国科学技术大学, 2014.

[57]   Tian N, Zhou Z Y, Yu N F, et al. Direct electrodeposition of tetrahexahedral Pd nanocrystals with high-index facets and high catalytic activity for ethanol electrooxidation[J]. Journal of the American Chemical Society, 2010, 132(22): 7580-7581.

[58]   Yu N F, Tian N, Zhou Z Y, et al. Pd nanocrystals with continuously tunable high-index facets as a model nanocatalyst[J]. ACS Catalysis, 2019, 9(4): 3144-3152.

[59]   Shan L W, Liu Y T, Bi J J, et al. Enhanced photocatalytic activity with a heterojunction between BiVO4 and BiOI[J]. Journal of Alloys and Compounds, 2017, 721: 784-794.

[60]   Tokunaga S, Kato H, Kudo A. Selective preparation of monoclinic and tetragonal BiVO4 with scheelite structure and their photocatalytic properties[J]. Chemistry of Materials, 2001, 13(12): 4624-4628.

[61]   Ye L Q, Tian L H, Peng T Y, et al. Synthesis of highly symmetrical BiOI single-crystal nanosheets and their {001} facet-dependent photoactivity[J]. Journal of Materials Chemistry, 2011, 21(33): 12479-12484.

[62]   Zhang C, Zhu Y. Synthesis of square Bi2WO6 nanoplates as high-activity visible-light-driven photocatalysts[J]. Chemistry of Materials, 2005, 17(13): 3537-3545.

[63]   Tauc J, Grigorovici R, Vancu A. Optical properties and electronic structure of amorphous germanium[J]. Physica Status Solidi, 1966, 15(2): 627-637.

[64]   Jiang H Y, Dai H X, Meng X, et al. Porous olive-like BiVO4: Alcoho-hydrothermal preparation and excellent visible-light-driven photocatalytic performance for the degradation of phenol[J]. Applied Catalysis B: Environmental, 2011, 105(3-4): 326-334.

[65]   Wang M, Liu Q, Che Y S, et al. Characterization and photocatalytic properties of N-doped BiVO4 synthesized via a sol-gel method[J]. Journal of Alloys and Compounds, 2013, 548: 70-76.

[66]   Ren K X, Zhang K, Liu J, et al. Controllable synthesis of hollow/flower-like BiOI microspheres and highly efficient adsorption and photocatalytic activity[J]. CrystEngComm, 2012, 14(13): 4384-4390.

[67]   Jiang D L, Chen L L, Zhu J J, et al. Novel p-n heterojunction photocatalyst constructed by porous graphite-like C3N4 and nanostructured BiOI: Facile synthesis and enhanced photocatalytic activity[J]. Dalton Transactions, 2013, 42: 15726-15734.

[68]   Wang Y A, Deng K J, Zhang L Z. Visible light photocatalysis of BiOI and its photocatalytic activity enhancement by in situ ionic liquid modification[J]. Journal of Physical Chemistry C, 2011, 115(29): 14300-14308.

[69]   Liu Y Y, Wang Z Y, Huang B B, et al. Preparation, electronic structure, and photocatalytic properties of Bi2O2CO3 nanosheet[J]. Applied Surface Science, 2010, 257(1): 172-175.

[70]   Shan L W, Liu Y T, Suriyaprakash J, et al. Highly efficient photocatalytic activities, band alignment of BiVO4/BiOCl {001} prepared by in situ chemical transformation[J]. Journal of Molecular Catalysis A—Chemical, 2016, 411: 179-187.

[71]   Zhang X, Zhang L Z, Xie T F, et al. Low-temperature synthesis and high visible-light-induced photocatalytic activity of BiOI/TiO2 heterostructures[J]. Journal of Physical Chemistry C, 2009, 113(17): 7371-7378.

[72]   Reddy K H, Martha S, Parida K M. Fabrication of novel p-BiOI/n-ZnTiO3 heterojunction for degradation of rhodamine 6g under visible light irradiation[J]. Inorganic Chemistry, 2013, 52(11): 6390-6401.

[73]　Cheng H F, Huang B B, Dai Y, et al. One-step synthesis of the nanostructured AgI/BiOI composites with highly enhanced visible-light photocatalytic performances[J]. Langmuir: The ACS Journal of Surfaces and Colloids, 2010, 26(9): 6618-6624.

[74]　Shan L W, Liu Y T, Ma C G, et al. Enhanced photocatalytic performance in Ag^+-induced BiVO₄/β-Bi₂O₃ heterojunctions[J]. European Journal of Inorganic Chemistry, 2016, 2016(2): 232-239.

[75]　Niu N, He F, Gai S, et al. Rapid microwave reflux process for the synthesis of pure hexagonal NaYF₄: Yb^{3+}, Ln^{3+}, $Bi^{3+}(Ln^{3+} = Er^{3+}, Tm^{3+}, Ho^{3+})$ and its enhanced UC luminescence[J]. Journal of Materials Chemistry, 2012, 22(40): 21613-21623.

[76]　Mahalingam V, Hazra C, Naccache R, et al. Enhancing the color purity of the green upconversion emission from Er^{3+}/Yb^{3+}-doped GdVO₄ nanocrystals via tuning of the sensitizer concentration[J]. Journal of Materials Chemistry C, 2013, 1(40): 6536-6540.

[77]　Shan L W, Liu Y T. Er^{3+}, Yb^{3+} doping induced core-shell structured BiVO₄ and near-infrared photocatalytic properties[J]. Journal of Molecular Catalysis A—Chemical, 2016, 416: 1-9.

[78]　Pan L, Zou J J, Zhang X W, et al. Water-mediated promotion of dye sensitization of TiO₂ under visible light[J]. Journal of the American Chemical Society, 2011, 133(26): 10000-10002.

[79]　Zhang Z, Lee J, Yates J T, et al. Unraveling the diffusion of bulk Ti interstitials in rutile TiO₂(110) by monitoring their reaction with O adatoms[J]. Journal of Physical Chemistry C, 2010, 114(7): 3059-3062.

[80]　Li H, Shang J, Ai Z H, et al. Efficient visible light nitrogen fixation with BiOBr nanosheets of oxygen vacancies on the exposed {001} facets[J]. Journal of the American Chemical Society, 2015, 137(19): 6393-6399.

[81]　Kim H S, Cook J B, Lin H, et al. Oxygen vacancies enhance pseudocapacitive charge storage properties of MoO_{3-x}[J]. Nature Materials, 2017, 16: 454-460.

[82]　Setvín M, Aschauer U, Scheiber P, et al. Reaction of O₂ with subsurface oxygen vacancies on TiO₂ anatase(101)[J]. Science, 2013, 341(6149): 988-991.

[83]　Zhu C Q, Li C L, Zheng M J, et al. Plasma-induced oxygen vacancies in ultrathin hematite nanoflakes promoting photoelectrochemical water oxidation[J]. ACS Applied Materials & Interfaces, 2015, 7(40): 22355-22363.

[84]　Ali A, Ruzybayev I, Yassitepe E, et al. Interplay of vanadium states and oxygen vacancies in the structural and optical properties of TiO₂: V thin films[J]. Journal of Physical Chemistry C, 2013, 117(38): 19517-19524.

[85]　Wendt S, Schaub R, Matthiesen J, et al. Oxygen vacancies on TiO₂(110) and their interaction with H₂O and O₂: A combined high-resolution STM and DFT study[J]. Surface Science, 2005, 598(1-3): 226-245.

[86]　Wu S J, Xiong J W, Sun J G, et al. Hydroxyl-dependent evolution of oxygen vacancies enables the regeneration of BiOCl photocatalyst[J]. ACS Applied Materials & Interfaces, 2017, 9(19): 16620-16626.

[87]　Jo W J, Jang J W, Kong K J, et al. Phosphate doping into monoclinic BiVO₄ for enhanced photoelectrochemical water oxidation activity[J]. Angewandte Chemie International Edition, 2012, 124(13): 3201-3205.

[88]　Cheng C W, Karuturi S K, Liu L J, et al. Quantum-dot-sensitized TiO₂ inverse opals for photoelectrochemical hydrogen generation[J]. Small, 2012, 8(1): 37-42.

[89]　Wang J, Liu X L, Yang A L, et al. Measurement of wurtzite ZnO/rutile TiO₂ heterojunction band offsets by X-ray photoelectron spectroscopy[J]. Applied Physics A, 2011, 103(4): 1099-1103.

[90]　Chala S, Wetchakun K, Phanichphant S, et al. Enhanced visible-light-response photocatalytic degradation of methylene blue on Fe-loaded BiVO₄ photocatalyst[J]. Journal of Alloys and Compounds, 2014, 597: 129-135.

[91]　Dai G P, Yu J G, Liu G. Synthesis and enhanced visible-light photoelectrocatalytic activity of p-n junction BiOI/TiO₂ nanotube arrays[J]. Journal of Physical Chemistry C, 2011, 115(15): 7339-7346.

[92] Yuan Q, Chen L, Xiong M, et al. Cu$_2$O/BiVO$_4$ heterostructures: Synthesis and application in simultaneous photocatalytic oxidation of organic dyes and reduction of Cr(Ⅵ) under visible light[J]. Chemical Engineering Journal, 2014, 255: 394-402.

[93] Zhang Z, Yates J T. Band bending in semiconductors: Chemical and physical consequences at surfaces and interfaces[J]. Chemical Reviews , 2012, 112(10): 5520-5551.

[94] Fan H, Li H, Liu B, et al. Photoinduced charge transfer properties and photocatalytic activity in Bi$_2$O$_3$/BaTiO$_3$ composite photocatalyst[J]. ACS Applied Materials & Interfaces, 2012, 4(9): 4853-4857.

[95] Jiang J, Zhang X, Sun P B, et al. ZnO/BiOI heterostructures: Photoinduced charge-transfer property and enhanced visible-light photocatalytic activity[J]. Journal of Physical Chemistry C, 2011, 115(42): 20555-20564.

[96] He D, Wang L, Xu D, et al. Investigation of photocatalytic activities over Bi$_2$WO$_6$/ZnWO$_4$ composite under UV light and its photoinduced charge transfer properties[J]. ACS Applied Materials & Interfaces, 2011, 3(8): 3167-3171.

[97] Wang G S, Wei H Y, Shi J J, et al. Significantly enhanced energy conversion efficiency of CuInS$_2$ quantum dot sensitized solar cells by controlling surface defects[J]. Nano Energy, 2017, 35: 17-25.

[98] Wang H, Liang Y H, Liu L, et al. Enriched photoelectrocatalytic degradation and photoelectric performance of BiOI photoelectrode by coupling RGO[J]. Applied Catalysis B: Environmental, 2017, 208: 22-34.

[99] Wu G, Zhao Y, Li Y, et al. Assembled and isolated Bi$_5$O$_7$I nanowires with good photocatalytic activities[J]. Crystengcomm, 2017, 19(15): 2113-2125.

[100] Zheng X, Han H, Liu J, et al. Sulfur vacancy-mediated electron-hole separation at MoS$_2$/CdS heterojunctions for boosting photocatalytic N$_2$ reduction[J]. ACS Applied Energy Materials, 2022, 5(4): 4475-4485.

第 6 章　BiOI 光催化还原 CO₂ 性能

6.1　概　述

近年来，半导体光催化技术被认为是最有潜力减少 CO_2 排放和提高太阳能转化效率的解决方案[1-4]。一般而言，晶面工程中半导体的光催化活性取决于其高光催化活性暴露面比例。半导体晶体不同的暴露面具有各向异性[5]，不同的暴露面的电子结构也不同，因此表现出不同的光催化活性[6, 7]。例如，使用氟封端的 TiO_2 表面合成了高度暴露的(001)晶面锐钛矿 TiO_2，发现暴露的(001)晶面比暴露的(101)晶面具有更高的光催化活性[8]。Peng 等[9]的研究表明(110)晶面暴露的 BiOCl 微棒对 Cr^{4+} 的光还原性能是(001)晶面暴露的 BiOCl 微棒的 2.5 倍。此外，各种半导体光催化剂（如 CuO[10]、$BiVO_4$[11, 12]和 BiOCl[13, 14]）的不同晶面对光催化反应活性非常敏感。因此，半导体的晶面工程化有助于先进光催化剂的设计[15-18]。

部分研究使用 CO_2 还原反应评估 BiOI 的(001)和(010)晶面在光照射下的光催化活性。本章对制备的样品通过 XRD、TEM、FTIR、紫外-可见漫反射光谱、时间分辨荧光光谱、荧光光谱、N_2 吸附-脱附等温线和 CO_2 吸附-脱附等温线等进行研究，通过实验证明和 DFT 计算，分析 BiOI 不同晶体学暴露面光催化还原 CO_2 性能差异的原因。

6.2　物相结构与形貌表征

图 6.1（a）为 B001 样品的 TEM 图像。如图 6.1（a）所示，B001 样品为典型的片状形貌。图 6.1（b）为 B001 样品的 SAED 图像，经过计算，图中圆圈内的衍射斑点属于 BiOI 的(110)晶面，矩形内的衍射斑点属于 BiOI 的(1̄10)晶面。(110)和(1̄10)晶面的夹角为 90°，表明该样品主要的晶体学暴露面为 BiOI 的(001)晶面。图 6.1（c）为 B010 样品的 TEM 图像。如图 6.1（c）所示，B010 样品也为典型的片状形貌。图 6.1（d）为 B010 样品的 HRTEM 图像。如图 6.1（d）所示，0.36nm 的晶格间距对应(101)晶面，因此推断该样品主要的晶体学暴露面为 BiOI 的(010)晶面。

(a) B001的TEM图像   (b) B001的SAED图像

(c) B010的TEM图像   (d) B010的HRTEM图像

图 6.1　BiOI 样品的 TEM、SAED 和 HRTEM 图像

图 6.2 为 B001 和 B010 样品的拉曼光谱图。在 $50\sim200\text{cm}^{-1}$ 范围内，85.0cm^{-1} 和 148.5cm^{-1} 处的两个典型振动峰分别分配给 Bi—I 伸缩模式的 A_{1g} 和 E_{1g}[19, 20]。BiOI 振动模式如下：

$$\Gamma = 2E_u + 2A_{2u} + 2A_{1g} + B_{1g} + 3E_{1g} \tag{6.1}$$

式中，E_u、A_{2u} 为红外活性；A_{1g}、B_{1g} 和 E_{1g} 为拉曼活性。如图 6.2 所示，85.2cm^{-1} 和 149.1cm^{-1} 处的两个典型振动峰分别为 BiOI 的(010)晶面的 E_{1g}（Bi—I）和 A_{1g}（Bi—I）振动模式，83.2cm^{-1} 和 147.1cm^{-1} 处的两个典型振动峰分别为 BiOI 的(001)晶面的 E_{1g}（Bi—I）和 A_{1g}（Bi—I）振动模式。与 B010 样品相比，B001 样品中的 E_{1g}（Bi—I）和 A_{1g}（Bi—I）振动模式的拉曼峰红移，这可能是 BiOI 的(001)晶面的择优取向暴露导致表面层中 Bi—I 键变长[21]。B001(001)晶面的 Bi—I 键变长，Bi—I 的键合力降低，电子云密度降低，非局域电子数量增加，有利于成键轨道的空间扩展并提高了电子与空穴的分离效率，从而可以提高 CO_2 还原反应的光催化活性。

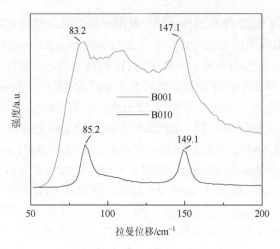

图 6.2　BiOI 样品的拉曼光谱图

图 6.3 为 B001 和 B010 样品的 XRD 图谱。如图 6.3 所示，9.68°、29.74°、31.73°、39.45°和 55.30°处的特征峰分别对应 BiOI 的(001)、(012)、(110)、(004) 和(122)晶面。因此，制备的 B001 和 B010 样品为四方相的 BiOI（ICSD：73-2062，$a = b = 3.9840Å$，$c = 9.1280Å$，$P4/mmm$ 结构）。B001 样品的(001)晶面的衍射峰具有比其他衍射峰更高的强度，表明 B001 样品沿 c 轴具有择优取向。B010 样品的(012)晶面的衍射峰具有更高的强度，表明 B010 样品沿 b 轴具有择优取向[22]。XRD 图谱表明，B001 样品中(001)和(012)晶面的衍射峰的强度比与 B010 样品不同，反映了这两种样品之间的取向差异。

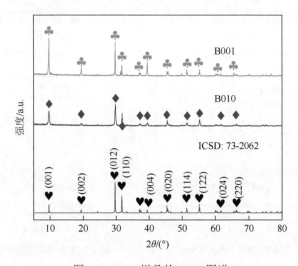

图 6.3　BiOI 样品的 XRD 图谱

图 6.4（a）为 BiOI 样品的 N_2 吸附-脱附等温曲线。如图 6.4（a）所示，B010 和 B001 样品在国际纯粹与应用化学联合会（International Union of Pure and Applied Chemistry，IUPAC）分类中显示出典型的 H3 回线状态，符合Ⅳ型等温线特征，表明 B010 和 B001 样品中存在由板状颗粒聚集形成的孔隙[23]。利用 Langmuir 法计算 B001 和 B010 样品的比表面积分别为 22.2 m^2/g 和 15.5 m^2/g。与 B010 样品相比，B001 样品具有更大的比表面积。比表面积大的(001)晶面更有利于 CO_2 的吸附和电子的传输。图 6.4（b）为孔径分布图。图 6.4（b）显示 B001 样品的巴雷特-乔伊纳-哈仑达（Barrett-Joyner-Halenda，BJH）平均孔径为 11.01nm，B010 样品的 BJH 平均孔径为 10.70nm。B001 样品的介孔结构在光催化 CO_2 还原中非常有用，它们将为反应物分子和产物提供运输通道。为了验证 B001 和 B010 样品对 CO_2 吸附能力的差异，进行 CO_2 吸附-脱附等温研究。图 6.4（c）和（d）分别为 0℃和 25℃下测得的 B001 和 B010 样品的 CO_2 吸附-脱附等温曲线。如图 6.4（c）所示，在 0℃下，B001 样品比 B010 样品更有利于 CO_2 的吸附，CO_2 脱附曲线也表明 CO_2 可以更稳定地吸附在 B001 样品上，非常有利于光催化还原 CO_2。从图 6.4（d）中可以看出，在 25℃下，B001 样品对 CO_2 的吸附能力依然强于 B010 样品。

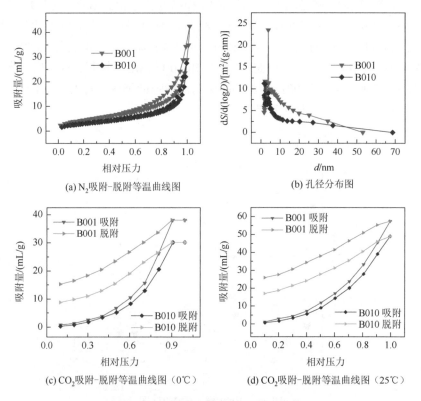

(a) N_2吸附-脱附等温曲线图

(b) 孔径分布图

(c) CO_2吸附-脱附等温曲线图（0℃）

(d) CO_2吸附-脱附等温曲线图（25℃）

图 6.4　BiOI 样品的吸附-脱附等温曲线图

6.3 电化学性能

图 6.5（a）为 B001 和 B010 样品的 M-S 曲线。图 6.5（a）的结果表明，相对于 NHE 电极，B001 和 B010 样品的平带电位分别为–0.27eV 和 0.06eV，所以 B001 和 B010 样品的导带电位分别为–0.27eV 和 0.06eV，导带电位更负的 B001 样品具有更优异的光催化还原 CO$_2$ 的能力。

图 6.5（b）为 B001 和 B010 样品的 EIS 图。在 EIS 图中，交流阻抗谱中各圆弧半径与光生载流子在电极/电解质界面层电阻处的分离和转移效率有关[24-26]。阻抗谱较小的圆弧半径对应较小的电荷转移阻抗，因此阻抗较小的样品的光生载流子的分离效率较高[27-29]。如图 6.5（b）所示，B001 样品的圆弧半径小于 B010 样品的圆弧半径，B001 样品表现出优异的光生载流子动力学特性。

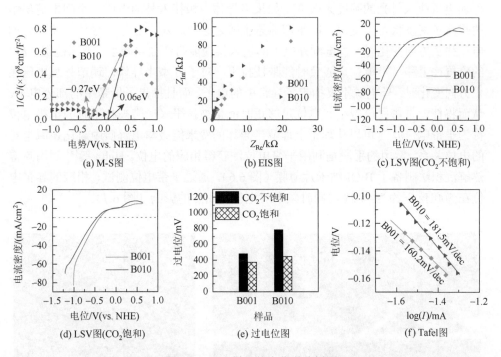

图 6.5 BiOI 样品的电化学分析图

为了揭示不同 BiOI 晶体学暴露面对光催化 CO$_2$ 还原活性的影响，本节进行了线性扫描伏安（linear sweep voltammetry，LSV）曲线测试。图 6.5（c）为 B001 和 B010 样品在 0.5mol/L Na$_2$SO$_4$ 水溶液中测试的 LSV 曲线。如图 6.5（c）所示，在 0.5mol/L Na_2SO_4 水溶液中，当电流密度为 $10mA/cm^2$ 时，B001 样品的过电位为 482mV，B010 样品的过电位为 787mV。B001 样品的过电位小于 B010 样品的过电位，因此在光催化 CO_2 还原过程中，B001 样品的光催化能力要高于 B010 样品。图 6.5（d）为 B001 和 B010 样品在 CO_2 饱和的 0.5mol/L Na_2SO_4 水溶液中测试的 LSV 曲线。在图 6.5（d）中，B001 和 B010 样品分别仅需要 374mV 和 446mV 的过电位，足以实现 $10mA/cm^2$ 的电流密度，这与上述样品在 0.5mol/L Na_2SO_4 水溶液中产生的过电位有较大的差别，表明在实际光催化 CO_2 还原反应中所需的过电位可能更小，此时 B001 样品的过电位（374mV）依然小于 B010 样品的过电位（446mV）[图 6.5（e）]。图 6.5（f）为 B001 和 B010 样品的塔费尔（Tafel）曲线图，计算得到 B001 和 B010 样品对应的 Tafel 斜率分别为 160.2mV/dec 和 181.5mV/dec，B001 样品的 Tafel 斜率明显小于 B010 样品的 Tafel 斜率，这表明 B001 样品具有更高的电子转移率[30]。

导带电位的测量方法主要依据 M-S 理论。半导体的能带弯曲量可以通过调节外加电压或入射光的强度来改变。如果半导体电极接入外加电压，空间电荷层中的载流子密度将发生变化，能带弯曲量也随之改变。对于 n 型半导体，调节外加电压往负方向变化时，大量额外电子的进入将使能带弯曲量减小，费米能级（E_F）的位置往上移，当电位足够负时能带被拉平；对于 p 型半导体，调节外加电压往正方向变化时，外电源不仅抽走了导带中的电子，而且抽走了价带中的部分电子，从而将使能带弯曲量减小，电位足够正时能带被拉平（能带被拉平时的电极电位称为平带电位）。这可以从理论上理解半导体的费米能级与电解质中氧化还原电对的电位关系，常用的手段是利用平带电位法获得相应的电位。Hahn 等[31]利用喷雾热解沉积法制备了 BiOI 纳米片薄膜（图 6.6），通过平带电位测试，相应的导带电位在 500Hz 下约为–0.2V，同时频率对电位有明显的影响（图 6.7）。

(a) 260℃沉积的BiOI的SEM图像　　　　　(b) 260℃沉积的BiOI的HRTEM图像和
　　　　　　　　　　　　　　　　　　　　　　离散傅里叶变换

图 6.6　BiOI 纳米片薄膜的显微结构[31]

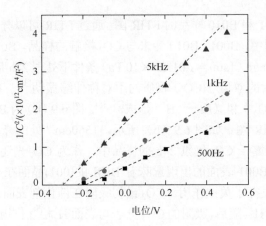

图 6.7　260℃沉积的 BiOI 在 0.5mol/L NaI/0.05mol/L I₂ 溶液中获得的 M-S 曲线[31]

6.4　光 学 性 能

图 6.8（a）为 B001 和 B010 样品的时间分辨荧光光谱图。B001 和 B010 样品的光生载流子平均寿命为[32]

$$\tau^* = \left(A_1\tau_1^2 + A_2\tau_2^2\right)/\left(A_1\tau_1 + A_2\tau_2\right) \tag{6.2}$$

如图 6.8（a）所示，B001 和 B010 样品的光生载流子平均寿命分别为 1.226ns 和 0.874ns。B001 样品表现出更长的光生载流子平均寿命，表明 B001 样品具有更有效的电子传输和电荷分离效率[33-35]。图 6.8（b）为 B001 和 B010 样品的荧光光谱图。如图 6.8（b）所示，B001 样品出现了明显的荧光发射峰，这是由带隙跃迁的电子和空穴直接复合引起的。相比之下，B010 样品的荧光峰强度小于 B001 样品。B001 样品分别在 651nm 和 653nm 处出现特征峰，这是由 B001 样品产生的重空穴引起的。

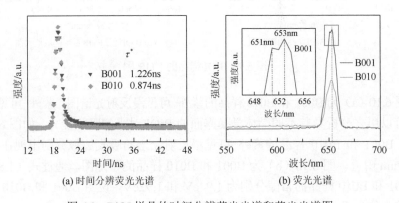

(a) 时间分辨荧光光谱　　　　　　(b) 荧光光谱

图 6.8　BiOI 样品的时间分辨荧光光谱和荧光光谱图

　　图 6.9 为 B001 和 B010 样品的 FTIR 图。通过 FTIR 可以分析材料表面反应中产生的官能团。图中，B001、B010 为未与 CO_2 接触的样品，B001-CO_2、B010-CO_2 为在 CO_2 气压为 1atm（1atm = 1.01325×10^5Pa）条件下处理 24h 后的样品。1560cm^{-1} 处的峰归因于吸附的双齿 HCOO*物质的不对称伸缩振动[36]。HCOO*优先由吸附在表面的 CO_2（CO_2^*）和氢质子（H*）形成[37, 38]。图 6.9（b）为 BiOI 样品在 1520～1600cm^{-1} 内的 FTIR 图。如图 6.9（b）所示，1560cm^{-1} 处的峰（HCOO*特征峰）只出现在 B001 暴露于 CO_2 气氛 24h 的样品中，作为 CO_2 光还原成 CO 的重要中间体，COOH*在 B001 表面的出现意味着 BiOI 的(001)晶面在光催化 CO_2 还原生成 CO 的过程中发挥了关键作用。CO_2 最初吸附在催化剂表面，H_2O 在催化剂表面分解成—OH 和 H$^+$。随后，吸附的 CO_2^* 分子与表面 H*相互作用，逐渐生成 COOH*中间体[39, 40]。通过 COOH*中间体的进一步质子化过程，逐渐生成 CO*分子。B001 样品的(001)晶面更有利于 COOH*中间体的稳定，从而降低了 CO_2 还原反应的活化能，最终增加了 CO 产量。1262cm^{-1} 和 806cm^{-1} 处的峰分别对应羧酸盐（CO_2^-）的伸缩振动和三齿碳酸盐（CO_3^{2-}）的面外弯曲振动[41]。此外，1385cm^{-1} 处的峰对应 Bi—I 键的伸缩振动，Bi 与 O 的相互作用增强也暗示(001)晶面更有利于表面 CO_2 的还原。

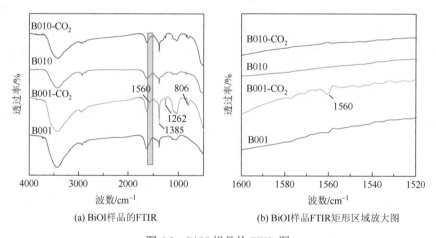

(a) BiOI样品的FTIR　　　　　　(b) BiOI样品FTIR矩形区域放大图

图 6.9　BiOI 样品的 FTIR 图

　　图 6.10（a）为 B001 和 B010 样品的紫外-可见漫反射光谱图。紫外-可见漫反射光谱可以用来分析具有不同晶体学暴露面的 BiOI 对光的吸收能力。如图 6.10（a）所示，B001 和 B010 样品的紫外-可见漫反射光谱的吸收边缘分别出现在 664nm 和 679nm 附近。图 6.10（b）为 B001 和 B010 样品的带隙图。通过式（1.8）计算出 B001 和 B010 样品的带隙分别为 1.94eV 和 1.92eV，说明 B001 和 B010 样品都具有较强的光吸收能力。

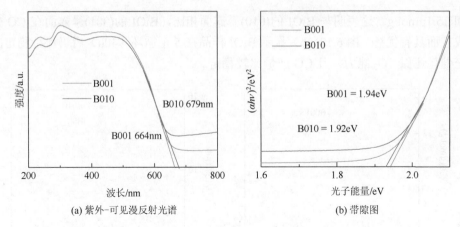

(a) 紫外-可见漫反射光谱　　　　　(b) 带隙图

图 6.10　BiOI 样品的紫外-可见漫反射光谱和带隙图（彩图扫封底二维码）

6.5　光催化活化能

图 6.11（a）为通过光热测量研究 B001 和 B010 样品在模拟太阳光下的温升曲线。如图 6.11（a）所示，随着光照时间的增加，B001 样品的温度变得越来越高，并且明显高于 B010 样品的温度，说明 B001 样品具有强的吸收太阳光的能力，而热传导性能较差。图 6.11（b）为 B001 和 B010 样品的光催化活化能图。如图 6.11（b）所示，B001 和 B010 样品的光催化活化能分别为 36.4kJ/mol 和 38.9kJ/mol。B001 样品较低的光催化活化能是其 CO₂ 还原能力较强的原因之一。

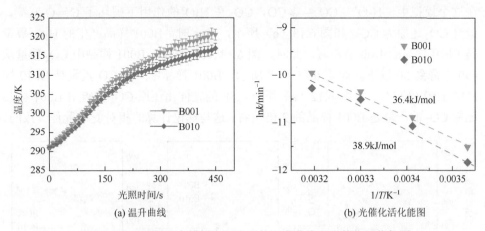

(a) 温升曲线　　　　　　(b) 光催化活化能图

图 6.11　BiOI 样品在模拟太阳光下的温升曲线和光催化活化能图

图 6.12 为 B001 和 B010 样品在光照射下 CO₂ 光催化还原为 CO 的产量。从图 6.12（a）中可以看出，8h 后 B010 和 B001 样品的 CO 产量分别约为 7.4μmol/g

和 15.1μmol/g。这表明与 BiOI 的(010)暴露面相比，BiOI 的(001)暴露面在 CO 生成方面具有优势。图 6.12（b）显示 BiOI 样品在 5 个循环（40h）后仍保持稳定的光催化还原 CO_2 能力，且 CO 产量比较稳定。

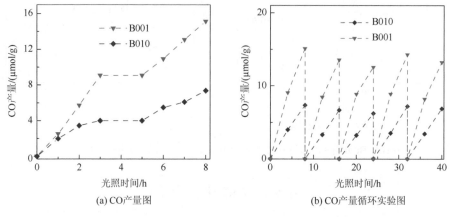

(a) CO产量图　　　　　　　　　　　(b) CO产量循环实验图

图 6.12　BiOI 样品光催化还原 CO_2 为 CO 产量图

6.6　DFT 计算

图 6.13 为 B001 和 B010 样品在模拟过程中观察到的中间体和产物的时间。B001 和 B010 样品中 CO_2 还原每一步的详细分析如图 6.13（d）所示，灰色球代表 C 原子。H_2O 与 H 原子结合形成 H_3O^+。H_3O^+ 是 CO_2 还原成 CO 的主要参与者。在这个模拟中，$H_3O^+ + CO_2 \longrightarrow CO$，$CO_2$ 在 H_3O^+ 的作用下破坏了 C=O 双键，最终 CO_2 还原为 CO。如图 6.13（a）所示，70ps 时，B001 样品产生的 H_3O^+ 数量是 B010 样品的 1.66 倍左右。此时，图 6.13（b）显示，B001 样品中 CO_2 数量从 490 下降到 50 以下。如图 6.13（c）所示，B001 样品中产生 CO 数量是 B010 样品的 1.59 倍左右。如图 6.12（a）所示，8h 的光催化还原 CO_2 实验中 B001 样品还原 CO_2 的产量是 B001 样品的 2 倍左右。这与理论计算的相对变化量是一致的。

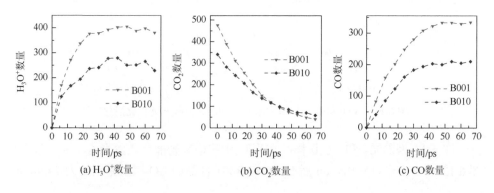

(a) H_3O^+数量　　　　　　　(b) CO_2数量　　　　　　　(c) CO数量

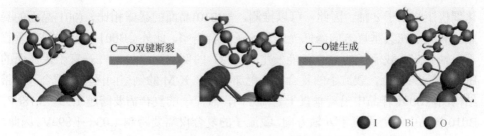

(d) 模拟太阳光照射下光催化反应过程的示意图

图 6.13　BiOI 样品分子动力学模拟（彩图扫封底二维码）

图 6.14（a）显示了 B001 样品吸附 CO$_2$ 形成的差分电荷密度，图 6.14（b）显示了 B010 样品吸附 CO$_2$ 形成的差分电荷密度。黄色区域表示电子的积累，青色区域表示电子的消耗。从图 6.14（a）和（b）中可以看出，B001 样品吸附 CO$_2$ 与 B010 样品吸附 CO$_2$ 产生了明显的界面电荷分布差异。B001 样品吸附 CO$_2$ 后电子富集区域扩展范围明显大于 B010 样品吸附 CO$_2$ 后电子富集区域扩展范围，这是由于在 B001 样品中垂直于暴露面的方向有更强的内电场，界面电荷的弥散化使局域电子形成良好的电导率[42]。因此，与 B010 样品相比，B001 样品具有更好的光催化还原 CO$_2$ 的能力。

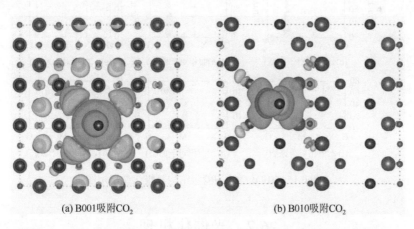

(a) B001吸附CO$_2$　　　　　　　　　　(b) B010吸附CO$_2$

图 6.14　BiOI 样品吸附 CO$_2$ 形成的差分电荷密度图（彩图扫封底二维码）

图 6.15（a）和（b）分别为 B001 和 B010 样品的能带结构图，B001 样品具有较宽的能带间距，其能带间距为 1.94eV。图 6.15（c）～（e）分别为 B001 样品 a 轴、b 轴和 c 轴的极化偶极矩图，(001)晶面暴露的 BiOI 沿着 a 轴和 b 轴方向产生的极化偶极矩明显高于 c 轴。图 6.15（f）～（h）分别为 B010 样品 a 轴、b 轴和 c 轴的极化偶极矩图，(010)晶面暴露的 BiOI 沿着 a 轴和 b 轴方向产生的极

化偶极矩略小于 c 轴。因此，可以推测，与(010)晶面的暴露相比，(001)晶面的暴露更有利于在其垂直方向降低光生载流子复合概率。此外，B001 样品中沿着垂直于 c 轴方向，载流子的复合可能发生在 X-G 的倒空间区域。在垂直于暴露面的 B001 样品方向上，载流子的复合可能更加集中在 X-M 的倒空间区域。结合其能带结构图，B001 样品中沿着垂直于 c 轴方向，载流子的复合需要跨越 1.33～3.18eV；B010 样品中沿着垂直于 b 轴方向，载流子的复合仅需要跨越 1.03～1.89eV。因此，B001 样品中沿着垂直于 c 轴方向的载流子复合概率小于 B010 样品中沿着垂直于 b 轴方向的载流子复合概率。

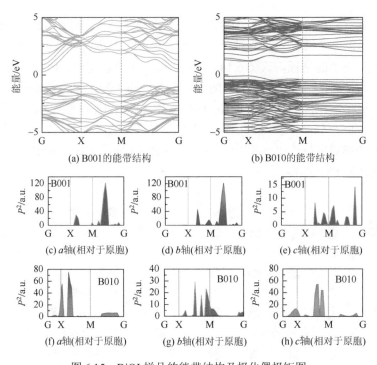

图 6.15 BiOI 样品的能带结构及极化偶极矩图

6.7 光催化机理

半导体的光吸收特性会影响其光催化性能。如图 6.10（b）所示，根据 B001 和 B010 样品的光学特性，估计相应的带隙分别约为 1.94eV 和 1.92eV。除了带隙，半导体的导带和价带电位对于定义其光催化性能至关重要。如图6.5（a）所示，根据 M-S 实验，B001 和 B010 样品的导带电位分别为-0.27eV 和 0.06eV。根据光学性质和 M-S 测试，B001 和 B010 样品的价带电位分别为 1.67eV 和 1.98eV。

为了解释不同的载流子分离效率，图 6.16 给出了 B001 和 B010 样品将 CO$_2$ 转化为 CO 的可能机理。可以看出，自感内电场垂直于 BiOI(001)晶面，但平行于 BiOI(010)晶面。因此，内电场辅助的电荷分离和转移在 BiOI(001)晶面更有优势，BiOI(001)晶面光生载流子的扩散距离比 BiOI(010)晶面短，具有更高的载流子分离效率。除此之外，B001 样品的导带位置较高，意味着 B001 样品具有更强的还原能力。因此，B001 样品对 CO$_2$ 还原的光催化活性高于 B010 样品。

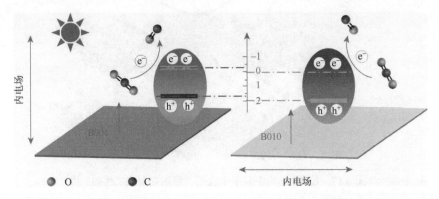

图 6.16　通过 BiOI 样品将 CO$_2$ 转化为 CO 的可能机理图（彩图扫封底二维码）

通过调节 pH 制备出(001)和(010)晶体学暴露面的 BiOI，研究表明(001)晶面暴露的 BiOI 具有较高的将 CO$_2$ 还原为 CO 的能力。这与 B001 样品具有更负的导带位置有关，因此 B001 样品表现出较强的 CO$_2$ 还原能力。时间分辨荧光光谱表明，B001 样品具有更长的光生载流子寿命。DFT 计算表明，垂直于 BiOI 的(001)晶面的极化偶极矩明显小于垂直于 BiOI 的(010)晶面的极化偶极矩，这对于光生载流子的分离是有利的。

理解 BiOI 本身的电子结构及掺杂引起的相应轨道变化对理解 BiOI 本征的光催化性能至关重要。采用 CASTEP 软件包，Zhang X 和 Zhang L Z[43]利用 DFT 计算了 BiOI 和碘掺杂 BiOI（BiOI$_{1+1/3}$）的能带结构。计算结果表明，BiOI 为间接带隙半导体，而 BiOI$_{1+1/3}$ 为直接带隙半导体。通过态密度分析，BiOI 的 VBM 主要由 Bi6s、O2p 和 I5p 轨道组成，CBM 由 Bi6s 和 Bi6p 轨道组成，相对于 BiOI，BiOI$_{1+1/3}$ 的 CBM 的 I5p 轨道通过掺杂效应得到有效调控，这将有助于减小带隙，导致更强的可见光吸收能力。导带轨道杂化明显增多，通常 s 轨道色散作用较强，导致光生载流子在 s 轨道产生较高的流动性，有利于光生电子-空穴对的分离[44]。作为掺杂的一个特例，BiOBr$_{0.75}$I$_{0.25}$ 固溶体中由于产生了更强的偶极矩，增强了[Bi$_2$O$_2$]$^{2+}$ 和卤素层之间的内电场，有利于光催化活性的改善[45]。

以 BiOX 为例，BiOI 和 BiOBr 的激子结合能被推算为 100～300meV，在受限层状结构中可能存在巨电子–空穴相互作用，激子将是主要的光激发物种（图 6.17），光催化分子氧活化实验证明，结构限制对巨激子效应至关重要[46]。

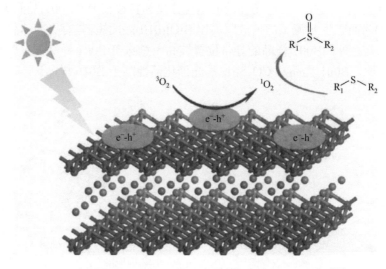

图 6.17　BiOX 结构中激子示意图（彩图扫封底二维码）[46]

　　BiOCl 纳米片由多个晶面组成，因此其不同晶面之间形成的电位差也被用来解释其光生载流子分离效率的增强（图 6.18）。

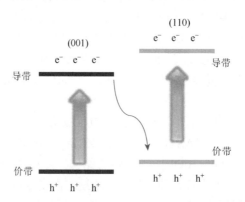

图 6.18　BiOCl 纳米片中的面结效应[47]

　　物质的光催化活性由表面结构决定，因此无论用何种效应来解释光催化活性都离不开对表面结构的研究。如图 6.19 所示，箭头分别表示[100]和[110]方向，红色、紫色和橙色球对应 O、Bi 和 X 原子。通过计算研究不同元素终结面，其析氢自由能有较大的差别[48]。由此可见，在前人开创性的理论计算工作基础之上[49-53]，结合先进的表征手段开展对 BiOX 的基础性研究仍有巨大的潜力有待发掘。

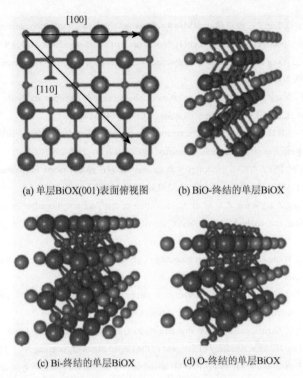

(a) 单层BiOX(001)表面俯视图　　(b) BiO-终结的单层BiOX

(c) Bi-终结的单层BiOX　　　　(d) O-终结的单层BiOX

图 6.19　不同终结面特征的单层 BiOX（彩图扫封底二维码）[48]

参 考 文 献

[1] Jin X, Yan M, Zhuang Y, et al. Preparation of C-TiO₂ photocatalyst with Ti₃C₂ MXene as precursor by molten salt method and its hydrogen production performance[J]. Journal of Materials Science, 2023, 58(1): 302-316.

[2] Shan L W, Liu Y T, Ma C G, et al. Enhanced photocatalytic performance in Ag⁺-induced BiVO₄/β-Bi₂O₃ heterojunctions[J]. European Journal of Inorganic Chemistry, 2016, 2016(2): 232-239.

[3] Dong L M, Liu D, Fu H, et al. Synthesis and photocatalytic activity of Fe₃O₄-WO₃-CQD multifunctional system[J]. Journal of Inorganic and Organometallic Polymers and Materials, 2019, 29(4): 1297-1304.

[4] Dong L M, Li J, Li Q, et al. Luminescence performance of yellow phosphor SrₓBa₁₋ₓTiO₃: Eu³⁺, Gd³⁺ for blue chip[J]. Journal of Nanomaterials, 2015, 2015: 405846.

[5] Tan H L, Wen X M, Amal R, et al. BiVO₄ (010) and (110) relative exposure extent: Governing factor of surface charge population and photocatalytic activity[J]. The Journal of Physical Chemistry Letters, 2016, 7: 1400-1405.

[6] Wang Z, Liu P, Han J, et al. Engineering the internal surfaces of three-dimensional nanoporous catalysts by surfactant-modified dealloying[J]. Nature Communications, 2017, 8(1): 1066.

[7] Wei Z, Zhu Y, Guo W, et al. Enhanced twisting degree assisted overall water splitting on a novel nano-dodecahedron BiVO₄-based heterojunction[J]. Applied Catalysis B: Environmental, 2020, 266: 118664.

[8] Yang H G, Sun C H, Qiao S Z, et al. Anatase TiO₂ single crystals with a large percentage of reactive facets[J]. Nature, 2008, 453(7195): 638-641.

[9]   Peng Y, Mao Y G, Kan P F, et al. Controllable synthesis and photoreduction performance towards Cr(VI) of BiOCl microrods with exposed (110) crystal facets[J]. New Journal of Chemistry, 2018, 42(20): 16911-16918.

[10]   Liang X, Gao L, Yang S, et al. Facile synthesis and shape evolution of single-crystal cuprous oxide[J]. Advanced Materials, 2009, 21(20): 2068-2071.

[11]   Li R, Zhang F, Wang D, et al. Spatial separation of photogenerated electrons and holes among (010) and (110) crystal facets of $BiVO_4$[J]. Nature Communications, 2013, 4: 1432-1438.

[12]   Zhang Y F, Gong H H, Zhang Y, et al. The controllably synthesized octadecahedron—$BiVO_4$ with exposed {111} facets[J]. European Journal of Inorganic Chemistry, 2017, 2017(23): 2990-2997.

[13]   Peng Y, Zhao N, Liu J. BiOCl nanorings with co-exposed (110)/(001) facets for photocatalytic degradation of organic dyes[J]. ACS Applied Nano Materials, 2022, 5: 2476-2482.

[14]   Weng S X, Fang Z B, Wang Z F, et al. Construction of teethlike homojunction BiOCl (001) nanosheets by selective etching and its high photocatalytic activity[J]. ACS Applied Materials & Interfaces, 2014, 6(21): 18423-18428.

[15]   Wang S, Liu G, Wang L. Crystal facet engineering of photoelectrodes for photoelectrochemical water splitting[J]. Chemical Reviews, 2019, 119(8): 5192-5247.

[16]   Tachikawa T, Ochi T, Kobori Y. Crystal-face-dependent charge dynamics on a $BiVO_4$ photocatalyst revealed by single-particle spectroelectrochemistry[J]. ACS Catalysis, 2016, 6(4): 2250-2256.

[17]   Shen B, Huang L, Shen J, et al. Crystal structure engineering in multimetallic high-index facet nanocatalysts[J]. Proceedings of the National Academy of Sciences of the United States of America, 2021, 118(26): e2105722118.

[18]   Grzelczak M, Perez-Juste J, Mulvaney P, et al. Shape control in gold nanoparticle synthesis[J]. Chemical Society Reviews, 2008, 37(9): 1783-1791.

[19]   Ye L Q, Jin X L, Ji X X, et al. Facet-dependent photocatalytic reduction of CO_2 on BiOI nanosheets[J]. Chemical Engineering Journal, 2016, 291: 39-46.

[20]   Chatterjee A, Kar P, Wulferding D, et al. Flower-like BiOI microspheres decorated with plasmonic gold nanoparticles for dual detoxification of organic and inorganic water pollutants[J]. ACS Applied Nano Materials, 2020, 3(3): 2733-2744.

[21]   Zhang B, Zhang J, Duan R, et al. BiOCl nanosheets with periodic nanochannels for high-efficiency photooxidation[J]. Nano Energy, 2020, 78: 105340.

[22]   Contreras D, Melin V, Márquez K, et al. Selective oxidation of cyclohexane to cyclohexanol by BiOI under visible light: Role of the ratio (110)/(001) facet[J]. Applied Catalysis B: Environmental, 2019, 251: 17-24.

[23]   Li T, Wang C, Wang T, et al. Highly efficient photocatalytic degradation toward perfluorooctanoic acid by bromine doped BiOI with high exposure of (001) facet[J]. Applied Catalysis B: Environmental, 2020, 268: 118442.

[24]   Wu D, Ye L, Yip H Y, et al. Organic-free synthesis of {001} facet dominated BiOBr nanosheets for selective photoreduction of CO_2 to CO[J]. Catalysis Science & Technology, 2017, 7(1): 265-271.

[25]   Hussain M B, Khan M S, Loussala H M, et al. The synthesis of a $BiOCl_xBr_{1-x}$ nanostructure photocatalyst with high surface area for the enhanced visible-light photocatalytic reduction of Cr(VI)[J]. RSC Advances, 2020, 10(8): 4763-4771.

[26]   Wang Z, Chu Z, Dong C, et al. Ultrathin BiOX(X = Cl, Br, I)nanosheets with exposed (001) facets for photocatalysis[J]. ACS Applied Nano Materials, 2020, 3(2): 1981-1991.

[27]   Jeon T H, Kim H, Kim H I, et al. Highly durable photoelectrochemical H_2O_2 production via dual photoanode

and cathode processes under solar simulating and external bias-free conditions[J]. Energy & Environmental Science, 2020, 13(6): 1730-1742.

[28] Ye J, Xu J, Li C, et al. Novel N-black In$_2$O$_{3-x}$/InVO$_4$ heterojunction for efficient photocatalytic fixation: Synergistic effect of exposed (321) facet and oxygen vacancy[J]. Journal of Materials Chemistry A, 2021, 9(43): 24600-24612.

[29] Tian N, Huang H, Wang S, et al. Facet-charge-induced coupling dependent interfacial photocharge separation: A case of BiOI/g-C$_3$N$_4$ p-n junction[J]. Applied Catalysis B: Environmental, 2020, 267: 118697.

[30] Yang J, Liu W, Xu M, et al. Dynamic behavior of single-atom catalysts in electrocatalysis: Identification of Cu-N$_3$ as an active site for the oxygen reduction reaction[J]. Journal of the American Chemical Society, 2021, 143(36): 14530-14539.

[31] Hahn N T, Hoang S, Self J L, et al. Spray pyrolysis deposition and photoelectrochemical properties of n-type BiOI nanoplatelet thin films[J]. ACS Nano, 2012, 6(9): 7712-7722.

[32] Li C, Koenigsmann C, Ding W, et al. Facet-dependent photoelectrochemical performance of TiO$_2$ nanostructures: An experimental and computational study[J]. Journal of the American Chemical Society, 2015, 137(4): 1520-1529.

[33] Tang D, Shao C, Jiang S, et al. Graphitic C$_2$N$_3$: An allotrope of g-C$_3$N$_4$ containing active azide pentagons as metal-free photocatalyst for abundant H$_2$ bubble evolution[J]. ACS nano, 2021, 15(4): 7208-7215.

[34] Wang Q, Liu Z, Liu D, et al. Ultrathin two-dimensional BiOBr$_x$I$_{1-x}$ solid solution with rich oxygen vacancies for enhanced visible-light-driven photoactivity in environmental remediation[J]. Applied Catalysis B: Environmental, 2018, 236: 222-232.

[35] Zhao D, Wang Y, Dong C L, et al. Boron-doped nitrogen-deficient carbon nitride-based Z-scheme heterostructures for photocatalytic overall water splitting[J]. Nature Energy, 2021, 6: 388-397.

[36] Wang J, Li G, Li Z, et al. A highly selective and stable ZnO-ZrO$_2$ solid solution catalyst for CO$_2$ hydrogenation to methanol[J]. Science Advances, 2017, 3(10): e1701290.

[37] Birdja Y Y, Pérez-Gallent E, Figueiredo M C, et al. Advances and challenges in understanding the electrocatalytic conversion of carbon dioxide to fuels[J]. Nature Energy, 2019, 4(9): 732-745.

[38] Grabow L C, Mavrikakis M. Mechanism of methanol synthesis on Cu through CO$_2$ and CO hydrogenation[J]. ACS Catalysis, 2011, 1(4): 365-384.

[39] Di J, Chen C, Yang S Z, et al. Isolated single atom cobalt in Bi$_3$O$_4$Br atomic layers to trigger efficient CO$_2$ photoreduction[J]. Nature Communications, 2019, 10(1): 2840.

[40] Di J, Chen C, Zhu C, et al. Bismuth vacancy-tuned bismuth oxybromide ultrathin nanosheets toward photocatalytic CO$_2$ reduction[J]. ACS Applied Materials & Interfaces, 2019, 11(34): 30786-30792.

[41] Sun Y, Wu J, Li X, et al. Efficient visible-light-driven CO$_2$ reduction realized by defect-mediated BiOBr atomic layers[J]. Angewandte Chemie International Edition, 2018, 130(28): 8855-8859.

[42] Shah S S A, Najam T, Yang J, et al. Modulating the microenvironment structure of single Zn atom: ZnN$_4$P/C active site for boosted oxygen reduction reaction[J]. Chinese Journal of Catalysis, 2022, 43(8): 2193-2201.

[43] Zhang X, Zhang L Z. Electronic and band structure tuning of ternary semiconductor photocatalysts by self doping: The case of BiOI[J]. Journal of Physical Chemistry C, 2010, 114(42): 18198-18206.

[44] Rossell M D, Agrawal P, Borgschulte A, et al. Direct evidence of surface reduction in monoclinic BiVO$_4$[J]. Chemistry of Materials, 2015, 27(10): 3593-3600.

[45] Zhang G, Zhang L, Liu Y, et al. Substitution boosts charge separation for high solar-driven photocatalytic performance[J]. ACS Applied Materials & Interfaces, 2016, 8(40): 26783-26793.

[46]　Wang H, Chen S, Yong D, et al. Giant electron-hole interactions in confined layered structures for molecular oxygen activation[J]. Journal of the American Chemical Society, 2017, 139(13): 4737-4742.

[47]　Zhao H, Liu X, Dong Y, et al. Fabrication of a Z-scheme {001}/{110} facet heterojunction in BiOCl to promote spatial charge separation[J]. ACS Applied Materials & Interfaces, 2020, 12(28): 31532-31541.

[48]　Pan H X, Feng L P, Zeng W, et al. Active sites in single-layer BiOX(X = Cl, Br, and I) catalysts for the hydrogen evolution reaction[J]. Inorganic Chemistry, 2019, 58(19): 13195-13202.

[49]　Lu J, Zhou W, Zhang X, et al. Electronic structures and lattice dynamics of layered BiOCl single crystals[J]. The Journal of Physical Chemistry Letters, 2020, 11(3): 1038-1044.

[50]　Liu Y, Lv P, Zhou W, et al. Built-in electric field hindering photogenerated carrier recombination in polar bilayer SnO/BiOX (X = Cl, Br, I) for water splitting[J]. Journal of Physical Chemistry C, 2020, 124(18): 9696-9702.

[51]　Barhoumi M, Said M. Correction of band-gap energy and dielectric function of BiOX bulk with GW and BSE[J]. Optik, 2020, 216: 164631.

[52]　Zhang H, Alameen A, An X, et al. Theoretical and experimental investigations of BiOCl for electrochemical adsorption of cesium ions[J]. Physical Chemistry Chemical Physics, 2019, 21(37): 20901-20908.

[53]　Zhao Z Y, Dai W W. Structural, electronic, and optical properties of Eu-doped BiOX (X = F, Cl, Br, I): A DFT + U study[J]. Inorganic Chemistry, 2014, 53(24): 13001-13011.

第 7 章　BiOCl 晶面工程及光催化性能

7.1　概　　述

同一种物质的不同晶面有着不同的原子排列和电子结构[1, 2]，因此择优暴露具有高光催化活性的晶面具有重要意义[3-8]。在光催化过程中，不同晶面的暴露引起的表面电子结构差异对载流子的转移、反应物的吸附及产物的脱附有着不同的影响[9-11]。BiOCl 独特的晶体结构导致(001)晶面呈紧密的原子堆积，(010)晶面具有开放的通道，因此 BiOCl 晶体有着高度的各向异性[12, 13]。Jiang 等[14]采用水热法，使用 NaOH 调节 pH，在高 H^+ 浓度下制备出(001)暴露面的 BiOCl 纳米片且在低 H^+ 浓度下制备出(010)暴露面的 BiOCl 纳米片。研究表明，在紫外线照射下，(001)暴露面的 BiOCl 有着更好的光催化性能；在可见光照射下，(010)暴露面的 BiOCl 光催化性能更好。Zhao 等[15]制备出(001)/(110)共暴露面的 BiOCl 纳米板，发现空间电荷能够通过可能的平面界面进行有效的转移，增强电荷分离能力，从而提高光催化性能，并且提出了 Z 型转移机制。毫无疑问，BiOCl 晶面调控与光催化剂性能有着密切关系，具有更加优异光催化性能的潜在晶面仍有待进一步研究。

本章以 $Bi(NO_3)_3 \cdot 5H_2O$ 和 KCl 为原料，水作溶剂，通过水热法制备出棱台状 BiOCl 及八边形 BiOCl；通过 XRD、TEM、SEM 表征晶体结构与形貌；通过紫外-可见漫反射光谱和荧光光谱研究样品的光学性能；通过对 MO 的降解和光催化产氢来评价样品的光催化性能；通过电化学行为测试、自由基捕获实验、Ag 沉积反应、DFT 理论计算探究样品的光催化机理。

7.2　物相结构与形貌表征

图 7.1 为 B-001、B-010、B-BOC 和 L-BOC 样品的 XRD 图谱。如图 7.1 所示，在 $2\theta = 12.01°$、$24.06°$、$25.90°$、$32.46°$、$33.47°$ 处发现了明显的衍射峰，它们分别对应 BiOCl 的(001)、(002)、(101)、(110)、(102)晶面。这表明制备的样品有较好的结晶度[16]。所有样品的衍射峰与 BiOCl 标准卡片（ICSD：85-0861）一致，没有其他杂峰，表明所制备的样品均为四方 BiOCl[17, 18]。四个样品中的衍射峰强

度不同，在 pH = 2 条件下所制备的 B-001 样品在 12.01°有着极高的衍射峰强度，表明 pH = 2 时 BiOCl 更倾向于暴露(001)晶面，这与文献[19]和[20]所报道的 H⁺浓度高时易形成(001)晶面一致。B-010 与 B-BOC 在制备过程中仅水热时间不同，其余步骤完全相同，从 XRD 图谱中可以看出，B-BOC 衍射峰比 B-010 衍射峰更强、更尖锐。L-BOC 的(110)晶面衍射峰强度明显高于其他样品，这表明 L-BOC 在[110]方向上有一定的择优取向生长特征，所形成的晶体可能有更加丰富的晶面结构。

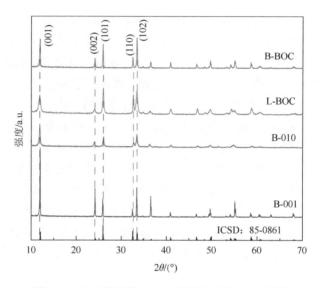

图 7.1　BiOCl 样品和 BiOCl 标准卡片的 XRD 图谱

　　图 7.2（a）为 B-001、B-010、B-BOC 和 L-BOC 样品的微观形貌。如图 7.2（a）所示，pH = 2 时所制备的 B-001 样品呈方形的片状结构，边长约为 1.5μm。如图 7.2（d）所示，pH = 6 时所制备的 B-010 样品呈片状结构。B-010 样品的形貌特征并没有 B-001 样品那样规则，这可能是由于受到晶体生长时溶液酸碱度的影响，BiOCl 的暴露面不同[14]，开放的范德瓦耳斯表面可能更易形成无规则的片状结构。当水热时间延长至 100h 后，样品的形貌如图 7.2（b）和（c）所示。足够长的水热时间让 BiOCl 晶体有足够的时间生长，最终样品呈八边形结构，计算得到的暴露面积约为 4μm²。当反应物浓度降低后，样品则呈棱台状结构，如图 7.2（e）和（f）所示，其暴露面积约为 1μm²，厚度约为 0.25μm，斜面与平面的夹角为 135°。BiOCl 晶体的各向异性决定了上述两种特殊形貌均会产生独特的表面电子结构，导致不同的光催化性能[21]。

(a) B-001　　　　　　　　(b) 低倍B-BOC　　　　　　　(c) 高倍B-BOC

(d) B-010　　　　　　　　(e) 低倍L-BOC　　　　　　　(f) 高倍L-BOC

图 7.2　BiOCl 样品的微观形貌

利用 TEM 对 B-001、B-010、B-BOC 样品的晶体结构进行进一步的表征。图 7.3（a）为 B-001 样品的 TEM 图像，B-001 样品呈典型的片状结构；图 7.3（b）为 B-001 样品的 HRTEM 图像，B-001 样品的晶面间距为 0.271nm，对应 BiOCl 的(110)晶面，因此可以推断 B-001 的暴露面为(001)晶面；从图 7.3（c）中可以看出，B-010 样品呈不规则的片状；由图 7.3（d）可以清楚地观察到晶格间距为 0.267nm，对应 BiOCl 的(102)晶面，因此 B-010 的暴露面为(010)晶面；图 7.3（e）为 B-BOC 样品的 TEM 图像，B-BOC 样品呈清晰的八边形结构；图 7.3（f）为 B-BOC 样品 C 区的 SAED 图像，(110)与(200)晶面的夹角为 45°，符合理论值；图 7.3（g）为图 7.3（e）中 A 区域的 HRTEM 图像，可以清晰地看到该样品的晶格条纹，其晶面间距约为 3.32nm，平行于八边形的一条边，对应 BiOCl 的(101)晶面；图 7.3（h）为图 7.3（e）中 B 区域的 HRTEM 图像，两个相互垂直的晶格条纹分别对应 BiOCl 的(101)与(101)晶面，因此八边形另一条边对应 BiOCl 的(110)晶面，暴露面为(010)晶面；根据四方晶系的轴向推测 B-BOC 所有边的对应晶面如图 7.3（i）所示，(110)边较短的原因是(110)晶面会从反应溶液中吸附更多的 K^+ 和 H^+，阻碍其生长[22]。

根据之前关于 BiOCl 的报道[11, 23, 24]，在 pH = 6（H^+浓度低）条件下制备出的

BiOCl 纳米片的暴露面为(010)晶面。结合本章的实验，在 pH＝6 条件下制备的
B-010 与 B-BOC 样品的主要暴露面为(010)晶面。因此可以推测，L-BOC 样品的
暴露面为(010)晶面。结合图 7.2（f）中 L-BOC 平面与斜面的夹角为 135°，推测
L-BOC 样品中的斜面可能为(110)晶面。另外，XRD 图（图 7.1）也表明，与其他
样品相比，L-BOC 样品有相对较强的(110)晶面的衍射峰。综合以上研究结果，可
以推断 L-BOC 样品的主要暴露面为(010)晶面，斜面为(110)晶面。

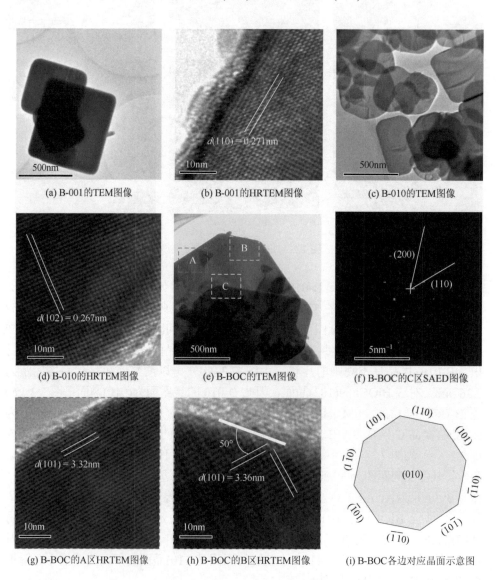

图 7.3　BiOCl 样品的微观结构

7.3　光　学　性　能

光催化剂光催化性能的优劣与其光生电子和空穴的分离与复合有着很大的关系[25, 26]。荧光光谱的荧光强度与样品的光生载流子复合概率有密切的关系。图 7.4（a）为 B-001、B-010、L-BOC、B-BOC 样品的荧光光谱图，所有制备的 BiOCl 样品在 560nm 处有明显的发射峰。B-001 样品的荧光强度最高，说明 B-001 样品在光生电子的重组过程中复合概率较高，预示着其光催化性能可能较差。B-BOC 样品的荧光强度比 B-010 样品的荧光强度低，这是因为基于相同的暴露面，B-BOC 样品为 8 条边而 B-010 样品为 4 条边，所以八边形的形貌能够降低光生载流子的复合概率。棱台状的 L-BOC 样品的荧光强度最低，这意味着 L-BOC 样品中 6 个规则的暴露面可能产生晶面之间有效的协同作用机制，可以有效地抑制光生电子与空穴的再复合。

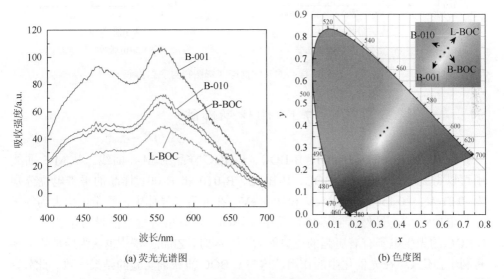

(a) 荧光光谱图　　　　　(b) 色度图

图 7.4　BiOCl 样品的荧光性能（彩图扫封底二维码）

此外，通过荧光光谱也得到了 BiOCl 样品的色度图，如图 7.4（b）所示。从图中可以看出，B-010 与 B-BOC 样品几乎重叠在相同位置，这与荧光光谱的结果一致。L-BOC 样品的色度有明显的红移，这表明 L-BOC 样品的棱台状结构可以拓宽其光吸收范围。

图 7.5（a）为 B-001、B-010、B-BOC、L-BOC 样品的紫外-可见漫反射光谱图。从图 7.5（a）中可以看出，B-001 与 B-010 样品的吸收边缘为 370nm，B-BOC

样品的吸收边缘为 380nm，L-BOC 样品的吸收边缘为 395nm。相较于 B-001 和 B-010 样品，B-BOC 与 L-BOC 样品的吸收边缘有着明显的红移，说明 B-BOC 与 L-BOC 样品有着更好的光吸收能力。由于 BiOCl 为直接带隙半导体，由式（1.12）可以计算得到 B-001、B-010、B-BOC 和 L-BOC 的带隙分别为 3.39eV、3.36eV、3.32eV 和 3.22eV。B-BOC 与 B-001、B-010 的带隙差别较小，L-BOC 的带隙最窄，窄带隙更有利于光的吸收[27]。

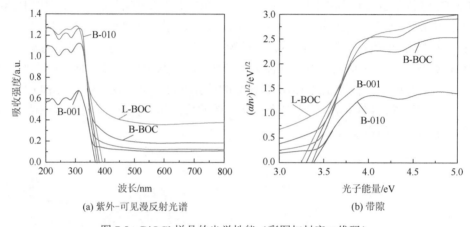

(a) 紫外-可见漫反射光谱　　　　　　　　　　(b) 带隙

图 7.5　BiOCl 样品的光学性能（彩图扫封底二维码）

7.4　电化学性能

图 7.6 为 B-001、B-010、B-BOC、L-BOC 样品的 M-S 曲线。从 M-S 曲线中可以得到平带电位，L-BOC、B-BOC、B-010 和 B-001 样品的平带电位分别为 –0.21eV、–0.15eV、–0.11eV 和 –0.08eV。在 n 型半导体中，平带电位大约等于导带电位[28, 29]，显然所制备的样品中 L-BOC 有着相对更负的导带电位，表明 L-BOC 的光生电子有着更强的还原能力[30]。同时，Zhang 等[31]也认为导带的上移有利于强化 ·O$_2^-$ 在光催化中的作用，这与 L-BOC 捕获剂实验的结果一致。此外，根据 M-S 曲线，样品的载流子浓度的计算公式见式（4.3）[32]，其中，相对介电常数取 50[33]，由此得到 B-001、B-010、B-BOC 和 L-BOC 样品的载流子浓度分别为 $8.53 \times 10^{27} \mathrm{cm}^{-3}$、$1.34 \times 10^{28} \mathrm{cm}^{-3}$、$4.73 \times 10^{27} \mathrm{cm}^{-3}$ 和 $1.07 \times 10^{28} \mathrm{cm}^{-3}$。B-001 样品的载流子浓度是 B-BOC 样品的载流子浓度的近 2 倍。因此，决定光催化活性的因素不止是载流子浓度，还有其他因素影响光催化活性。

图 7.7（a）为 B-001、B-010、B-BOC、L-BOC 样品的 EIS 图。EIS 图中的圆弧半径通常可以表示电荷转移中的电阻[34]，可以看出圆弧半径顺序如下：L-BOC＜B-BOC＜B-010＜B-001。与 BiOCl 的(001)晶面相比，BiOCl 的(010)晶面所形成的

电子通道在一定程度可以促进光生电荷的转移。L-BOC 样品中光生电荷的转移
有着更小的电阻，意味着光生电子与空穴的转移效率更高。这可能是因为(010)
与(110)晶面产生内电场之间的协同作用，有利于光生载流子的转移[35]。图 7.7（b）
为 B-001、B-010、B-BOC、L-BOC 样品在 0.5mol/L Na₂SO₄ 电解池中的 LSV 曲线
（图中电位参考 Ag 电极，也可按照能斯特方程将其换算成 NHE 电位），B-001、
B-010 样品的起始电位分别为–0.87V、–0.79V；B-BOC 和 L-BOC 样品有着几乎相
同的起始电位，约为–0.67V，低的起始电位表示样品在反应过程中更容易产生电
流[36]。同时，B-001、B-010、B-BOC 和 L-BOC 样品的过电位分别为–1.52V、–1.30V、
–1.05V 和–1.07V。这说明在光催化反应中，B-BOC 和 L-BOC 样品中低的过电位
可以使光生电子快速转移到活性位点并进行光催化反应[37]。

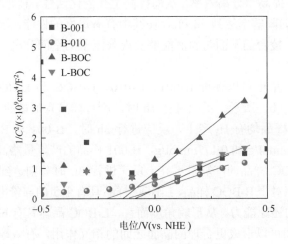

图 7.6　BiOCl 样品的 M-S 曲线

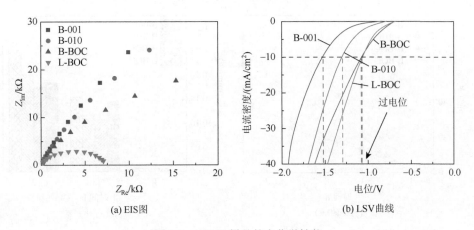

(a) EIS图　　　　　　　　　(b) LSV曲线

图 7.7　BiOCl 样品的电化学性能

7.5　光催化性能

本节通过可见光照射下 MO 的降解行为规律评价 B-001、B-010、B-BOC 和 L-BOC 样品的光催化活性。如图 7.8（a）所示，B-010 样品在 3.5h 对 MO 的降解率为 39.6%，B-001 样品在 3.5h 对 MO 的降解率为 34.8%，B-010 样品的降解性能高于 B-001 样品的可能原因是(001)暴露面的 BiOCl 是一个封闭的结构，不利于光生载流子的转移，而(010)暴露面的 BiOCl 能够形成电子通道，有利于光生载流子的转移[12]。具有八边形结构的 B-BOC 样品在 3.5h 对 MO 的降解率为 62.1%，是两个单暴露面的 BiOCl 的近 2 倍，这很大程度上是因为八边形的结构有效地抑制了载流子复合，提高了分离效率，从而提高了光催化活性。棱台状的 L-BOC 样品在 3.5h 对 MO 的降解率达到 78.1%，在其中有着最好的性能，当可见光激发形成光生载流子时，棱台的平面与斜面能够实现载流子的空间分离，极大地抑制了空穴和电子的复合。

光催化产氢量也可以评价 B-001、B-010、B-BOC 和 L-BOC 样品的光催化性能，如图 7.8（b）所示。反应进行 1h 时，所有样品有痕量的 H_2 产生。反应进行 2h 时，所有样品均有 H_2 产生。反应进行 3h 时，B-001 与 B-010 样品的产氢量分别为 0.186mmol/g 和 0.177mmol/g，B-001 样品的产氢量略高于 B-010 样品。B-BOC 和 L-BOC 样品的产氢量更高，反应进行 3h 时分别达到 0.203mmol/g 和 0.254mmol/g。相对于 B-BOC 样品，L-BOC 样品具有更负的导带电位，使得 L-BOC 样品有着更高的还原能力。从形貌角度而言，L-BOC 晶体具有 6 个暴露面，(010) 与(110)晶面之间可以形成更合理的晶面之间的相互作用，有效地分离了光生载流子，减少复合效率。因此，L-BOC 样品在产氢过程中表现出较优的光催化性能。

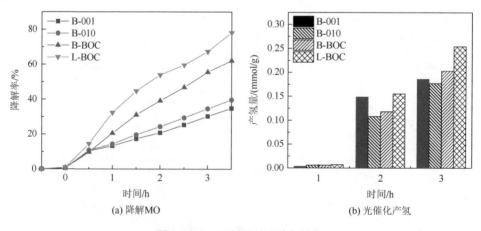

(a) 降解MO　　　　　　　　　　　　(b) 光催化产氢

图 7.8　BiOCl 样品的光催化性能

7.6　光催化活性基团

本节采用异丙醇（isopropanol，IPA，·OH 清除剂）、草酸钠（Na$_2$C$_2$O$_4$，h$^+$清除剂）和 p-BQ（·O$_2^-$清除剂）作为活性基团捕获剂。从图 7.9（a）中可以看出，加入 p-BQ 后，L-BOC 样品的降解性能受到了极大的影响，由原来 78.1%的降解率下降到 30%，这表明·O$_2^-$主导了 MO 的光催化分解反应。同样，IPA 的加入也表现出一定程度的负效应，说明·OH 自由基也参与了上述反应。与此形成鲜明对比的是，加入 Na$_2$C$_2$O$_4$ 后，L-BOC 样品对 MO 的降解率有一定程度的增加，这表明 h$^+$并没有参与降解 MO 的光催化过程。从上述结果可以推断，L-BOC 降解 MO 的光催化过程中，主要活性物种为·O$_2^-$和·OH，h$^+$影响很弱。图 7.9（b）为 B-BOC 样品中加入不同捕获剂后对 MO 降解率的影响，在加入 Na$_2$C$_2$O$_4$ 后，B-BOC 样品对 MO 的降解率从 62.1%下降到 53%，说明 h$^+$在降解过程中有一定作用。加入 IPA 对 MO 的降解产生了明显的抑制效应，从原来 62.1%的降解率下降到了 25%，因此推断·OH 在 B-BOC 的光催化过程中起到了关键作用。与 L-BOC 不同，在 B-BOC 的光催化过程中·O$_2^-$并不是主要的活性物种。

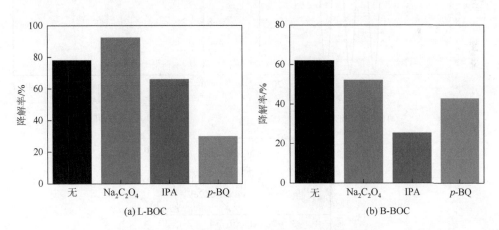

图 7.9　添加不同捕获剂对光催化降解 MO 的影响

7.7　光催化机理

7.7.1　L-BOC 光催化机理

为了更好地理解 L-BOC 中电荷的转移过程，本节基于第一性原理进行了计算模拟。半导体材料的功函数表明电子在材料中束缚的强度[38]，通过第一性原理计算得到了 L-BOC(010)与(110)晶面的功函数（图 7.10）。从图 7.10 中可以看出，L-BOC(010)晶面的功函数为 5.50eV，(110)晶面的功函数为 7.82eV。(010)与(110)晶面的功函数有明显的差异，表明(010)与(110)晶面可以产生电荷转移驱动力[39]。(010)晶面的功函数明显小于(110)晶面，(010)晶面的费米能级（E_F）位置高于(110)晶面。因此，电子从(010)晶面转移到(110)晶面，直到费米能级达到平衡，这种电荷转移导致(110)晶面中负电荷的累积效应[40]。相反，(010)晶面聚集部分正电荷，最终形成内电场，抑制了光生电子和空穴的复合[41, 42]。图 7.10（c）为(110)和(010)晶面的总态密度图，可以看出(110)晶面 VBM 的位置为 0.02eV，CBM 的位置为 2.40eV；(010)晶面 VBM 的位置为 0.19eV，CBM 的位置为 2.97eV。也就是说，(010)晶面的导带位置高于(110)晶面，电子倾向于从(010)晶面流向(110)晶面，这也与功函数的计算结果吻合。

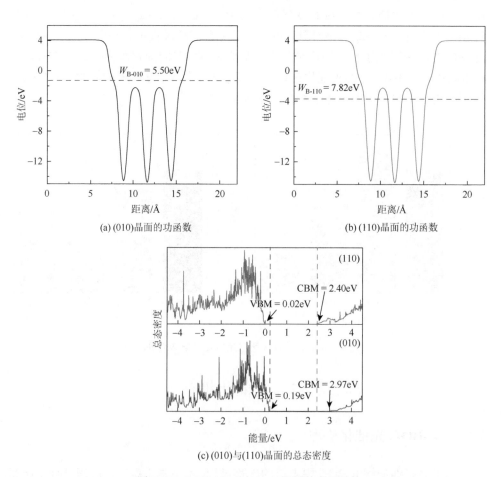

(a) (010)晶面的功函数　　　　　　　　　　(b) (110)晶面的功函数

(c) (010)与(110)晶面的总态密度

图 7.10　L-BOC(010)与(110)晶面的电子结构

综上所述，L-BOC 的 Z 型载流子转移路径的光催化机理如图 7.11 所示。随着费米能级的对齐，(010)晶面 CBM 的位置与(110)晶面 VBM 的位置较近，光生电子的转移有着更低的势垒。当光生载流子被激发后，(001)晶面的光生电子通过晶面结与(010)晶面的光生空穴复合，从而实现载流子的高效分离和转移。(010)晶面的光生空穴与(110)晶面的光生电子能够很好地分离，然后分别转移到(001)和(110)晶面的表面进行光催化反应。

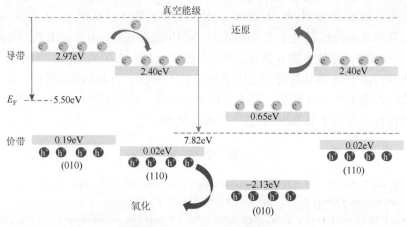

图 7.11　L-BOC 光催化机理

7.7.2　B-BOC 光催化机理

图 7.12（a）为 B-BOC 沉积 Ag 的 SEM 图像，可以看到 Ag 选择沉积在 B-BOC 的(110)边，这个结果表明电子更容易聚集在(110)边[43]。

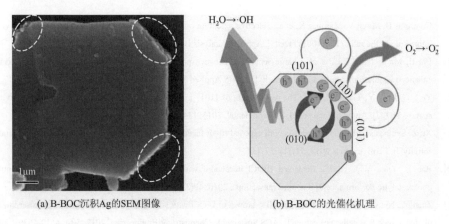

(a) B-BOC沉积Ag的SEM图像　　　　(b) B-BOC的光催化机理

图 7.12　B-BOC 沉积 Ag 的 SEM 图像和 B-BOC 的光催化机理

因此，推测 B-BOC 光催化机理如图 7.12（b）所示。当 B-BOC 吸收光能时，产生光生电子和空穴，由于(110)边具有很强的吸引电子的能力，光生电子不停地在(110)边聚集，这些电子会被溶液中 O_2 捕获，形成·O_2^{2-}；(010)边更容易聚集光生空穴[12]，当光生空穴产生时，容易聚集在(010)边，使得水和 OH^- 被氧化为·OH。这一结果与 B-BOC 捕获剂实验一致。八边形的结构能够有效改善 BiOCl 的光催化性能。L-BOC 的主要暴露面为(010)晶面，斜面为(110)晶面。L-BOC 比单一暴露面的 BiOCl 有着更好的光催化性能。在 L-BOC 光催化过程中·O_2^- 自由基起到主要作用。通过 DFT 计算，L-BOC 明显改善了载流子分离能力。L-BOC 中(110)晶面较高的功函数使得电子由(010)晶面向(110)晶面转移，由此提出 Z 型载流子转移路径。B-BOC 晶体中的 8 条边分别为(101)、(110)、($\overline{1}$01)、($\overline{1}$10)、($\overline{1}$0$\overline{1}$)、($\overline{1}$$\overline{1}$0)、(10$\overline{1}$)和(1$\overline{1}$0)，在光催化性能测试中表现出优于 B-001 和 B-010 的性能，随后的捕获剂实验发现·OH 在光催化过程中起到主要作用。最后通过沉积 Ag，根据 Ag 所聚集的位置，提出了 B-BOC 可能的光催化机理。

参 考 文 献

[1] Li D, Liu Y, Shi W, et al. Crystallographic-orientation-dependent charge separation of BiVO4 for solar water oxidation[J]. ACS Energy Letters, 2019, 4(4): 825-831.

[2] Dong L M, Zhao J T, Li Q, et al. Sr$_{1-x}$Ba$_x$TiO$_4$: Eu^{3+}, Gd^{3+}: A novel blue converting yellow-emitting phosphor for white light-emitting diodes[J]. Journal of Nanomaterials, 2015, 2015: 103689.

[3] Chen H, Yu X, Zhu Y, et al. Controlled synthesis of {001} facets-dominated dye-sensitized BiOCl with high photocatalytic efficiency under visible-light irradiation[J]. Journal of Nanoparticle Research, 2016, 18(8): 225.

[4] Yang H G, Sun C H, Qiao S Z, et al. Anatase TiO$_2$ single crystals with a large percentage of reactive facets[J]. Nature, 2008, 453(7195): 638-641.

[5] Li T, Gao Y, Zhang L, et al. Enhanced Cr(Ⅵ) reduction by direct transfer of photo-generated electrons to Cr 3d orbitals in CrO$_4^{2-}$-intercalated BiOBr with exposed(110) facets[J]. Applied Catalysis B: Environmental, 2020, 277: 119065.

[6] Contreras D, Melin V, Márquez K, et al. Selective oxidation of cyclohexane to cyclohexanol by BiOI under visible light: Role of the ratio (110)/(001) facet[J]. Applied Catalysis B: Environmental, 2019, 251: 17-24.

[7] Liu B, Ma L, Ning L C, et al. Charge separation between polar {111} surfaces of CoO octahedrons and their enhanced visible-light photocatalytic activity[J]. ACS Applied Materials & Interfaces, 2015, 7(11): 6109-6117.

[8] Ye L Q, Liu J Y, Tian L H, et al. The replacement of {101} by {010} facets inhibits the photocatalytic activity of anatase TiO$_2$[J]. Applied Catalysis B: Environmental, 2013, 134-135: 60-65.

[9] Xu Z. Synthesis of BiOCl nanosheets with exposed (010) facets via a facile two-phase reaction and photocatalytic activity[J]. Ferroelectrics, 2018, 527(1): 37-43.

[10] Bao L, Yuan Y J. Highly dispersed BiOCl decahedra with a highly exposed (001) facet and exceptional photocatalytic performance[J]. Dalton Transactions, 2020, 49(33): 11536-11542.

[11] Zhang L, Niu C G, Xie G X, et al. Controlled growth of BiOCl with large {010} facets for dye self-photosensitization photocatalytic fuel cells application[J]. ACS Sustainable Chemistry & Engineering, 2017, 5(6): 4619-4629.

[12] Shi M, Li G, Li J, et al. Intrinsic facet-dependent reactivity of well-defined BiOBr nanosheets on photocatalytic water splitting[J]. Angewandte Chemie International Edition, 2020, 59(16): 6590-6595.

[13] Dong F, Xiong T, Yan S, et al. Facets and defects cooperatively promote visible light plasmonic photocatalysis with Bi nanowires@BiOCl nanosheets[J]. Journal of Catalysis, 2016, 344: 401-410.

[14] Jiang J, Zhao K, Xiao X Y, et al. Synthesis and facet-dependent photoreactivity of BiOCl single-crystalline nanosheets[J]. Journal of the American Chemical Society, 2012, 134(10): 4473-4476.

[15] Zhao H, Liu X, Dong Y, et al. Fabrication of a Z-scheme {001}/{110} facet heterojunction in BiOCl to promote spatial charge separation[J]. ACS Applied Materials & Interfaces, 2020, 12(28): 31532-31541.

[16] Tian F, Li G, Zhao H, et al. Residual Fe enhances the activity of BiOCl hierarchical nanostructure for hydrogen peroxide activation[J]. Journal of Catalysis, 2019, 370: 265-273.

[17] Chen M, Yu S, Zhang X, et al. Insights into the photosensitivity of BiOCl nanoplates with exposing {001} facets: The role of oxygen vacancy[J].Superlattices and Microstructures, 2016, 89: 275-281.

[18] Cui Z, Mi L, Zeng D. Oriented attachment growth of BiOCl nanosheets with exposed {110} facets and photocatalytic activity of the hierarchical nanostructures[J]. Journal of Alloys and Compounds, 2013, 549: 70-76.

[19] Biswas A, Das R, Dey C, et al. Ligand-free one-step synthesis of {001} faceted semiconducting BiOCl single crystals and their photocatalytic activity[J].Crystal Growth & Design, 2014, 14(1): 236-239.

[20] Hu X, Xu Y, Zhu H, et al. Controllable hydrothermal synthesis of BiOCl nanoplates with high exposed {001} facets[J]. Materials Science in Semiconductor Processing, 2016, 41: 12-16.

[21] Zhang D, Chen L, Xiao C, et al. Facile synthesis of high {001} facets dominated BiOCl nanosheets and their selective dye-sensitized photocatalytic activity induced by visible light[J]. Journal of Nanomaterials, 2016, 2016: 33.

[22] Li M, Yu S, Huang H, et al. Unprecedented eighteen-faceted BiOCl with a ternary facet junction boosting cascade charge flow and photo-redox[J]. Angewandte Chemie International Edition, 2019, 58(28): 9517-9521.

[23] Wu Z H, Li Z F, Tian Q Y, et al. Protonated branched polyethyleneimine induces the shape evolution of BiOCl and exposed {010} facet of BiOCl nanosheets[J].Crystal Growth & Design, 2018, 18(9): 5479-5491.

[24] Li H, Shang J, Yang Z P, et al. Oxygen vacancy associated surface fenton chemistry: Surface structure dependent hydroxyl radicals generation and substrate dependent reactivity[J]. Environmental Science & Technology, 2017, 51(10): 5685-5694.

[25] Sun Y, Wu J, Li X, et al. Efficient visible-light-driven CO_2 reduction realized by defect-mediated BiOBr atomic layers[J]. Angewandte Chemie International Edition, 2018, 130(28): 8855-8859.

[26] Cai H, Wang B, Xiong L, et al. Orienting the charge transfer path of type-II heterojunction for photocatalytic hydrogen evolution[J]. Applied Catalysis B: Environmental, 2019, 256: 117853.

[27] Cai Y, Li D, Sun J, et al. Synthesis of BiOCl nanosheets with oxygen vacancies for the improved photocatalytic properties[J]. Applied Surface Science, 2018, 439: 697-704.

[28] Jia X M, Cao J, Lin H L, et al. Transforming type-I to type-II heterostructure photocatalyst via energy band engineering: A case study of I-BiOCl/I-BiOBr[J]. Applied Catalysis B: Environmental, 2017, 204: 505-514.

[29] Jia X, Cao J, Lin H, et al. One-pot synthesis of novel flower-like $BiOBr_{0.9}I_{0.1}$/BiOI heterojunction with largely enhanced electron-hole separation efficiency and photocatalytic performances[J]. Journal of Molecular Catalysis A—Chemical, 2015, 409: 94-101.

[30] Su Y, Zhang L, Wang W Z. Internal polar field enhanced H_2 evolution of $BiOIO_3$ nanoplates[J]. International Journal of Hydrogen Energy, 2016, 41(24): 10170-10177.

[31] Zhang G, Cai L, Zhang Y, et al. Bi^{5+}, $Bi^{(3-x)+}$, and oxygen vacancy induced $BiOCl_xI_{1-x}$ solid solution toward promoting visible-light driven photocatalytic activity[J]. Chemistry — A European Journal, 2018, 24(29): 7434-7444.

[32] Zhang G, Zhang L, Liu Y, et al. Substitution boosts charge separation for high solar-driven photocatalytic performance[J]. ACS Applied Materials & Interfaces, 2016, 8(40): 26783-26793.

[33] Nalawade Y, Pepper J, Harvey A, et al. All-printed dielectric capacitors from high-permittivity, liquid-exfoliated BiOCl nanosheets[J]. ACS Applied Electronic Materials, 2020, 2(10): 3233-3241.

[34] Chen F, Yang Q, Sun J, et al. Enhanced photocatalytic degradation of tetracycline by $AgI/BiVO_4$ heterojunction under visible-light irradiation: Mineralization efficiency and mechanism[J]. ACS Applied Materials & Interfaces, 2016, 8(48): 32887-32900.

[35] Sun J J, Li X Y, Zhao Q D, et al. Construction of p-n heterojunction β-$Bi_2O_3/BiVO_4$ nanocomposite with improved photoinduced charge transfer property and enhanced activity in degradation of ortho-dichlorobenzene[J]. Applied Catalysis B: Environmental, 2017, 219: 259-268.

[36] Hou Y, Gan Y, Yu Z, et al. Solar promoted AZO dye degradation and energy production in the bio-photoelectrochemical system with a g-$C_3N_4/BiOBr$ heterojunction photocathode[J]. Journal of Power Sources, 2017, 371: 26-34.

[37] Xing P, Wu S, Chen Y, et al. New application and excellent performance of $Ag/KNbO_3$ nanocomposite in photocatalytic NH_3 synthesis[J]. ACS Sustainable Chemistry & Engineering, 2019, 7(14): 12408-12418.

[38] Liu J J, Fu X L, Chen S F, et al. Electronic structure and optical properties of Ag_3PO_4 photocatalyst calculated by hybrid density functional method[J]. Applied Physics Letters, 2011, 99(19): 191903.

[39] Ran J, Guo W, Wang H, et al. Metal-free 2D/2D phosphorene/g-C_3N_4 van der waals heterojunction for highly enhanced visible-light photocatalytic H_2 production[J]. Advanced Materials, 2018, 30(25): 1800128.

[40] Kim Y H, Lee S Y, Umh H N, et al. Directional change of interfacial electric field by carbon insertion in heterojunction system TiO_2/WO_3[J]. ACS Applied Materials & Interfaces, 2020, 12(13): 15239-15245.

[41] Zhang C, Fei W, Wang H, et al. p-n Heterojunction of BiOI/ZnO nanorod arrays for piezo-photocatalytic degradation of bisphenol A in water[J]. Journal of Hazardous Materials, 2020, 399: 123109.

[42] Sun L M, Xiang L, Zhao X, et al. Enhanced visible-light photocatalytic activity of BiOI/BiOCl heterojunctions: Key role of crystal facet combination[J]. ACS Catalysis, 2015, 5(6): 3540-3551.

[43] Zhao W, Li Y, Zhao P, et al. Novel Z-scheme Ag-C_3N_4/SnS_2 plasmonic heterojunction photocatalyst for degradation of tetracycline and H_2 production[J]. Chemical Engineering Journal, 2021, 405: 126555.

第8章 Bi₂O₃ 的晶体结构与光催化性能调控

8.1 概　述

我国铋产量丰富，且铋族光催化剂是新型光催化材料中的一大类，具有独特的电子结构、可见光响应特性，因此开发和研究铋族光催化剂一直备受关注[1-5]。Bi₂O₃存在至少 7 种晶型[4, 6-13]，是一种无机化合物。Bi₂O₃ 具有较窄的带隙，在可见光下光催化性能良好，特别是单斜 α-Bi₂O₃（带隙为 2.8eV）引起了研究者的极大兴趣[14, 15]。单斜 α-Bi₂O₃ 和四方 β-Bi₂O₃ 是常见的两相，图 8.1 给出了这两种典型 Bi₂O₃ 的晶胞结构，图 8.1（a）为单斜 α-Bi₂O₃，图 8.1（b）为四方 β-Bi₂O₃。如图 8.1 所示，两者均由铋氧多面体组成，但铋氧多面体的配位数和结构均不相同。体心立方 γ-Bi₂O₃ 和面心立方 δ-Bi₂O₃ 等诸多的结构未列出，感兴趣的读者可以查阅相关资料。

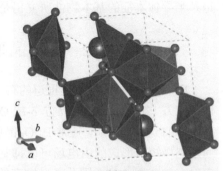

(a) 单斜α-Bi₂O₃

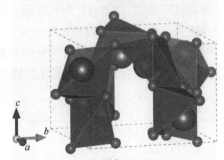

(b) 四方β-Bi₂O₃

图 8.1　两种典型 Bi₂O₃ 的晶胞结构
（彩图扫封底二维码）

　　将半导体材料应用于环境修复和光分解水领域备受关注[16-20]。光生载流子的有效分离在很大程度上取决于半导体的本征结构特性[21-23]。相对于单相半导体，一些异质结［如 Bi₂O₃/NaBi(MoO₄)₂[24]、Bi₂O₃/g-C₃N₄[25]、Bi₂O₃/TiO₂₋ₓNₓ[26]］展现出了良好的光生载流子分离效率和光催化性能。根据能带边位置（形成的界面电场）[27]，形成的光生电子和空穴能在界面电场的驱动下运动，改善了光生电子-空穴对的分离，明显提高了光催化效率。铋族氧化物晶体结构丰富、晶面结构复杂，同时所复合的半导体种类繁多，真正理解确切的能带排列机理仍然面临挑战。例如，采用平带电位得到的结果是，锐钛矿 TiO₂ 的功函数比金红石 TiO₂ 的功函数小约 0.2eV[28]；光发射电子显微镜（photoemission electron microscopy，PEEM）的研究发现，金红

石 TiO_2 的功函数比锐钛矿 TiO_2 的功函数小约 $0.2eV$[29]。比较两个工作的结果，说明电子或空穴的流动是相互矛盾的。在耦合半导体界面上，自由载流子在功函数差值的作用下，从一个半导体传输到另一个半导体，载流子转移的最终结果是它们的费米能级对齐。因此，相应的半导体内的电子能级水平随着半导体的耦合而发生变化。不过在报道中，锐钛矿 TiO_2 与金红石 TiO_2 耦合时的能带排列的长期争议得到了澄清[30]。$BiVO_4$ 两相之间形成的能带排列也得到了有效证明[31]，$\alpha\text{-}Bi_2O_3/\beta\text{-}Bi_2O_3$ 复合结构的光催化性能及能带排列也通过实验被证实[32]。事实上，晶体的能级受杂质、晶体取向等多种因素影响。要获得两相半导体的价带及导带的能带排列，每种半导体本征的基本物性研究仍是关键。

8.2　不同晶型 Bi_2O_3 及晶型转变

Bi_2O_3 有多种晶型，已报道的有 7 种晶型，如单斜 $\alpha\text{-}Bi_2O_3$[33]、四方 $\beta\text{-}Bi_2O_3$、体心立方 $\gamma\text{-}Bi_2O_3$ 和面心立方 $\delta\text{-}Bi_2O_3$。其中，$\alpha\text{-}Bi_2O_3$ 热力学最稳定，$\beta\text{-}Bi_2O_3$ 具有更好的光催化性能。通常 Bi_2O_3 晶胞中的四面体或八面体会扭曲并产生偶极矩，通过偶极矩所形成的内电场可以抑制光生电子-空穴对再复合，促进光生电子-空穴对有效分离[34,35]，因此具有较高的研究价值，有希望应用于光催化分解水和降解有机污染物。$\delta\text{-}Bi_2O_3$ 为高温相，只有在高温下稳定存在，其他晶型在高温下为亚稳态。Bi_2O_3 之间的相转变关系如图 8.2 所示。Bi_2O_3 在水溶液中的化学稳定性较好，可应用在燃料电池、光学薄膜和传感器等方面。表 8.1 总结了不同 Bi_2O_3 晶胞与 δ 相晶胞之间的关系及其他热力学稳定相。

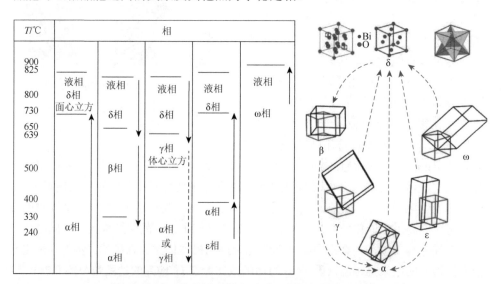

图 8.2　Bi_2O_3 的晶型和转变关系（彩图扫封底二维码）

表 8.1　不同晶型晶格常数和 δ-Bi₂O₃ 关系[36]

Bi₂O₃ 晶相	Bi₂O₃ 晶格常数	与 δ-Bi₂O₃ 的矩阵关系
α 相	$a = 5.8444$（2）Å $b = 8.1574$（3）Å $c = 7.5032$（3）Å $\beta = 112.97$（1）° 空间群 $P2_1/C$，$Z = 4$	$\begin{pmatrix} a_{\alpha,\,mon} \\ b_{\alpha,\,mon} \\ c_{\alpha,\,mon} \end{pmatrix} = \begin{pmatrix} 0 & 0 & 1 \\ 0 & -1 & 0 \\ 1 & 1 & 0 \end{pmatrix} \begin{pmatrix} a_{\delta,\,fluor} \\ b_{\delta,\,fluor} \\ c_{\delta,\,fluor} \end{pmatrix}$
β 相	$a = 7.741$（3）Å $c = 5.634$（2）Å 空间群 $P\,\overline{4}\,2_1c$，$Z = 4$	$\begin{pmatrix} a_{\beta,\,tetr} \\ b_{\beta,\,tetr} \\ c_{\beta,\,tetr} \end{pmatrix} = \begin{pmatrix} 1 & 1 & 0 \\ -1 & 1 & 0 \\ 0 & 0 & 1 \end{pmatrix} \begin{pmatrix} a_{\delta,\,fluor} \\ b_{\delta,\,fluor} \\ c_{\delta,\,fluor} \end{pmatrix}$
γ 相	$a = 10.2501$（5）Å 空间群 $I23$，$Z = 13$	$\begin{pmatrix} a_{\gamma,\,bcc} \\ b_{\gamma,\,bcc} \\ c_{\gamma,\,bcc} \end{pmatrix} = \begin{pmatrix} 1/2 & -1 & 3/2 \\ 1 & 3/2 & 1/2 \\ -3/2 & 1/2 & 1 \end{pmatrix} \begin{pmatrix} a_{\delta,\,fluor} \\ b_{\delta,\,fluor} \\ c_{\delta,\,fluor} \end{pmatrix}$
ε 相	$a = 4.9555$（1）Å $b = 505854$（2）Å $c = 12.7299$（3）Å 空间群 $Pccn$，$Z = 4$	$\begin{pmatrix} a_{\varepsilon,\,orth} \\ b_{\varepsilon,\,orth} \\ c_{\varepsilon,\,orth} \end{pmatrix} = \begin{pmatrix} 0 & 0 & 0 \\ 0 & 1 & 0 \\ 1 & 0 & 2 \end{pmatrix} \begin{pmatrix} a_{\delta,\,fluor} \\ b_{\delta,\,fluor} \\ c_{\delta,\,fluor} \end{pmatrix}$
ω 相	$a = 7.2688$（4）Å $b = 8.6390$（6）Å $c = 11.96988$ Å $\alpha = 87.713$（6）° $\beta = 93.227$（6）° $\gamma = 86.653$（4）° 可能的空间群 $P\,\overline{1}$，$Z = 9$	$\begin{pmatrix} a_{\omega,\,tric} \\ b_{\omega,\,tric} \\ c_{\omega,\,tric} \end{pmatrix} = \begin{pmatrix} 1 & 0 & 1 \\ 0 & 3/2 & 1/2 \\ -2 & 0 & 1 \end{pmatrix} \begin{pmatrix} a_{\delta,\,fluor} \\ b_{\delta,\,fluor} \\ c_{\delta,\,fluor} \end{pmatrix}$

注：括号内数字表示由测试可能出现的误差或精度。

　　在形成不同 Bi₂O₃ 晶型的过程中，产物的晶体结构受制备工艺和温度的影响较大。例如，常规的柠檬酸盐法能获得单斜 α-Bi₂O₃；添加铝酸会形成四方 β-Bi₂O₃[32]。Geudtner 等[37]利用玻恩-奥本海默（Born-Oppenheimer）分子动力学模拟计算了 Bi₂O₃ 单体的生长过程，发现 Bi—O 键长出现了明显的变化。当其他制备条件相同时，辅助剂的添加会明显影响 Bi₂O₃ 晶型的结晶行为。此外，原子层沉积（atomic layer deposition，ALD）法也可以制备 Bi₂O₃[38]。

　　如图 8.3 所示，在没有物镜光阑的情况下，29.7nm 样品展现出一系列 SAED 图像和相应的明场（bright field，BF）像。573K 时发现明显的衍射环，大量的颗

粒显示出衍射晕；768K 非常接近相转变温度，衍射环开始消失（可通过原位 XRD
实现对晶体相转变的测定）；778K 时衍射环已完全消失，并且没有颗粒表现出衍
射信号，在加热过程中 SAED 信号强度逐渐减弱直至消失。由于衍射衬度的变化，
在明场像中有些颗粒较暗。从晶态向非晶态转变的温度区间较窄，结合晶型转变
法则，可以解释衍射信号消失的原因。

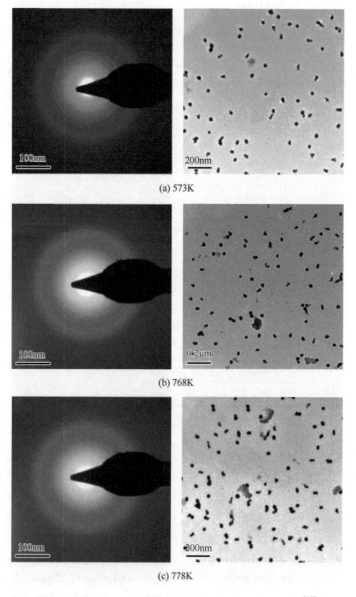

(a) 573K

(b) 768K

(c) 778K

图 8.3　29.7nm 样品系列 SAED 图像和相应的明场像[17]

Guenther 等[17]研究了 Bi₂O₃ 尺寸依赖的熔点转变行为。如图 8.4 所示，$1/d$ 趋近 0 时 Bi₂O₃ 的熔点为 867K，通常 δ-Bi₂O₃ 体材料的熔点为 1097K。根据均质生长（homogeneous growth，HOG）模型，图 8.4 中曲线的斜率 $\gamma_{SV} \approx 0.3\text{J/m}^2$，β-Bi₂O₃ 的熔点为 867K。假设颗粒为完美的球体，这样更有利于数学建模并且更容易获得熔点与颗粒尺寸之间的数学关系：

$$\frac{T_m}{T_0} = 1 - X\frac{1}{d} \tag{8.1}$$

式中，T_m 为纳米颗粒的熔点；T_0 为体材料的熔点；d 为粒径；X 与模型有关，在 HOG 模型中，有

$$X = \frac{4v_m(S)}{\Delta_m H}\left\{\gamma_{SV} - \gamma_{LV}\left[\frac{v_m(L)}{v_m(S)}\right]\right\}^{2/3} \tag{8.2}$$

式中，$v_m(S)$ 和 $v_m(L)$ 为固相和液相的摩尔体积；γ_{SV} 和 γ_{LV} 为气相和固、液相之间的表面能；$\Delta_m H$ 为熔化焓。

HOG 模型可用于研究熔点曲线的有效性，用 T_∞ 取代 T_0。已知颗粒存在于 β-Bi₂O₃ 中，是亚稳相而没有焓或自由能。因此，从 δ-Bi₂O₃ 转变为 β-Bi₂O₃ 的能量（14.7J/mol）可作为 $\Delta_m H$。由于化学计量相同，而且结构非常相似，这个估计是合理的[17]。

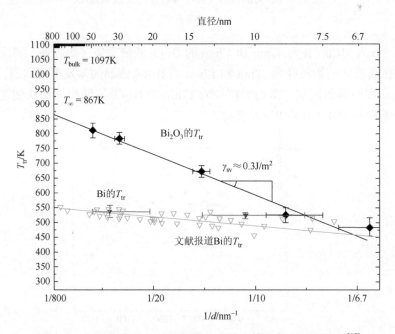

图 8.4　Bi₂O₃ 和金属 Bi 纳米颗粒的熔点与颗粒直径的依赖性[17]

T_{tr} 为相转变温度；T_∞ 为微纳米颗粒的最高熔点；T_{bulk} 为体相熔点

图 8.5 给出了 Bi_2O_3 的相转变温度与粒径的关系。图中虚线表示未知的线和区域，正方形和箭头为测量值，实线为拟合值；横坐标上的断开标志着从微米尺度到纳米尺度的变化。在室温下，不同的稳定阶段可能对应着在纳米尺度 $\lim_{r \to \infty} T_m(r)$ 与在微米尺度 $T_{m,0}$ 之间的差别。从图 8.5 中可以看出，在纳米尺度内，特别是极限情况下，Bi_2O_3 的相转变温度与粒径有非常紧密的关联。

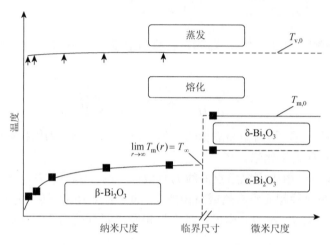

图 8.5　Bi_2O_3 的相转变温度与粒径的关系示意图[17]

T_v 为沸点温度

图 8.6 为初始粒径为 47nm 和 17nm 的 Bi_2O_3 液滴蒸发（如收缩）情况[39]。很明显，在高温区初始粒径为 47nm 和 17nm 的 Bi_2O_3 液滴的蒸发都很剧烈。但是它们之间存在明显的区别，即初始粒径为 17nm 的 Bi_2O_3 液滴收缩加快的温度明显低于初始粒径为 47nm 的 Bi_2O_3 液滴。

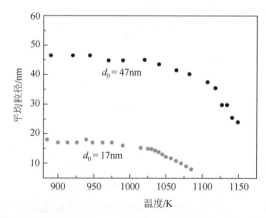

图 8.6　初始粒径为 47nm 和 17nm 的 Bi_2O_3 液滴蒸发（如收缩）情况[39]

Bi₂O₃ 的蒸发速率（即粒径变化率）为温度的函数[39]。从 Bi₂O₃ 纳米颗粒动力学蒸发过程可以计算推导出其蒸气压变化曲线，发现尺寸相关的蒸发速率为温度的函数。作为唯一的导致尺寸依赖性变化的未知参数，γ_{LV} 的拟合结果为 0.13J/m² 或 0.09J/m²±0.04J/m²。Bi₂O₃ 颗粒的生长受多因素制约，如氧分压、温度、掺杂剂及基质等。Jeong 等[40]发现氧化铝基质厚度明显调控了所制备 Bi₂O₃ 颗粒的粒径（图 8.7）。

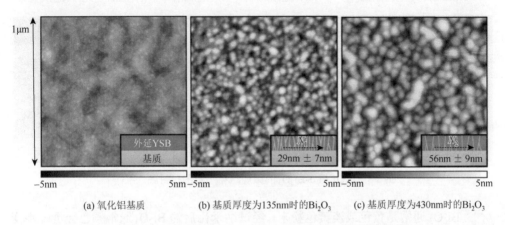

(a) 氧化铝基质　　　　(b) 基质厚度为135nm时的Bi₂O₃　　　(c) 基质厚度为430nm时的Bi₂O₃

图 8.7　在氧化铝基质上外延生长的 Bi₂O₃ 薄膜的 AFM 图像[40]

从化学组成上看，如果将 BiOX（X = F，Cl，Br，I）脱除卤素，最终得到含 Bi 与 O 的化合物。由前述内容可知，Bi₂O₃ 可通过加卤转化为 BiOX。BiOX 是一种具有高度各向异性的层状结构半导体，它引起了研究者的广泛关注。其晶体结构为 PbFCl 型，对称性为 D4h，空间群为 P4/nmm，属于四方晶系。研究发现，在 BiOX 系化合物中，BiOF 是直接带隙型半导体，BiOCl、BiOBr 和 BiOI 都为间接带隙型半导体。此外，理论研究发现，压力会导致 BiOF 的带隙出现较大的变化[41]。(Bi₂O₂)²⁺层交替排列，构成层状结构，双层排列的 X 原子之间通过原子的非键力结合，易沿(001)方向解理，BiOX 是一种具有高度各向异性层状结构的半导体材料。间接跃迁模式使其载流子复合过程需要声子的参与，由于延长了其载流子复合路径，有利于减小光生载流子复合概率，促进光生载流子分离。另外，它还有独特的层状结构特征、开放式结构和跃迁模式，有利于光生电子和空穴的有效分离及电荷转移。本章以 Bi₂O₃ 为原料，采用原位转化法制备了 BiOI（图 8.8）[42]，所用 Bi₂O₃ 为纳米级粉体，可以促进从 Bi₂O₃ 到 BiOI 的彻底转变。

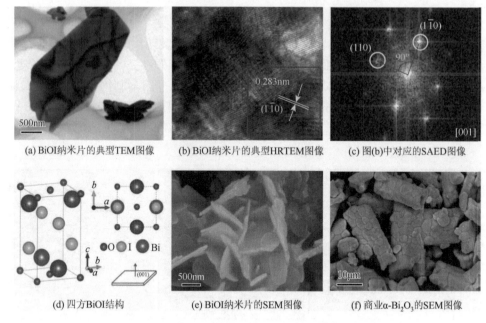

(a) BiOI纳米片的典型TEM图像　　(b) BiOI纳米片的典型HRTEM图像　　(c) 图(b)中对应的SAED图像

(d) 四方BiOI结构　　　　　　(e) BiOI纳米片的SEM图像　　　　(f) 商业α-Bi₂O₃的SEM图像

图 8.8　BiOI 与 α-Bi$_2$O$_3$ 的微观结构（彩图扫封底二维码）

　　Bi$_2$O$_3$ 通常是黄色或淡黄色粉末，经过纳米化后的 Bi$_2$O$_3$ 通常颜色会进一步变深，导致其对光的吸收能力大幅增加。较小的粒径也有利于载流子从颗粒内部向表面扩散，降低载流子复合概率，从而潜在地提高其光催化活性。静电纺丝法是一种比较便利的获得纳米纤维的方法。Brezesinski 等[43]基于静电纺丝法制备了在空气中 400℃煅烧后的 β/β-Bi$_2$O$_3$ 纳米纤维（图 8.9）。

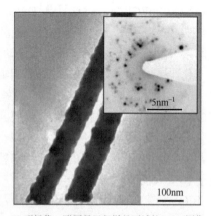

(a) 低倍SEM　　　　　　　　　(b) 明场像，附图是局部样品区域的SAED图像

图 8.9　基于静电纺丝法，在空气中 400℃煅烧后制备 β/β-Bi$_2$O$_3$ 纳米纤维[43]

Muruganandham 等[44]通过热分解草酸铋获得了自组装可调的 Bi$_2$O$_3$，进一步解释了在热处理条件下蜂窝状 α-Bi$_2$O$_3$ 形貌的调控机理。不同的热处理条件导致前驱体的化学组成发生了变化。自组装可调的 Bi$_2$O$_3$ 表现出良好的光催化降解酸性橙 7 的能力，3 次循环实验后，样品仍然维持着较高的光催化活性，表明其稳定性良好。

Zhang 等[45]以可见光响应半导体 Bi$_2$O$_3$ 为例，形成了 α/β-Bi$_2$O$_3$ 异质结，并且获得了一种良好的分级多孔结构，同时在相变过程中可以很好地保持分级多孔结构（图 8.10）。结果表明，在分级多孔结构中形成的 α/β-Bi$_2$O$_3$ 异质结可有效促进光生电子和空穴的分离，从而显著增强光催化降解各种高浓度环境污染物的能力[45]，可实现对 MO 的稳定降解（α-Bi$_2$O$_3$ 用量为 0.6g/L；MO 初始浓度为 30mg/L）。

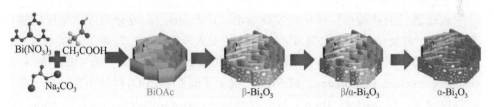

图 8.10　α/β-Bi$_2$O$_3$ 异质结的合成示意图（彩图扫封底二维码）[45]

8.3　α-Bi$_2$O$_3$/BiOX 核壳结构设计机理

商业 Bi$_2$O$_3$ 粉体的晶体结构一般为 α-Bi$_2$O$_3$。商业 Bi$_2$O$_3$ 粉体的粒径较大、比表面积小，难以作为催化剂或光催化剂直接使用。同时，大粒径的 Bi$_2$O$_3$ 粉体难以与纳米片（如 BiOCl、BiOBr）形成良好的复合结构，几乎不可能与纳米片形成足够的界面接触。因此，为了获得足够的界面接触，可行的方法是形成核壳结构。作者以商业 Bi$_2$O$_3$ 粉体为原料制备了 α-Bi$_2$O$_3$/BiOCl 核壳异质结，具体的制备细节如下：将 Bi$_2$O$_3$ 分散在去离子水中，经超声分散，然后逐滴加入一定浓度的 HCl 溶液，两种组分的异质结的原料配比是 Bi 和 Cl 的化学计量比控制在 3.5∶1 和 2∶1，将其于 80℃干燥 12h 所制备的样品分别命名为 CM1、CM2。BiOCl 光催化剂也是采用 HCl 腐蚀 Bi$_2$O$_3$ 而得到的。

图 8.11 示意表达了 α-Bi$_2$O$_3$/BiOCl 核壳异质结制备过程，其制备过程也适用于 α-Bi$_2$O$_3$/BiOBr 核壳异质结。首先，Bi$_2$O$_3$ 粉体受到盐酸的作用，部分溶解的 Bi^{3+} 进入溶液[反应（8.3）]。然后，Bi^{3+} 水解形成中间体 BiO$^+$[反应（8.4）]。最后，由于 BiOX 的溶度积常数很小（如 BiOCl 的溶度积常数为 1.8×10^{-31}），反应（8.4）的产物 BiO$^+$ 和 X$^-$ 逐渐沉淀生成 BiOX[46]。以 α-Bi$_2$O$_3$/BiOX（X = Cl，Br）为例，BiOX 的生成过程如下：

$$Bi_2O_3 + 6HX \longrightarrow Bi^{3+} + 3H_2O + 6X^- \qquad (8.3)$$

$$Bi^{3+} + H_2O \longrightarrow BiO^+ + 2H^+ \qquad (8.4)$$

$$BiO^+ + X^- \longrightarrow BiOX \qquad (8.5)$$

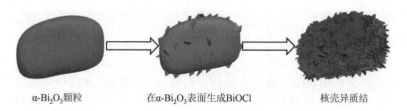

α-Bi₂O₃颗粒　　　　在α-Bi₂O₃表面生成BiOCl　　　　核壳异质结

图 8.11　α-Bi₂O₃/BiOCl 核壳异质结制备过程

通过适当的盐酸原位转化能实现 α-Bi₂O₃ 表面的 Bi 成分通过化学反应转化为 BiOCl。异质结的两相比例可通过 HCl 的加入量来调节。与商业 α-Bi₂O₃ 相比，α-Bi₂O₃/BiOCl 核壳异质结具有粗糙的表面。场发射扫描电子显微镜（field emission scanning electron microscope，FESEM）揭示了商业 α-Bi₂O₃ 样品由直径数十微米的颗粒组成；在 α-Bi₂O₃/BiOCl 核壳异质结中，Bi₂O₃ 的表面由直径约 100nm 的 BiOCl 纳米片组成[47]。

图 8.12（a）是典型 α-Bi₂O₃/BiOCl 核壳异质结的 TEM 图像。中等放大倍数的 TEM 图像显示 BiOCl 纳米片组装在 α-Bi₂O₃ 外部[图 8.12（b）]。图 8.12（c）为 BiOCl 纳米片的 HRTEM 图像，揭示 BiOCl 具有良好的结晶度。所得到的 BiOCl 条纹相通过 FFT 处理得到衍射斑，相应斑点为(110)和(1̄10)晶面。电子束沿 c 轴方向入射，这表明 BiOCl 呈现(001)晶面暴露的特征，并沿垂直于 c 轴方向生长。如图 8.12（d）所示，沿 c 轴方向，由非键相互作用通过 Cl 原子使毗邻的两层相连。

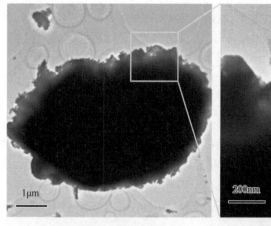 

1μm　　　　　　　　　　　200nm

(a) α-Bi₂O₃/BiOCl的整体TEM图像　　　　　(b) α-Bi₂O₃/BiOCl的边缘TEM图像

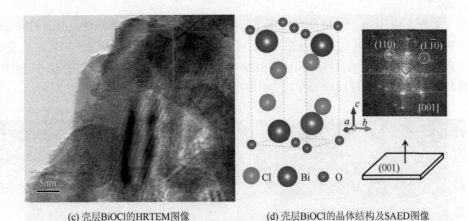

(c) 壳层BiOCl的HRTEM图像   (d) 壳层BiOCl的晶体结构及SAED图像

图 8.12 α-Bi₂O₃/BiOCl 核壳异质结的 TEM 图像（彩图扫封底二维码）

8.4 物相结构与形貌表征

如图 8.13 所示，α-Bi₂O₃ 样品的所有特征峰均与 α-Bi₂O₃ 标准卡片（ICSD：72-0398）相吻合[32]。同时，所制备的 BiOBr 样品完全吻合四方 BiOBr 标准卡片（PDF：78-0348）（晶格常数为 $a = b = 3.923$Å，$c = 8.105$Å）[48]。对比 BiOBr 在 31.7°处的衍射峰可知，伴随着 HBr 的逐渐增加，BiOBr 的衍射峰逐渐增强。由衍射峰位置可知，BiOBr 的相结构没有随着 HBr 的增加而发生改变，pH 的改变和整个过程所发生的化学反应并没有引起 α-Bi₂O₃ 和 BiOBr 晶体结构的改变。CM2 在 31.7°处的衍射峰半高宽（约为 0.354°）比 BiOBr 的衍射峰半高宽（约为 0.232°）更大，证明 CM2 中 BiOBr 的粒径小于 BiOBr 纳米片。

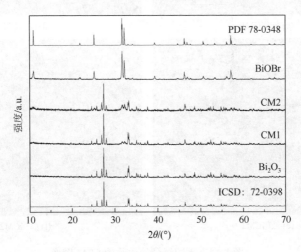

图 8.13 不同组分异质结的 XRD 图谱

　　如图 8.14 所示，SEM 图像展现了所研究光催化样品的微观形貌。由图 8.14（a）可知，商业 α-Bi$_2$O$_3$ 均为十几微米的小颗粒。实验所制备的 BiOBr 纳米片沿生长方向的尺度为数微米且厚度较小。SEM 图像中可以观察到 CM1 和 CM2 中 BiOBr 薄片尺寸相对较小且尺寸分布较为均匀。

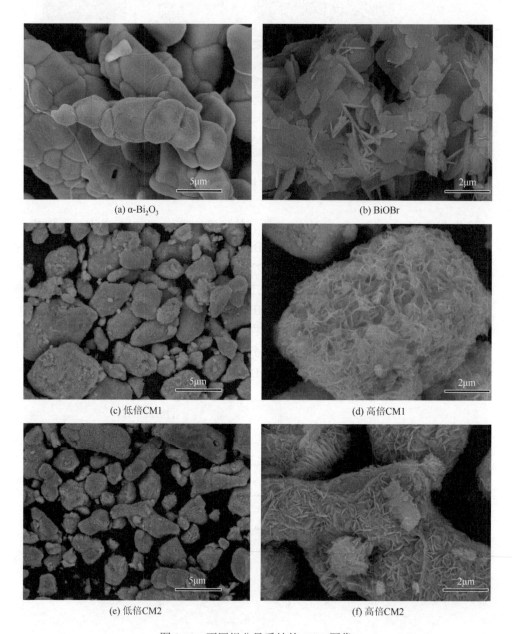

(a) α-Bi$_2$O$_3$　　　　　　　　　　　　　　　(b) BiOBr

(c) 低倍CM1　　　　　　　　　　　　　　　(d) 高倍CM1

(e) 低倍CM2　　　　　　　　　　　　　　　(f) 高倍CM2

图 8.14　不同组分异质结的 SEM 图像

　　结合制备方法可推断，化学反应将 α-Bi₂O₃ 转化为 BiOBr 薄片的同时，将 BiOBr 薄片较为均匀地分布在 α-Bi₂O₃ 纳米片上。在 CM1 和 CM2 中，除两相复合的纳米片之外，几乎没有观察到单独的 BiOBr 纳米片，证明 BiOBr 纳米片与 α-Bi₂O₃ 充分复合、原位生长。根据 SEM 图像，两相紧密复合并具有充分复合的内表面，形成了以 α-Bi₂O₃ 为核、BiOBr 纳米片为壳的核壳结构，充分增大了与溶液的接触面积。相对于 α-Bi₂O₃，CM1 表面较为粗糙。CM1 表面呈多孔结构，孔分布较均匀，大部分孔径分布在 50~200nm（图 8.15）。核壳结构中外表面的多孔结构使得 CM1 的比表面积增大较明显，增加了电化学反应的位点。

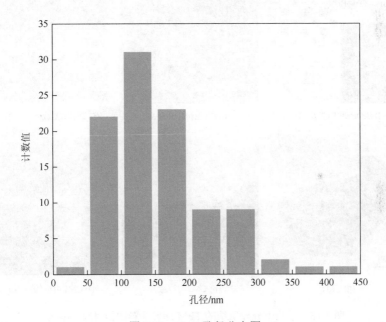

图 8.15　CM1 孔径分布图

　　制备 α-Bi₂O₃/BiOBr 核壳异质结的化学反应过程如下：首先，加入 HBr，将 Bi₂O₃ 粉末部分溶解，Bi³⁺进入溶液中；然后，Bi³⁺发生水解反应，形成中间体 BiO⁺；最后，BiO⁺与 Br⁻复合形成溶度积常数更小（3.0×10^{-7}）的沉淀产物 BiOBr，所以由沉淀法可以制得 BiOBr 纳米片[49]。α-Bi₂O₃、BiOBr 和 α-Bi₂O₃/BiOBr 核壳异质结样品的 TEM 图像如图 8.16 所示。如图 8.16（a）所示，CM1 的 TEM 图像与 SEM 图像相吻合；BiOBr 纳米片与 α-Bi₂O₃ 紧密复合[图 8.16（b）]，搅拌和超声预处理过程也无法将其分离。

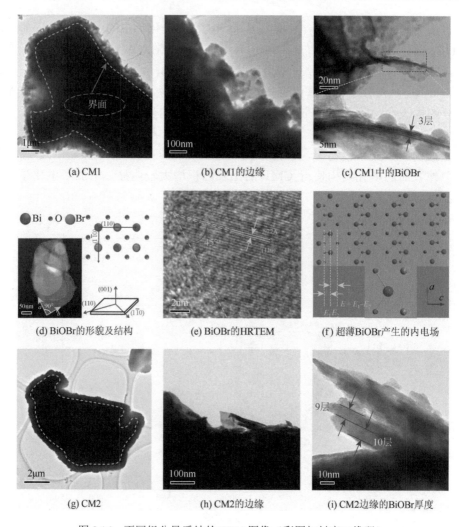

(a) CM1　　　　　　　　　(b) CM1的边缘　　　　　　　(c) CM1中的BiOBr

(d) BiOBr的形貌及结构　　(e) BiOBr的HRTEM　　　(f) 超薄BiOBr产生的内电场

(g) CM2　　　　　　　　　(h) CM2的边缘　　　　　(i) CM2边缘的BiOBr厚度

图 8.16　不同组分异质结的 TEM 图像（彩图扫封底二维码）

图 8.16（c）是 CM1 的 HRTEM 图像。进一步观察 BiOBr 的结构，本章所制得的 BiOBr 样品（制备过程中未添加任何表面活性剂）沿 c 轴方向上仅有 3 层，厚度约为 2.3nm。Di 等[50]通过乙醇制备的超薄 BiOBr（AFM 表征厚度约为 2nm）具有很高的光催化性能。二维材料（MoS$_2$ 与 WS$_2$[51]、BiOX[52]等）厚度的减小能够适量增加带隙并调控光催化性能，可以推测本章所制得的 α-Bi$_2$O$_3$/BiOBr 核壳异质结会因超薄 BiOBr 而适当提高光催化性能[53]。BiOBr 纳米片的 HAADF-STEM 图像 [图 8.16（d）] 说明 BiOBr 为四方相，纳米片重叠且优先生长方向为[001]方向[54]。2.77Å 的晶面间距对应四方 BiOBr 的(110)晶面间距。因此，晶格条纹与边缘成 45° 夹角的 BiOBr 纳米片平行于 a 轴或者 b 轴[图 8.16（e）]。Guan 等[55]研究表明 BiOCl

纳米片沿其 c 轴方向的厚度能够明显影响其光催化性能。这是因为在超薄 BiOCl (001)晶面上的 Bi—O—Bi 空穴能够提高对阳离子染料的吸附能力并且减小其带隙（提高 VBM 和 CBM，从而有效分离空穴与电子）。图 8.16（d）中的虚线代表 BiOBr 的结构模型，当 Br 被 Cl 原子取代，Bi 与 Br 原子间的距离比 Bi 与 Cl 原子间的距离多 0.11Å[56]。CM2 的形貌如图 8.16（g）和（h）所示，其表面被相对较厚的 BiOBr 包围。如图 8.16（i）所示，BiOBr 纳米片的厚度为 9～10 层。

　　为了研究表面多孔性质，采用 BET 气体吸附对异质结进行表征（图 8.17）。CM1 的孔径集中分布在 2～13nm，峰值为 2.3nm[图 8.17（a）]。CM2 的孔径集中分布在 2.8nm 附近[图 8.17（b）]。CM1 和 CM2 的等温线存在滞后回线（图 8.18），符合Ⅳ型等温线特征[57]，CM1 和 CM2 为介孔材料。α-Bi₂O₃ 的等温线无此特点[图 8.18（a）]，说明其表面光滑（与 SEM 图像吻合）。CM1 和 CM2 的比表面积分别为 38.70m²/g 和 21.43m²/g，远大于 α-Bi₂O₃ 的比表面积（9.04m²/g，稍大于 Nguyen 等[58]的报道，与 Liang 等[59]的报道近似）和 BiOBr 的比表面积（18.49m²/g）。因此，α-Bi₂O₃/BiOBr 核壳异质结通过化学转变具有较大的比表面积，为 RhB 分子的吸附提供了有利条件[55]。

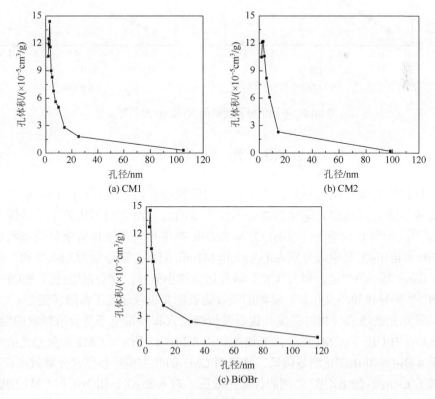

图 8.17　不同组分异质结的孔径分布图

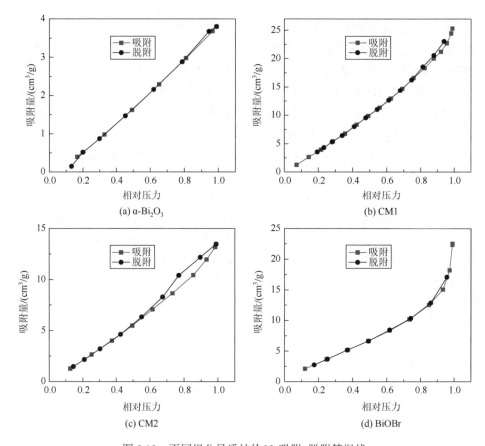

图 8.18　不同组分异质结的 N_2 吸附-脱附等温线

8.5　光　学　性　能

材料的光催化能力与催化剂对光吸收的性能密切相关，同时光生电子与空穴的转移能力是决定光催化性能强弱的重要因素，而它们都依赖于半导体电子结构[60]。如图 8.19 所示，$\alpha\text{-}Bi_2O_3$ 和 BiOBr 在可见光范围内有明显的吸收边。BiOBr 和 $\alpha\text{-}Bi_2O_3$ 吸收边分别为 437nm 和 441nm，因此带隙分别为 2.84eV 和 2.80eV（与 Jiang 等[3]的报道近似）。CM1 吸收边有微小蓝移，这与报道过的 BiOI[61]和 BiOCl[62]半导体异质结相似。陡峭的吸收边表明光吸收起源于带隙转变[63]。

荧光光谱峰值（相对强度）代表着价带空穴和导带电子复合所释放的能量。$\alpha\text{-}Bi_2O_3$、BiOBr 和 CM1 的荧光光谱图如图 8.20（a）所示，CM1 的荧光光谱峰相对于 $\alpha\text{-}Bi_2O_3$ 和 BiOBr 明显降低。这说明 CM1 的光生电子和空穴分离效率较高，形成了 $\alpha\text{-}Bi_2O_3$ 与 BiOBr 之间的异质结效应。对 $\alpha\text{-}Bi_2O_3$、BiOBr 和 CM1 的荧光光谱的色度图[图 8.20（b）]进行分析，图中 1、2、3 分别对应 $\alpha\text{-}Bi_2O_3$、BiOBr

和 CM1 的色度。可以看出，α-Bi₂O₃、BiOBr 和 CM1 的荧光光谱在色度图中存在微小移动。CM1 相比 BiOBr 存在轻微蓝移，这与吸收边位置蓝移相关。

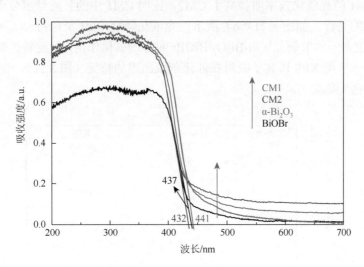

图 8.19　不同组分异质结的紫外-可见光吸收光谱（彩图扫封底二维码）

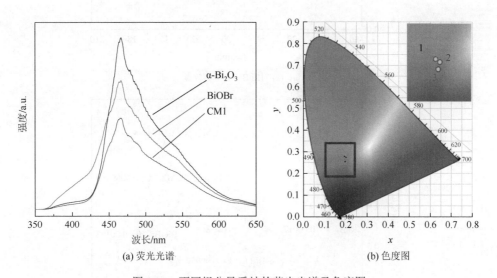

(a) 荧光光谱　　　　　　　　　　(b) 色度图

图 8.20　不同组分异质结的荧光光谱及色度图

8.6　光催化性能

本节通过降解 RhB 染料来表征 α-Bi₂O₃/BiOBr 核壳异质结的光催化能力。由图 8.21（a）可知，在无光催化剂加入的情况下，RhB 的光学性质稳定，基本

无分解现象。照射 210min 后，α-Bi$_2$O$_3$ 和 BiOBr 对 RhB 的光降解效率分别达到
10%和 40%，CM1 对 RhB 的光降解效率达到 90%，这与荧光光谱结果相吻合。
同时，CM1 的光催化效率明显高于 CM2，证明 CM1 中的异质结组分更有利于光
催化反应的进行。如图 8.21（b）所示，光催化降解 RhB 反应符合一阶动力学特
征。除此之外，本节研究了 α-Bi$_2$O$_3$/BiOBr 对 I$^-$的氧化作用，用淀粉检验了产物的
特征，进一步用 XPS 研究了吸附在催化剂表面碘的特征（图 8.22），很明显 CM1
能将 I$^-$氧化为单质 I$_2$。

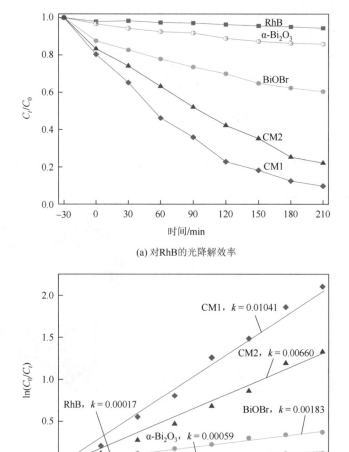

(a) 对RhB的光降解效率

(b) 降解RhB一阶动力学图

图 8.21　不同组分异质结对 RhB 光降解效率的影响

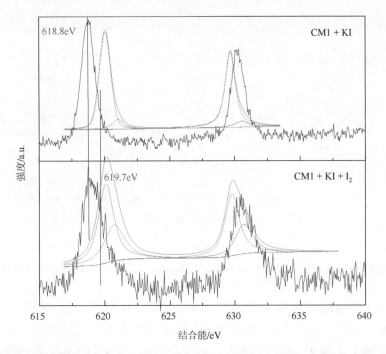

图 8.22　3 次循环后 CM1 + KI + I₂ 和 CM1 + KI 体系的 XPS 图（彩图扫封底二维码）

与用降解 RhB 染料来表征 α-Bi₂O₃/BiOBr 的光催化活性相似，本节也通过对 MB 染料的降解来研究 α-Bi₂O₃/BiOCl 的光催化活性（功率为 500W 的 Xe 灯照射，MB 的初始浓度为 3.125×10^{-5} mol/L，α-Bi₂O₃/BiOCl 用量为 1g/L）。α-Bi₂O₃/BiOCl 对 MB 的降解表现出明显的光催化能力，高于组成复合相的两种纯相，这被归因于电荷分离效率的提高。一般情况下，铋系复合物也会展现出较好的循环使用特性。例如，Bi₂O₃/ZnO 对酸性黑 1（acid black 1，AB1）降解的循环测试（AB1 的初始浓度为 3×10^{-4} mol/L，pH 为 7，Bi₂O₃/ZnO 悬浮量为 4g/L，光照时间为 90min）表明，5 次循环后，Bi₂O₃/ZnO 仍保持较高的光催化性能[64]。

研究发现，光催化降解五氯苯酚（pentachlorophenol，PCP）过程中，当初始 pH 大于 7 时，生成的四氯-1,4-苯醌会自发水解形成三氯羟基-1,4-苯醌，三氯羟基-1,4-苯醌是主要中间体（图 8.23）；当初始 pH 为 7 时，由于水解速度较慢，四氯-1,4-苯醌和三氯羟基-1,4-苯醌均为主要中间体；当初始 pH 小于 7 时，四氯-1,4-苯醌将是主要中间体。当然，在高强度辐照下，所有反应中间体会在光照 PCP/TiO₂ 悬浮液中受到活性氧基团的进一步攻击，从而进行脱氯或小分子开环反应[65]。

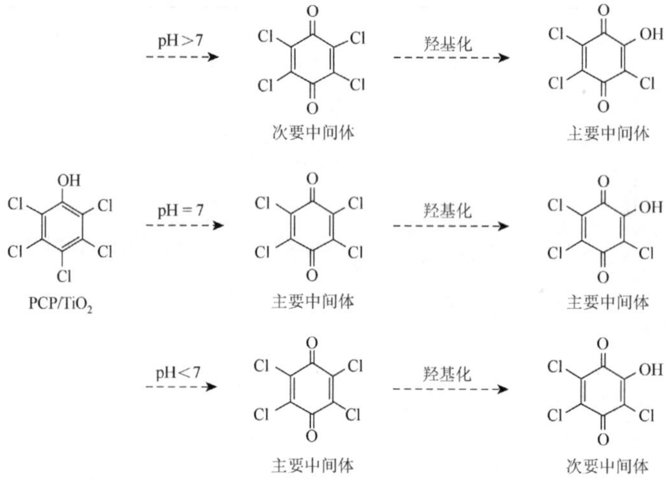

图 8.23 光催化降解 PCP 过程中四氯-1, 4-苯醌和三氯羟基-1, 4-苯醌的生成和转换[65]

为推断 Bi$_2$O$_3$/TiO$_{2-x}$B$_x$ 降解 PCP 的反应途径，Su 等[66]通过高效液相色谱法研究了降解中间体（图 8.24）。探测到的中间体包括 2, 3, 5-三氯-1, 4-对苯二酚（或 3, 5, 6-三氯-1, 2-邻苯二酚或 3, 4, 5-三氯-1, 2-邻苯二酚）和 3, 5-二氯苯酚。苯环断裂产生的羧酸浓度较小且不稳定，因此高效液相色谱很难检测它们。根据 Cl$^-$浓度变化趋势（实验在可见光照射下进行，$\lambda > 420$nm），确认了 PCP 降解过程中的催化脱氯反应。通过计算，整个降解过程中除氯效率约 20%，这比 PCP 去除率（85%）低得多，表明在降解 PCP 过程中形成了氯化中间体。

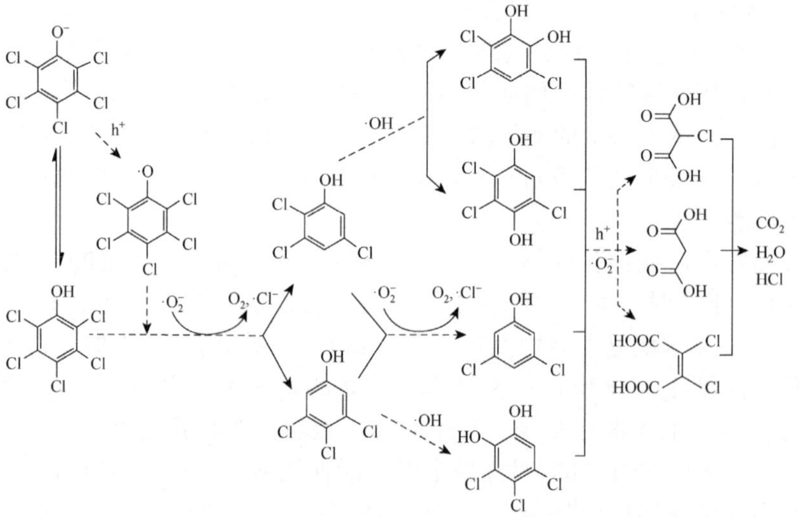

图 8.24 在 Bi$_2$O$_3$/TiO$_{2-x}$B$_x$ 作用下 PCP 的可能降解途径[66]

8.7　光催化机理

Balachandran 和 Swaminathan[64]研究表明 Bi$_2$O$_3$ 能与 ZnO 形成良好的界面结构，有助于 ZnO 光催化活性的提高。通过与 Bi$_2$O$_3$ 进行复合，TiO$_2$ 的表面被 Bi$_2$O$_3$ 改性，并展现出更加优异的光催化活性[66]，这主要与它们之间形成的异质结效应及 Bi$_2$O$_3$ 大幅增强了 TiO$_2$ 的光吸收能力有关。Bi$_2$O$_3$ 也展现出较好的电位兼容性，例如，Majhi 等[67]制备了一系列 α-NiS/Bi$_2$O$_3$ 复合纳米材料，计算了相应的电位（图 8.25），并对其在可见光下降解曲马多进行了评价。

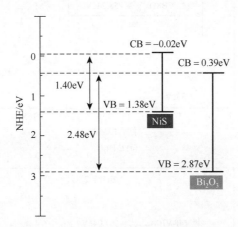

图 8.25　α-NiS/Bi$_2$O$_3$ 复合纳米材料的电位分布[67]

根据 α-Bi$_2$O$_3$ 和 BiOCl 的 X 射线价带谱，α-Bi$_2$O$_3$ 的价带位于 BiOCl 之上 0.95eV。这种能带排列对于光生电子和空穴的分离是无效的，这是由 p、n 型半导体的固有特性所决定的[27]。当 BiOCl 和 α-Bi$_2$O$_3$ 相接触形成异质结时，在紫外线和可见光照射的情况下，两个接触半导体之间的电子流动的方向取决于它们的功函数（ϕ）差值。如果 BiOCl 的功函数高于半导体 α-Bi$_2$O$_3$ 的功函数，那么相对于体内，在 α-Bi$_2$O$_3$ 和 BiOCl 界面处，靠近 α-Bi$_2$O$_3$ 一侧的自由电子将逐渐耗尽。由于电子从 α-Bi$_2$O$_3$ 转移到 BiOCl，这些电子将聚集在 BiOCl 和 α-Bi$_2$O$_3$ 界面处的 BiOCl 中，反之亦然。显然，界面效应会影响 α-Bi$_2$O$_3$/BiOCl 核壳异质结中界面处的 Bi4f 7/2 能级。因此，界面态引起的新的 Bi4f 7/2 能级水平可能不同于单相半导体的能级水平。对于 α-Bi$_2$O$_3$/BiOCl 核壳异质结，得到 α-Bi$_2$O$_3$ 和 BiOCl 的 Bi4f 能级差后，另一个关键步骤是计算它们之间的 VBM 差值。图 8.26 表明了 α-Bi$_2$O$_3$ 和 BiOCl 样品的 Bi4f 能级及价带位置。利用平行于横坐标的基准线与切线的截距确定 α-Bi$_2$O$_3$ 和 BiOCl 价带边。计算结果表明，α-Bi$_2$O$_3$ 和 BiOCl 样品的价带边分别位于 1.33eV 和 2.28eV。随后计算出 α-Bi$_2$O$_3$ 和 BiOCl 样品的(4f-VBM)分别为
158.24eV 和 157.04eV。基于 VBM 与 CBM 的差值，计算半导体的带隙，并基于
价带位置和带隙，获得导带位置。耦合半导体之间存在界面效应[68]，这将导致
α-Bi$_2$O$_3$ 和 BiOCl 之间的载流子转移。因此，α-Bi$_2$O$_3$/BiOCl 核壳异质结之间的 Bi4f
7/2 能级差区别于 α-Bi$_2$O$_3$ 和 BiOCl 之间的 Bi4f 7/2 能级差。

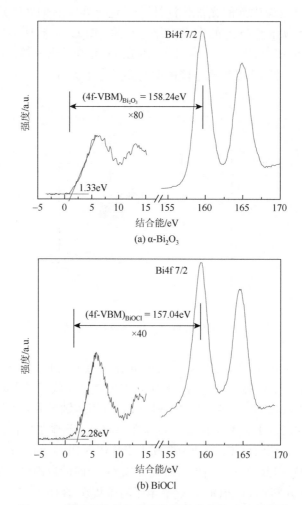

图 8.26　通过基准线与价带边外推确定的 Bi4f 能级谱

Chai 等[69]提出了 α-Bi$_2$O$_3$/BiOCl 核壳异质结可能的能带排列，结果表明
α-Bi$_2$O$_3$ 的价带低于 BiOCl 约 0.70eV。基于已有的实验结果，考虑异质结中的 Bi4f
7/2 能级水平，本节提出了 α-Bi$_2$O$_3$ 和 BiOCl 之间的能带关系。这不同于直接测试
两种半导体的价带并进行排列以获得能带关系。如图 8.27 所示，在 α-Bi$_2$O$_3$/

BiOCl 核壳异质结界面处形成了交错型能带排列（类型 II）。如前所述，ΔE_{CL} 为 α-Bi₂O₃ 与 BiOCl 之间能级能量补偿值。E_g 由计算 $(\alpha h\nu)^{n/2}$ 与光子能量（$h\nu$）之间的关系获得。价带补偿公式计算表明，获得的价带差值是 0.28eV，这小于 Chai 等[69]报道的 0.70eV。在可见光和紫外线照射情况下，光生电子在导带差形成的界面电位下将从 BiOCl 转移到 α-Bi₂O₃，导致负电荷聚集在 α-Bi₂O₃/BiOCl 核壳异质结界面的 α-Bi₂O₃ 一侧；光生空穴则沿着相反的方向转移，从 α-Bi₂O₃ 流向 BiOCl，导致正电荷聚集在 BiOCl 一侧。

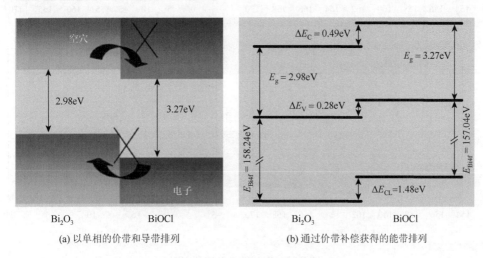

(a) 以单相的价带和导带排列　　　　　(b) 通过价带补偿获得的能带排列

图 8.27　两种能带排列方式

　　BiOCl 的带隙较大，它不能被可见光激发，因此在可见光下 α-Bi₂O₃/BiOCl 核壳异质结属于 B 型异质结[70]。α-Bi₂O₃ 能被可见光激发，扮演敏化剂的角色[69]。由于电子不断从 Bi₂O₃ 扩散到溶液，Bi₂O₃ 的价带变空，留在 BiOCl 价带中的空穴驱动了氧化反应的进行。最近，一些研究工作表明 BiOX 半导体（BiOBr[71, 72]、BiOI[48, 73]）有优异的光催化活性。能带排列在半导体光生载流子分离中扮演着关键角色，因此在将来的研究工作中，α-Bi₂O₃/BiOBr、α-Bi₂O₃/BiOI 等其他异质结都有希望取得优异的光催化活性。

　　如图 8.28 所示，元素的结合能和价带结构可通过 XPS 进行表征，其中，E_{CBM} 和 E_{VBM} 分别为 CBM 和 VBM，ΔE_{CL} 为 α-Bi₂O₃ 和 BiOBr 的 Bi4f 结合能差值补偿。结合 α-Bi₂O₃/BiOBr 核壳异质结中组分的比值（由 XRD 衍射峰半高宽算出）得出，α-Bi₂O₃/BiOBr 核壳异质结内 α-Bi₂O₃ 的 Bi4f 结合能为 159.76eV，BiOBr 的 Bi4f 结合能为 158.62eV。因此，α-Bi₂O₃ 和 BiOBr 之间的 Bi4f 结合能差值补偿为 1.14eV。

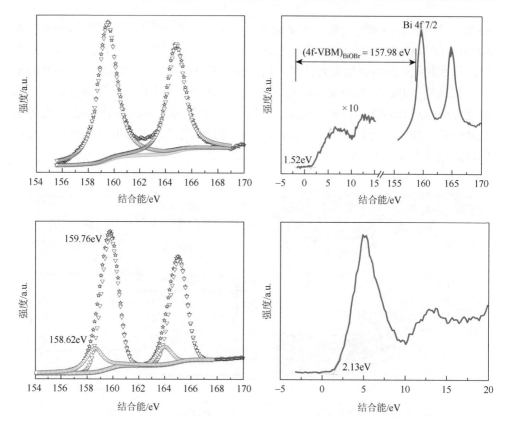

图 8.28　Bi4f 的结合能和 VBM

根据价带补偿法[30,74]，BiOBr 的 (4f-VBM) 为 157.98eV。α-Bi$_2$O$_3$ 的 Bi4f（159.57eV）和 VBM（1.33eV）均引自文献[47]。由以上可得，α-Bi$_2$O$_3$ 的 VBM 和 BiOBr 的 VBM 差值为 0.88eV。根据 VBM 差值和其各自的带隙，分析其 CBM 差值为 0.92eV。BiOBr 和 α-Bi$_2$O$_3$ 的带隙（分别是 2.84eV 和 2.80eV）决定了其可被可见光激发的性质，同时异质结在提高光催化性能上起到重要作用，其能有效阻止光生载流子的复合。因此，电子从 BiOBr 的导带转移到 α-Bi$_2$O$_3$ 的导带，驱动力为其 CBM 差值（0.92eV），空穴从 α-Bi$_2$O$_3$ 的价带转移到 BiOBr 的价带，驱动力为其 VBM 差值（0.88eV）（图 8.29）。

光生载流子的分离和转移是光催化反应的重要过程[75]。Bi$_2$O$_3$ 具有 n 型半导体性质，其费米能级更贴近价带[76]；BiOBr 是新型 p 型半导体[77]，本章将两种组分有效结合，形成 p-n 结（因物质受制备温度、气氛与杂质等影响，故半导体类型发生较大变化）。核壳结构形成的较大比表面积和异质结构间的协同作用共同促进了光生载流子的有效分离和光催化性能的大幅度提高。

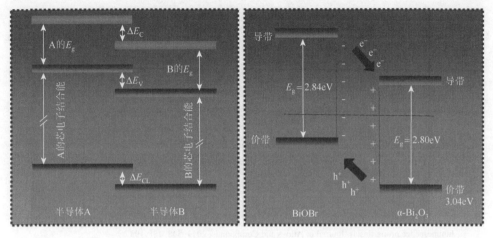

图 8.29　α-Bi₂O₃/BiOBr 核壳异质结的能带排列及光催化过程中载流子转移示意图

Bi₂O₃ 较易与其他材料形成复合材料，并能大幅提高光催化活性。在室温下，作者也通过原位化学腐蚀法合成了 α-Bi₂O₃/BiOX 异质结。这种工艺有利于设计一系列异质结光催化剂，适合大规模工业化使用。利用 Bi4f 的原子轨道能级、VBM 和带隙等数据，基于上述实验结果，也为设计 α-Bi₂O₃/BiOI 等异质结提供一种简便、有效的方法。

参 考 文 献

[1] Lin S T, Shan L W, Ma C G, et al. High-performance α-Bi₂O₃/CdS heterojunction photocatalyst: Innovative design, electrochemical performance and DFT calculation[J]. Journal of Nano Research, 2022, 71: 13-28.

[2] Jiang H Y, Liu G, Li M, et al. Efficient organic degradation under visible light by α-Bi₂O₃ with a CuOₓ-assistant electron transfer process[J]. Applied Catalysis B: Environmental, 2015, 163: 267-276.

[3] Jiang H Y, Li P, Liu G G, et al. Synthesis and photocatalytic properties of metastable β-Bi₂O₃ stabilized by surface-coordination effects[J]. Journal of Materials Chemistry A, 2015, 3(9): 5119-5125.

[4] Hameed A, Aslam M, Ismail I M I, et al. Sunlight induced formation of surface Bi₂O₄₋ₓ-Bi₂O₃ nanocomposite during the photocatalytic mineralization of 2-chloro and 2-nitrophenol[J]. Applied Catalysis B: Environmental, 2015, 163: 444-451.

[5] Chen L, He J, Yuan Q, et al. Environmentally benign synthesis of branched Bi₂O₃-Bi₂S₃ photocatalysts by an etching and re-growth method[J]. Journal of Materials Chemistry A, 2015, 3(3): 1096-1102.

[6] Switzer J A, Shumsky M G, Bohannan E W. Electrodeposited ceramic single crystals[J]. Science, 1999, 284(5412): 293-296.

[7] Medernach J W, Snyder R L. Powder diffraction patterns and structures of the bismuth oxides[J]. Journal of the American Ceramic Society, 1978, 61(11-12): 494-497.

[8] Gualtieri A F, Immovilli S, Prudenziati M. Powder X-ray diffraction data for the new polymorphic compound omega-Bi₂O₃[J]. Powder Diffraction, 1997, 12(2): 90-92.

[9] Cornei N, Tancret N, Abraham F, et al. New ε-Bi₂O₃ metastable polymorph[J]. Inorganic Chemistry, 2006,

45(13): 4886-4888.

[10] Atou T, Faqir H, Kikuchi M, et al. A new high-pressure phase of bismuth oxide[J]. Materials Research Bulletin, 1998, 33(2): 289-292.

[11] Iyyapushpam S, Nishanthi S T, Padiyan D P. Photocatalytic degradation of methyl orange using alpha-Bi_2O_3 prepared without surfactant[J]. Journal of Alloys and Compounds, 2013, 563: 104-107.

[12] Schlesinger M, Schulze S, Hietschold M, et al. Metastable beta-Bi_2O_3 nanoparticles with high photocatalytic activity from polynuclear bismuth oxido clusters[J]. Dalton Transactions, 2013, 42(4): 1047-1056.

[13] Faisal M, Ibrahim A A, Bouzid H, et al. Hydrothermal synthesis of Sr-doped alpha-Bi_2O_3 nanosheets as highly efficient photocatalysts under visible light[J]. Journal of Molecular Catalysis A—Chemical, 2014, 387: 69-75.

[14] Jiang H Y, Cheng K, Lin J. Crystalline metallic Au nanoparticle-loaded α-Bi_2O_3 microrods for improved photocatalysis[J]. Physical Chemistry Chemical Physics, 2012, 14(35): 12114-12121.

[15] Vila M, Diaz-Guerra C, Piqueras J. Alpha-Bi_2O_3 microcrystals and microrods: Thermal synthesis, structural and luminescence properties[J]. Journal of Alloys and Compounds, 2013, 548: 188-193.

[16] Liu L, Liu W, Zhao X L, et al. Selective capture of iodide from solutions by microrosette-like δ-Bi_2O_3[J]. ACS Applied Materials & Interfaces, 2014, 6(18): 16082-16090.

[17] Guenther G, Theissmann R, Guillon O. Size-dependent phase transformations in bismuth oxide nanoparticles. Ⅱ. Melting and stability diagram[J]. Journal of Physical Chemistry C, 2014, 118(46): 27020-27027.

[18] Yan Y, Zhou Z, Cheng Y, et al. Template-free fabrication of α- and β-Bi_2O_3 hollow spheres and their visible light photocatalytic activity for water purification[J]. Journal of Alloys and Compounds, 2014, 605: 102-108.

[19] Anandan S, Lee G J, Chen P K, et al. Removal of orange Ⅱ dye in water by visible light assisted photocatalytic ozonation using Bi_2O_3 and Au/Bi_2O_3 nanorods[J]. Industrial & Engineering Chemistry Research, 2010, 49(20): 9729-9737.

[20] Gujar T P, Shinde V R, Lokhande C D, et al. Formation of highly textured (111) Bi_2O_3 films by anodization of electrodeposited bismuth films[J]. Applied Surface Science, 2006, 252(8): 2747-2751.

[21] Tada H, Mitsui T, Kiyonaga T, et al. All-solid-state Z-scheme in CdS-Au-TiO_2 three-component nanojunction system[J]. Nature Materials, 2006, 5(10): 782-786.

[22] Osterloh F E. Inorganic materials as catalysts for photochemical splitting of water[J]. Chemistry of Materials, 2007, 20(1): 35-54.

[23] Zhou Z J, Long M C, Cai W M, et al. Synthesis and photocatalytic performance of the efficient visible light photocatalyst Ag-AgCl/$BiVO_4$[J]. Journal of Molecular Catalysis A—Chemical, 2012, 353: 22-28.

[24] Liu J X, Wei R J, Hu J C, et al. Novel Bi_2O_3/NaBi$(MoO_4)_2$ heterojunction with enhanced photocatalytic activity under visible light irradiation[J]. Journal of Alloys and Compounds, 2013, 580: 475-480.

[25] Peng H, Guo R T, Lin H, et al. Synthesis of Bi_2O_3/g-C_3N_4 for enhanced photocatalytic CO_2 reduction with a Z-scheme mechanism[J]. RSC Advances, 2019, 9(64): 37162-37170.

[26] Naik B, Parida K M, Behera G C. Facile synthesis of Bi_2O_3/$TiO_{2-x}N_x$ and its direct solar-light-driven photocatalytic selective hydroxylation of phenol[J]. Chemcatchem, 2011, 3(2): 311-318.

[27] Long M C, Cai W M, Cai J, et al. Efficient photocatalytic degradation of phenol over Co_3O_4/$BiVO_4$ composite under visible light irradiation[J]. Journal of Physical Chemistry B, 2006, 110(41): 20211-20216.

[28] Kavan L, Gratzel M, Gilbert S E, et al. Electrochemical and photoelectrochemical investigation of single-crystal anatase[J]. Journal of the American Chemical Society, 1996, 118(28): 6716-6723.

[29] Xiong G, Shao R, Droubay T C, et al. Photoemission electron microscopy of TiO_2 anatase films embedded with

rutile nanocrystals[J]. Advanced Functional Materials, 2007, 17(13): 2133-2138.

[30]　Scanlon D O, Dunnill C W, Buckeridge J, et al. Band alignment of rutile and anatase TiO_2[J]. Nature Materials, 2013, 12(9): 798-801.

[31]　Shan L, Li J, Wu Z, et al. Unveiling the intrinsic band alignment and robust water oxidation features of hierarchical $BiVO_4$ phase junction[J]. Chemical Engineering Journal, 2022, 436: 131516.

[32]　Shan L W, Wang G L, Li D, et al. Band alignment and enhanced photocatalytic activation of α/β-Bi_2O_3 heterojunction via in situ phase transformation[J]. Dalton Transactions, 2015, 44: 7835-7843.

[33]　Shan L W, Ding J, Sun W L, et al. Enhanced photocatalytic activity and reaction mechanism of Ag-doped α-Bi_2O_3 {100} nanosheets[J]. Inorganic and Nano-Metal Chemistry, 2017, 47: 1625-1634.

[34]　Sahoo P P, Sumithra S, Madras G, et al. Synthesis, characterization, and photocatalytic properties of $ZrMo_2O_8$[J]. Journal of Physical Chemistry C, 2009, 113(24): 10661-10666.

[35]　Sato J, Kobayashi H, Inoue Y. Photocatalytic activity for water decomposition of indates with octahedrally coordinated d10 configuration. Ⅱ. Roles of geometric and electronic structures[J]. Journal of Physical Chemistry B, 2003, 107(31): 7970-7975.

[36]　Drache M, Roussel P, Wignacourt J P. Structures and oxide mobility in Bi-Ln-O materials: Heritage of Bi_2O_3[J]. Chemical Reviews, 2007, 107(1): 80-96.

[37]　Geudtner G, Calaminici P, Köster A M. Growth pattern of $(Bi_2O_3)_n$ clusters with $n = 1–5$: A first principle investigation[J]. Journal of Physical Chemistry C, 2013, 117(25): 13210-13216.

[38]　Shen Y D, Li Y W, Li W M, et al. Growth of Bi_2O_3 ultrathin films by atomic layer deposition[J]. Journal of Physical Chemistry C, 2012, 116(5): 3449-3456.

[39]　Guenther G, Kruis F E, Guillon O. Size-dependent phase transformations in bismuth oxide nanoparticles. Ⅰ. Synthesis and evaporation[J]. Journal of Physical Chemistry C, 2014, 118(46): 27010-27019.

[40]　Jeong S J, Kwak N W, Byeon P, et al. Conductive nature of grain boundaries in nanocrystalline stabilized Bi_2O_3 thin-film electrolyte[J]. ACS Applied Materials & Interfaces, 2018, 10(7): 6269-6275.

[41]　Zhou D W, Pu C Y, He C Z, et al. Pressure-induced phase transition of BiOF: Novel two-dimensional layered structures[J]. Physical Chemistry Chemical Physics, 2015, 17(6): 4434-4440.

[42]　Shan L W, He L Q, Suriyaprakash J, et al. Photoelectrochemical(PEC) water splitting of BiOI{001} nanosheets synthesized by a simple chemical transformation[J]. Journal of Alloys and Compounds, 2016, 665: 158-164.

[43]　Brezesinski K, Ostermann R, Hartmann P, et al. Exceptional photocatalytic activity of ordered mesoporous β-Bi_2O_3 thin films and electrospun nanofiber mats[J]. Chemistry of Materials, 2010, 22(10): 3079-3085.

[44]　Muruganandham M, Amutha R, Lee G J, et al. Facile fabrication of tunable Bi_2O_3 self-assembly and its visible light photocatalytic activity[J]. Journal of Physical Chemistry C, 2012, 116(23): 12906-12915.

[45]　Zhang X, Li C, Liang J, et al. Self-templated constructing of heterophase junction into hierarchical porous structure of semiconductors for promoting photogenerated charge separation[J]. ChemCatChem, 2020, 12(4): 1212-1219.

[46]　Shan L W, Liu Y T, Chen H T, et al. An α-Bi_2O_3/BiOBr core-shell heterojunction with high photocatalytic activity[J]. Dalton Transactions, 2017, 46(7): 2310-2321.

[47]　Shan L W, Wang G L, Liu L Z, et al. Band alignment and enhanced photocatalytic activation for α-Bi_2O_3/BiOCl(001) core-shell heterojunction[J]. Journal of Molecular Catalysis A—Chemical, 2015, 406: 145-151.

[48]　Chang X F, Huang J, Cheng C, et al. BiOX(X = Cl, Br, I) photocatalysts prepared using $NaBiO_3$ as the Bi source: Characterization and catalytic performance[J]. Catalysis Communications, 2010, 11(5): 460-464.

[49] Xiao X, Zhang W D. Facile synthesis of nanostructured BiOI microspheres with high visible light-induced photocatalytic activity[J]. Journal of Materials Chemistry, 2010, 20(28): 5866-5870.

[50] Di J, Chen C, Zhu C, et al. Bismuth vacancy-tuned bismuth oxybromide ultrathin nanosheets toward photocatalytic CO_2 reduction[J]. ACS Applied Materials & Interfaces, 2019, 11(34): 30786-30792.

[51] Kuc A, Zibouche N, Heine T. Influence of quantum confinement on the electronic structure of the transition metal sulfide TS_2[J]. Physical Review B, 2011, 83(24): 245213.

[52] Liu X, Li H Q, Ye S, et al. Gold-catalyzed direct hydrogenative coupling of nitroarenes to synthesize aromatic Azo compounds[J]. Angewandte Chemie International Edition, 2014, 53(29): 7624-7628.

[53] Di J, Xia J X, Ji M X, et al. Carbon quantum dots modified BiOCl ultrathin nanosheets with enhanced molecular oxygen activation ability for broad spectrum photocatalytic properties and mechanism insight[J]. ACS Applied Materials & Interfaces, 2015, 7(36): 20111-20123.

[54] Bhattacharya A K, Mallick K K, Hartridge A. Phase transition in $BiVO_4$[J]. Materials Letters, 1997, 30(1): 7-13.

[55] Guan M L, Xiao C, Zhang J, et al. Vacancy associates promoting solar-driven photocatalytic activity of ultrathin bismuth oxychloride nanosheets[J]. Journal of the American Chemical Society, 2013, 135(28): 10411-10417.

[56] Zhu L Y, Xie Y, Zheng X W, et al. Growth of compound BiⅢ-ⅥA-ⅦA crystals with special morphologies under mild conditions[J]. Inorganic Chemistry, 2002, 41(17): 4560-4566.

[57] Xu J, Meng W, Zhang Y, et al. Photocatalytic degradation of tetrabromobisphenol A by mesoporous BiOBr: Efficacy, products and pathway[J]. Applied Catalysis B: Environmental, 2011, 107(3-4): 355-362.

[58] Nguyen T, Le T, Truong D, et al. Synergy effects in mixed Bi_2O_3, MoO_3 and V_2O_5 catalysts for selective oxidation of propylene[J]. Research on Chemical Intermediates, 2012, 38(3-5): 829-846.

[59] Liang J, Zhu G Q, Liu P, et al. Synthesis and characterization of Fe-doped β-Bi_2O_3 porous microspheres with enhanced visible light photocatalytic activity[J]. Superlattices and Microstructures, 2014, 72: 272-282.

[60] Lei Y Q, Wang G H, Song S Y, et al. Room temperature, template-free synthesis of BiOI hierarchical structures: Visible-light photocatalytic and electrochemical hydrogen storage properties[J]. Dalton Transactions, 2010, 39(13): 3273-3278.

[61] Li Y, Wang H, Feng Q Y, et al. Reduced graphene oxide—TaON composite as a high-performance counter electrode for Co $(bpy)_3^{3+}/^{2+}$ -mediated dye-sensitized solar cells[J]. ACS Applied Materials & Interfaces, 2013, 5(16): 8217-8224.

[62] Ye L Q, Jin X L, Leng Y M, et al. Synthesis of black ultrathin BiOCl nanosheets for efficient photocatalytic H_2 production under visible light irradiation[J]. Journal of Power Sources, 2015, 293: 409-415.

[63] Reddy K H, Martha S, Parida K M. Fabrication of novel p-BiOI/n-$ZnTiO_3$ heterojunction for degradation of rhodamine 6g under visible light irradiation[J]. Inorganic Chemistry, 2013, 52(11): 6390-6401.

[64] Balachandran S, Swaminathan M. Facile fabrication of heterostructured Bi_2O_3-ZnO photocatalyst and its enhanced photocatalytic activity[J]. Journal of Physical Chemistry C, 2012, 116(50): 26306-26312.

[65] Ma H Y, Zhao L, Wang D B, et al. Dynamic tracking of highly toxic intermediates in photocatalytic degradation of pentachlorophenol by continuous flow chemiluminescence[J]. Environmental Science & Technology, 2018, 52(5): 2870-2877.

[66] Su K, Ai Z H, Zhang L Z. Efficient visible light-driven photocatalytic degradation of pentachlorophenol with Bi_2O_3/$TiO_{2-x}B_x$[J]. Journal of Physical Chemistry C, 2012, 116(32): 17118-17123.

[67] Majhi D, Samal P K, Das K, et al. α-NiS/Bi_2O_3 nanocomposites for enhanced photocatalytic degradation of tramadol[J]. ACS Applied Nano Materials, 2019, 2(1): 395-407.

[68] Zhang Z, Yates J T. Band bending in semiconductors: Chemical and physical consequences at surfaces and interfaces[J]. Chemical Reviews , 2012, 112(10): 5520-5551.

[69] Chai S Y, Kim Y J, Jung M H, et al. Heterojunctioned BiOCl/Bi₂O₃, a new visible light photocatalyst[J]. Journal of Catalysis, 2009, 262(1): 144-149.

[70] He Z Q, Shi Y Q, Gao C, et al. BiOCl/BiVO₄ p-n heterojunction with enhanced photocatalytic activity under visible-light irradiation[J]. Journal of Physical Chemistry C, 2014, 118(1): 389-398.

[71] Shenawi-Khalil S, Uvarov V, Kritsman Y, et al. A new family of BiO(Cl$_x$Br$_{1-x}$) visible light sensitive photocatalysts[J]. Catalysis Communications, 2011, 12(12): 1136-1141.

[72] Feng Y C, Li L, Li J W, et al. Synthesis of mesoporous BiOBr 3D microspheres and their photodecomposition for toluene[J]. Journal of Hazardous Materials, 2011, 192(2): 538-544.

[73] Chang C, Zhu L, Fu Y, et al. Highly active Bi/BiOI composite synthesized by one-step reaction and its capacity to degrade bisphenol A under simulated solar light irradiation[J]. Chemical Engineering Journal, 2013, 233: 305-314.

[74] Wang J, Liu X L, Yang A L, et al. Measurement of wurtzite ZnO/rutile TiO₂ heterojunction band offsets by X-ray photoelectron spectroscopy[J]. Applied Physics A, 2011, 103(4): 1099-1103.

[75] Wang Y Z, Wang W, Mao H Y, et al. Electrostatic self-assembly of BiVO₄-reduced graphene oxide nanocomposites for highly efficient visible light photocatalytic activities[J]. ACS Applied Materials & Interfaces, 2014, 6(15): 12698-12706.

[76] Hajra P, Shyamal S, Mandal H, et al. Photocatalytic activity of Bi₂O₃ nanocrystalline semiconductor developed via chemical-bath synthesis[J]. Electrochimica Acta, 2014, 123: 494-500.

[77] Liu H, Du C, Li M, et al. One-pot hydrothermal synthesis of SnO₂/BiOBr heterojunction photocatalysts for the efficient degradation of organic pollutants under visible light[J]. ACS Applied Materials & Interfaces, 2018, 10(34): 28686-28694.